高等院校互联网+新形态创新系列教材·计算机系列

Python 程序设计

(基础篇·微课版)

伍孝金 编 著

清华大学出版社

北 京

内 容 简 介

本书是一本讲授 Python 程序设计基础的教材，主要介绍 Python 语言基础、函数、面向对象程序设计、字符串、列表与元组、字典与集合、文件与异常处理、GUI 图形程序设计等内容，每章最后还有本章小结和测试题。

本书遵循从"从感性到理性"的认知规律，坚持循序渐进，通过实例、应用和项目的讲解与编程实践，让学生理解和掌握 Python 的基础知识和语法规则，并在动手实践中进一步巩固加深。同时，本书配有课程网站，其资源有视频、教学博客、授课 PPT 和程序源代码，为学生提供线上线下互助的学习形式以及立体化的教学资源，旨在调动学生学习的主动性、培养学生分析问题与解决问题的编程能力和在程序设计上的探索精神，为后续学习和开发打下坚实的基础。

本书可供在校大学生使用，也适合各个层次的 Python 技术、开发和科研人员阅读参考。

图书在版编目(CIP)数据

Python 程序设计：基础篇·微课版/伍孝金编著. —北京：清华大学出版社，2021.5（2025.1 重印）
高等院校互联网+新形态创新系列教材. 计算机系列
ISBN 978-7-302-58005-8

Ⅰ. ①P… Ⅱ. ①伍… Ⅲ. ①软件工具—程序设计—高等学校—教材 Ⅳ. ①TP311.561

中国版本图书馆 CIP 数据核字(2021)第 070832 号

责任编辑：章忆文 杨作梅
封面设计：李 坤
责任校对：周剑云
责任印制：宋 林
出版发行：清华大学出版社
    网 址：https://www.tup.com.cn, https://www.wqxuetang.com
    地 址：北京清华大学学研大厦 A 座   邮 编：100084
    社 总 机：010- 83470000   邮 购：010-62786544
    投稿与读者服务：010-62776969, c-service@tup.tsinghua.edu.cn
    质量反馈：010-62772015, zhiliang@tup.tsinghua.edu.cn
    课件下载：https://www.tup.com.cn, 010-62791865
印 装 者：三河市君旺印务有限公司
经 销：全国新华书店
开 本：185mm×260mm 印 张：21.75 字 数：529 千字
版 次：2021 年 7 月第 1 版 印 次：2025 年 1 月第 4 次印刷
定 价：58.00 元

产品编号：087291-01

前　　言

Python 已经成为最受欢迎的程序设计语言之一。从 2004 年以来，Python 的使用率呈线性增长，截至 2020 年 9 月已上升至 TIOBE 编程语言排行榜第 3 位。随着其不断应用与发展，Python 已成为科学计算、人工智能、Web 开发等领域的首选编程语言。目前，学术界、工业界和互联网行业越来越多地使用 Python 语言，国内外越来越多的大学也已经开始讲授 Python 语言。

作为一名从事程序设计语言教学和软件开发近 20 年的老师，编者一直思考在教学中如何让学生从编程语言的细枝末节中解放出来，而专注于逻辑思维能力的锻炼、分析解决问题能力的提高和编程习惯的养成；也一直关注 Python 语言的发展，思考如何将 Python 的"优雅"和"简单"的设计哲学融入程序设计语言教学中。

正是基于以上的思考，编者 3 年前开始构思编写本书。全书始终遵循"从感性到理性"的认知规律，从感性的编程实践着手，让学生在实践中不知不觉地掌握编程基础知识和 Python 语法；遵循由表及里的渐进式学习规律，不断增强学生的成就感和获得感，在学习过程中不断深入，做到"知其然，知其所以然"，调动学生学习的主动性和能动性、培养学生分析问题与解决问题的编程能力。

"山不辞土，故能成其高；海不辞水，故能成其深"。在程序设计的学习道路上，需要韧性、需要积累，勿喜其易，勿畏其难，愿读者在本书的陪伴下，能一步一个脚印地不断前行。

本书为基础篇，共有 8 章，各章内容概述如下。

第 1 章：Python 语言概述。介绍了 Python 语言的起源、特点及其应用范围，讲解如何搭建 Python 语言的开发环境、编写和运行最简单的 Python 程序，简要阐述 Python 语言的运行机制。

第 2 章：Python 语言基础。介绍 Python 语言的基础，主要包括：标识符、变量、数据类型、表达式和运算符、程序流程控制、条件语句和循环语句等，完成石头剪刀布、杨辉三角和数据验证等几个应用的编程任务。

第 3 章：函数。系统地讲解为什么需要函数、如何定义和调用函数，介绍函数参数传递的机制、匿名函数、递归函数和常用的内置函数，学习如何使用函数进行模块化的程序设计。

第 4 章：面向对象的程序设计。较为系统地介绍面向对象程序设计的思想及其如何使用面向对象的思想来进行程序设计。

第 5 章：字符串与正则表达式。介绍字符串的基本操作、格式化输出和 Python 提供的用于处理正则表达式的模块。

第 6 章：列表、元组、字典和集合。介绍列表、元组、字典和集合等数据类型的创建、基本操作及其内置的函数和方法。

第 7 章：异常与文件。介绍异常的概念、异常处理的机制和语法规则，讲解 Python 对

Python 程序设计(基础篇·微课版)

文本文件和二进制文件的读写操作,完成日志文件输出、文件中单词出现次数的统计和成绩分析三个应用的编程任务。

第 8 章:图形用户界面 GUI 编程。介绍图形用户界面的概念、开发的一般流程和 Python 主流的 GUI 图形库,重点讲解 wxPython 常用的控件、布局管理和事件处理的知识,利用 wxPython 开发完成一个简易的学生考试成绩分析 GUI 程序的任务。

本书的主要特色及导读如下。

1. 基础先行、循序渐进

本书主要介绍了 Python 程序设计的基础知识,强调基础先行,通过实例、应用和项目以循序渐进的方式讲解这些知识体系及其应用。特别是在讲授基础知识和语法时,采用了 Python 提供的交互式编程环境,这种方式下运行代码实时直观,更容易让学生理解基础知识和语法。

2. 课程网站、不断丰富

为了配合 Python 的教学,作者以本书为蓝本创建了课程网站,主要有教学视频和 PPT 课件,读者可以扫描二维码推送到邮箱下载获取教学资源。

教学资源

3. 微课视频、灵活直观

对于操作性强,难以理解的知识,录制了微课视频,更加灵活直观。

4. 教学博客、透彻深入

从事过程序开发的人员,都对博客情有独钟。为此,编者专门创建了一个用于 Python 教学和开发的博客网站,其中有对知识点的概括归纳,有对具体知识点透彻深入的分析,有源代码和图片,形式多样,不失为学习 Python 程序设计的好帮手。

5. 应用举例、学以致用

应用举例是本书一个最大的特点,几乎每章都有,涉及算法和软件开发中的典型应用。

本书可供高等院校计算机类及其他专业的大学生使用,也适合各个层次的 Python 技术、开发和科研人员阅读和参考。

本书的编写历时 3 年多的时间,感谢家人和同事帮我做了很多本该我做的事情,让我能安心写作;感谢清华大学出版社的编辑老师,让我这个在软件开发领域默默工作 20 多年的老兵,想编写一本程序语言书籍的愿望成为现实,特别是在疫情期间的鼓励让我能够坚持完成此书;感谢我的同事余琨老师和学生李天欣、刘鑫、徐华威、陈欢、袁彩钰帮我校稿纠错……所有这些都让编者非常感动,谨通过此书向帮助和鼓励过本书编写的家人、同事、编辑、学生和朋友表达诚挚的谢意!

作者希望能够写出一本能让读者感到满意的书籍,但由于能力所限,书中会存在一些疏漏,恳请读者来信批评指正。

伍孝金

目 录

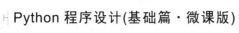

第 1 章　Python 语言概述

Python 作为一门功能强大、应用广泛的编程语言，越来越受到专业程序员、科研人员和业务编程爱好者的喜欢。

本章介绍 Python 语言的起源、发展及其特点，重点讲解 Python 语言开发环境的搭建，并使用 Python 语言编写和运行经典的"Hello World！"程序以及几个简单的 Python 程序，最后将简要阐述 Python 语言的运行机制。

1.1　Python 语言的起源与发展

1989 年，吉多·范罗苏姆(Guido van Rossum)，荷兰阿姆斯特丹的数学和计算机科学中心(Centrum voor Wiskunde en Informatica，CWI)的程序员，为了打发圣诞节假期，开始编写一门新的编程语言，取名为 Python。

吉多之所以写这个新的 Python 语言，是源于他在 CWI 工作期间使用 C 和 ABC 语言的经历。ABC 语言是由 CWI 开发的，其目的是用于教学和原型软件设计。它最大的优点是可读性强，程序员可以像写英文一样写代码，但由于缺乏模块化的设计思想，可扩展性差，不能直接操作文件系统。ABC 的编译器很大，安装较为烦琐，加之不开源，这些都导致没有更多的人来使用 ABC 语言。ABC 语言的优点和不足激发了吉多编写 Python 语言的激情。

1991 年，吉多编写的第一个 Python 编译器完成，这标志着 Python 语言的第一个版本正式诞生。

2000 年 10 月 16 日，Python 2.0 发布，它增加了许多主要的新特性，包括内存回收机制和对 Unicode 编码的支持。Python 2.0 的发布奠定了现代 Python 语言框架的基础。随后的近十年，又发布了 Python 2.4、Python 2.5 和 Python 2.6。

与此同时，随着 Python 自身功能的完善，各种基于 Python 的生态系统也逐渐应运而生。

2004 年，基于 Python 的 Django 框架开始应用于 Web 开发，而 Django 框架目前已经成为最流行的 Web 开发框架。2010 年，另一个流行的轻量级 Web 开发框架 Flask 也诞生。此后，以豆瓣网、知乎和 Dropbox 等为代表的企业和机构都使用 Python 进行网站开发，预示着 Python 应用到 Web 开发领域逐渐成为一种新的趋势。

2008 年 6 月 26 日发布了一个使用 Python 编写的 Web 爬虫框架 Scrapy，使网络爬虫技术不再高高在上，更多的人开始使用网络爬虫框架 Scrapy 从互联网获取数据。

2008 年发布的 Numpy、Scipy 和 2009 年发布的 pandas 奠定了 Python 在数据分析与科学计算中的地位。

Python 在 Web 开发、网络爬虫、数据科学与数据分析、人工智能等应用方面逐渐崭露头角。

2008 年 12 月，发布了 Python 3.0。

2010 年 7 月发布的 Python 2.7 是 Python 2.x 系列的最后一个版本，主版本号为 2.7。

从 Python 版本的发布时间来看，Python 3.0 发布在 Python 2.7 之前，事实上，这两个版本是不兼容的，完全独立。因此，在 Python 的官网上，提供了两个版本的下载，目前 Python 的版本处于一个 Python 2.*和 Python 3.*共存的时代。其原因是还存在大量基于 Python 2.*的开发人群和第三方库。

由于 Python 3.0 在 Python 2.7 之前发布，Python 3.0 中的大量特性被反向迁移到了 Python 2.7 上，2.7 版本比 2.6 版本改进了很多，拥有 Python 3.0 中的大量特性和库，并且兼顾了 Python 2.x 的开发人群。

至 Python 3.0 发布后，又相继发布了 Python 3.2、Python 3.3、Python 3.4、Python 3.5、Python 3.6、Python 3.7 和 Python 3.8，目前已经发布了 3.9 版本。

各个版本发布的时间请参见官网：*https://www.python.org/doc/versions*。

1.2　Python 语言的特点和应用范围

Python 语言在应用与发展的过程中，形成了自身的特点，其应用也越来越广泛。本节介绍 Python 语言最主要的特点和应用范围。

1.2.1　Python 语言的主要特点

Python 经过几十年的发展，从众多编程语言中脱颖而出，凭借其自身实力和鲜明的特点，在近几年的 IEEE Spectrum 发布的编程语言排行榜中，一直稳居前列。下面介绍其中较为突出的几个特点。

1．易学易用

Python 是一门易于学习、使用和功能强大的编程语言。Python 语言是用 C 语言开发的，但摒弃了 C 语言中一些难以理解的语法，比如，C 语言中初学者非常难以理解的指针。它的语法结构简单，类似于英语语言，没有使用分号或花括号，采用文字排版中的缩进来定义代码块。它支持面向过程和面向对象的编程方法，简化或封装了面向对象中复杂的语法。总之，Python 坚持简单优雅，让学习者和开发者感觉学习容易、使用方便。

2．跨平台可移植性好

Python 语言是跨平台编程语言，支持 Windows、UNIX/Linux 到 Mac OS 等不同的操作系统。Python 语言也是一种可移植性的语言。例如，在 Windows 平台下编写的 Python 代码，几乎不需要对代码进行修改，就可运行于 Linux/UNIX 和 Mac OS 平台上，不需要为不同的机器编写不同的代码。

3．可扩展性强

由于 Python 语言本身是用 C 语言开发的，因而可以使用 C 语言扩展它，增加新的功能。同时，它提供了丰富的应用程序编程接口(Application Programming Interface，API)，可以调用其他语言如 C++和 Java 等编写的模块，也可以嵌入其他语言开发的项目中。正因为如此，Python 语言也被人称为胶水语言，它可以像胶水一样将不同的语言粘合在一起。

4．拥有庞大的标准库和第三方库

Python 安装包中包含了大量的标准库，涉及范围十分广泛，从以 C 语言编写的系统级模块，到以 Python 编写的提供日常编程的模块，包括内置函数、数据类型、数字和数学模块、函数式编程模块、文件和目录访问、数据持久化、数据压缩和存档、文件格式、加密服务、调用操作系统服务、并发执行、网络与进程间通信、互联网数据处理和 Tkinter 图形库等。这些标准库已经内置于 Python 语言中，不需要单独安装。

除此之外，还拥有不计其数的第三方库，表 1.1 列出了比较常用的第三方库，也称为第三方模块。

表 1.1　Python 常用的第三方库

序　号	分　类	第三方库名称	含义和用途
1	工具类	pip	包和依赖关系管理工具
2	工具类	pyinstaller	python 脚本打包工具
3	数据处理类	Openpyxl	用于读写 Excel
4	数据处理类	pandas	数据分析工具包
5	2D 绘图库	matplotlib	2D/3D 类
6	科学计算类	numpy	科学计算的基础软件包
7	GUI 图形库	tkinter	GUI 图形库
8	GUI 图形库	wxpython	GUI 图形库
9	GUI 图形库	pyqt	GUI 图形库
10	网络通信类	requests	http 请求的模块
11	音像游戏类	pillow	图像处理库
12	音像游戏类	opencv	计算机视觉库
13	Web 框架类	django	重量级 Web 服务器框架
14	Web 框架类	flask	轻量级 Web 服务器框架
15	Web 框架类	tornado	非阻塞式 Web 服务器框架
16	爬虫类	BeautifulSoup 解析库	xml 和 html 的解
17	爬虫类	scrapy	网络爬虫库
18	机器学习类	tensorflow	深度学习框架
19	机器学习类	scikit-learn	机器学习工具包

随着 Python 应用的深入，第三方库也在不断地增加，这也是 Python 应用越来越广泛的原因。

Python 第三方库和标准库不同，是需要安装的。一般采用 pip 命令安装。关于 pip 命令将在后续章节进行介绍。

1.2.2 Python 语言的主要应用范围

Python 语言的应用范围十分广泛，几乎涵盖各个领域。图 1.1 显示了 Python 最主要的应用领域。

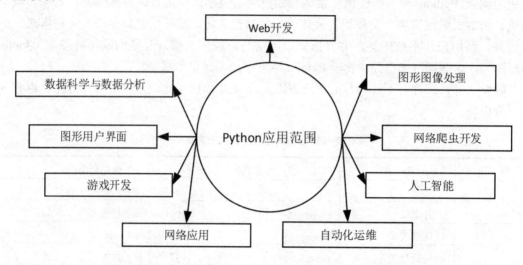

图 1.1　Python 应用范围

下面选择其中的四个应用领域加以介绍。

1. Web 开发

Python 越来越多地用来快速地开发 Web 应用程序。它提供了用于开发 Web 应用程序的框架和库。这些框架经过不断使用和完善，提供了更多的安全性、可扩展性和便捷性。

目前，比较流行的 Web 框架有：Django、Flask 和 Tornado。

2. 网络爬虫开发

网络爬虫技术已经成为自动获取和采集互联网数据最主要的方式，是数据分析和大数据最主要的数据来源，在互联网中的地位越来越重要。Python 具有很成熟的网络爬虫的第三方库(如 Urllib、Requests 和 Selenium)和框架(如 Scrapy、PySpider 和 Crawley)，因此在网络爬虫开发方面使用非常广泛。

3. 数据分析

数据分析是指用适当的统计分析方法对收集来的大量数据进行分析，将它们加以汇总和理解并消化，以求最大化地开发数据的功能，发挥数据的作用。

数据分析的数学基础在 20 世纪早期就已确立，但直到计算机出现才使得实际操作成为可能，并使得数据分析得以推广。数据分析是数学与计算机科学相结合的产物，尤其是 Python 语言拥有的用于处理数据科学平台的 Anaconda 发行版和强大的数据分析第三方库：Numpy、Pandas 和 Matplotlib，加之 Python 语言易用易学，因而在数据分析领域占据了非常重要的地位，越来越多人使用 Python 进行数据分析。

4．人工智能

人工智能(Artificial Intelligence)、机器学习(Machine Learning)和深度学习(Deep Learning)是目前最热门的话题。从大的方面来说，它们都是人工智能的范畴。

Python 一直伴随着人工智能的发展，积累了丰富的算法、第三方库和机器学习与深度学习的框架。这其中包括用于科学计算特别是机器学习和深度学习中矩阵运算的第三方库 Numpy，用于机器学习和深度学习的一些优秀的框架，如 Scikit-learn、Tensorflow、PyTorch、PaddlePaddle、Caffe、Torch、MXNet 等。

1.3　开始 Python 简单编程

在使用 Python 进行编程之前，需要搭建 Python 的开发环境，也就是用什么工具编写 Python 程序？如何运行编写的 Python 程序？这些问题是学习任何一门语言之前都需要解决的问题。

本节将介绍在 Windows 操作系统中下载和安装 Python 的过程、Python 交互式模式、集成开发环境或文本编辑器，编写经典的"Hello World！"和几个简单的程序，正式开始 Python 编程之旅。

1.3.1　下载和安装 Python

Python 的官网提供了非常丰富的资源，这些资源位于不同的栏目中，栏目位于网站上方的导航栏中，是各个页面的公共部分。在浏览器中输入 Python 官网下载页面的地址：*https://www.python.org/downloads/*，打开图 1.2 所示的下载页面。

扫码观看视频讲解

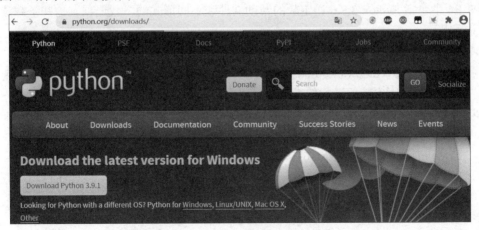

图 1.2　Python 官网下载页面

在图 1.2 中，上面是导航栏，包括的栏目有：下载(Downloads)、文档(Documentation)、社区(Community)、成功案例(Success Stories)和新闻动态等。下面是最新版本和不同操作系统版本的下载入口。本次是在 Windows 操作系统下安装 Python，因此单击 Windows 超链接，打开图 1.3 所示的下载页面。

图 1.3　Windows 操作系统的 Python 下载页面

图 1.3 的上面提供了 Python 3.9.1 和 2.7.18 两个版本的下载链接，下面分左右两栏，左边一栏是 Python 稳定版本下载项，右边一栏是 Python 的预发行版。在图 1.3 中将页面向下滑，直至在左边一栏找到稳定版 Python 3.8.6，界面如图 1.4 所示。

图 1.4　Python 3.8.6 的下载页面

图 1.4 中包括 Python 3.8.6 稳定版的帮助文件和不同形式的下载选项。这些下载选项的含义说明如下。

➢ Download Windows help file：帮助文档。
➢ Download Windows x86-64 embeddable zip file：适用 32 位和 64 位 Windows 操作系统。解压安装。下载的是一个压缩文件，解压后即表示安装完成。
➢ Download Windows x86-64 executable installer：适用 32 位和 64 位 Windows 操作系统。程序安装。下载的是一个 exe 可执行程序，双击进行安装。
➢ Download Windows x86-64 web-based installer：适用 32 位和 64 位 Windows 操作系统。在线安装。下载的是一个 exe 可执行程序，双击后，该程序自动下载安装文件(需要有网络)进行安装。
➢ Download Windows x86 embeddable zip file：适用 32 位 Windows 操作系统。解压安装。下载的是一个压缩文件，解压后即表示安装完成。
➢ Download Windows x86 executable installer：适用 32 位 Windows 操作系统。程序安装。下载的是一个 exe 可执行程序，双击进行安装。
➢ Download Windows x86 web-based installer：适用 32 位 Windows 操作系统。在线安装。

　　根据自己计算机所安装的操作系统，选择相应的安装程序。本次选择的安装版本是 Windows x86-64 executable installer，单击显示的超链接，将 Python 3.8.6 下载到本地计算机上。作者本次下载保存的文件夹为：D:\download\python-3.8.6-amd64.exe。

　　在安装 Python 之前，先熟悉 Python 网站导航栏中的文档(Documentation)栏目。单击图 1.2 中的文档栏目 Documentation，打开图 1.5 所示的文档页面。

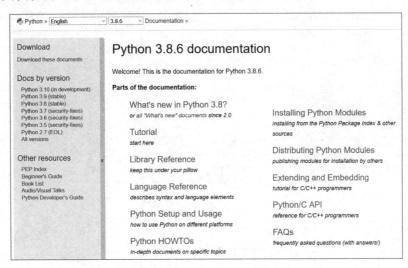

图 1.5　Python 文档页面

　　在图 1.5 中，文档栏目的页面提供了不同版本和不同语言(如英文、中文)的 Python 文档，这些文档包括：教程(Tutorial)、库参考手册(Library Reference)、语言参考手册(Language Reference)等，这些都是初学者和开发者需要经常翻阅和研究的文档。

　　由于 Python 不断推出新版本，所以上面的截图界面也会有变化，最终以网站的实际界面为准。

　　Python 下载完成之后，开始进行 Python 的安装。

　　在下载的目录 D:\download 下双击 python-3.8.6-amd64.exe 文件，打开如图 1.6 所示的安装界面。

图 1.6　安装界面—自定义安装

在图 1.6 中，有多种安装选择，第一种是默认安装 Install Now，第二种是自定义安装 Customize installation，界面最下面是复选框 Add Python 3.8 to PATH，勾选后，会将 Python 的安装路径添加到 path 环境变量中，这样以后在 Windows 操作系统的 cmd.exe 程序的命令提示符下也可以直接运行 Python，推荐勾选这个复选框。本次安装选择自定义安装，单击自定义安装，打开如图 1.7 所示的安装界面。

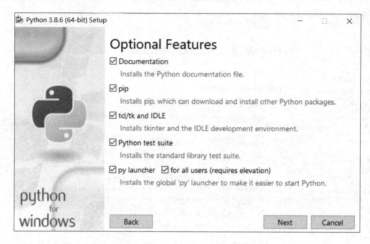

图 1.7　安装界面—安装选项

图 1.7 中的安装选项的含义介绍如下。

➢ Documentation：Python 教程和 API 文档。

➢ pip：包安装工具，它提供了对 Python 第三方库或包的下载和安装的功能。

➢ tcl/tk and IDLE：图形库 Tkinter 和集成开发环境 IDLE。

➢ Python test suite：标准库中用于测试的组件。

➢ py launcher：Python 启动器(Python Launcher)。安装 Python Launcher 后，可以在命令行程序 cmd.exe 中输入全局命令"py"快速启动 Python。

➢ for all users(requires elevation)：安装选项适用于所有用户。

默认全选，单击 Next 按钮，打开如图 1.8 所示的安装高级选项界面。

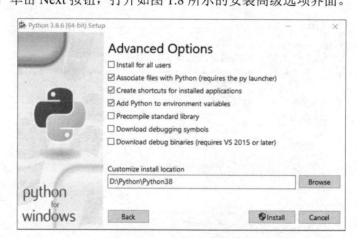

图 1.8　安装高级选项界面

在安装的高级选项中，采用默认的勾选项；安装路径可以自定义，比如本次的安装路径为：D:\Python\Python38。单击 Install 按钮，进入安装界面，安装完成后，会出现提示安装成功的界面，如图 1.9 所示。

图 1.9　安装成功界面

在图 1.9 中单击 Close 按钮，关闭安装成功的界面，接下来就可以运行和使用 Python 了。

1.3.2　运行 Python

安装成功后，在 Windows 的 "开始" 菜单中，打开 Python 3.8 所在的菜单，如图 1.10 所示。

扫码观看视频讲解

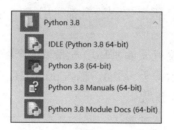

图 1.10　Python 运行程序

图 1.10 中有四个选项内容，其含义分别如下。

➢ IDLE(Python 3.8 64-bit)：IDLE 是 Python 自带的集成开发环境，可以编写、调试和运行代码。

➢ Python 3.8(64-bit)：Python 交互模式编程环境，这里写的代码不能保存到文件中。

➢ Python 3.8 Manuals(64-bit)：帮助手册，包括 Python 教程、API 文档等。

➢ Python 3.8 Module Docs(64-bit)：以网页的形式打开本机安装的各种 Python 包的信息，非常适合查找内置模块中各种函数的使用。另外，还会显示 Python 的安装路径等信息。

图 1.10 中提供了两种运行 Python 的方式：一种是 IDLE 交互模式，另一种是命令行交互模式。单击 Python 3.8 下的 IDLE(Python 3.8 64-bit)子菜单，将打开如图 1.11 所示的 IDLE 交互模式编程窗口。

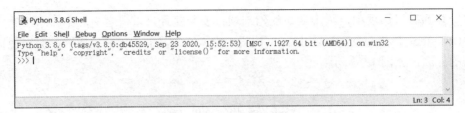

图 1.11 IDLE 交互模式编程窗口

图 1.11 所示的窗口提供了 Python 版本和操作系统等信息，其中还有符号"＞＞＞"，这是 Python 交互模式编程的提示符，也是输入 Python 语句的地方。在这里就可以进行交互式编程。

以上面同样的方式也可以打开命令行交互模式 Python 3.8(64-bit)窗口，窗口中也会显示交互模式编程提示符：＞＞＞。

除了以上两种打开 Python 解释器的方式之外，在命令行程序 cmd.exe 中输入单词 python 后按 Enter 键，也可以打开类似图 1.11 所示的显示有提示符(＞＞＞)的交互模式编程窗口。

上面三种打开 Python 解释器的方式都会出现提示符：＞＞＞，这是 Python 交互模式编程特有的提示符。

1.3.3 编写"Hello world！"等简单程序

扫码观看视频讲解

"Hello world"程序是指在计算机屏幕上输出"Hello world"这行字符串的计算机程序，最早出现在 C 语言程序中，作为刚开始学习编程的第一个程序，非常著名。很多编程语言都引用它作为学习语言的第一个程序。

下面使用 Python 在 IDLE 交互式编程环境下编写这个经典程序。

在图 1.11 中交互式编程提示符＞＞＞后面，输入 print("Hello world")并按 Enter 键，图 1.12 显示了从输入到输出结果的整个过程。

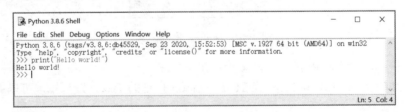

图 1.12 经典的"Hello world"程序

在图 1.12 中按 Enter 键后，下一行马上输出"Hello world！"，这就是该程序输出的结果。如果学过 C、C++和 Java，一定惊讶 Python 编程的简单。

上面代码中，print()是 Python 的一个内置函数，用于打印输出，双引号里面的字符串原样输出。

继续在提示符＞＞＞后输入 print()函数模仿几个加法运算的程序，代码如下：

```
>>> print("1+2+3+4+5")
1+2+3+4+5
```

```
>>> print(1+2+3+4+5)
15
>>> print("1+2+3+4+5 = ",1+2+3+4+5)
1+2+3+4+5 =  15
>>> print("有点神奇！开始我的 Python 编程之旅！")
有点神奇！开始我的 Python 编程之旅！
>>>
```

上面是在提示符>>>下进行交互模式编程的示例，下面对这些代码进行逐一解释。

第一个 print()函数中，双引号里面的数字与上面经典程序中的"Hello world!"一样，在 Python 中，都称为字符串。字符串使用双引号或单引号。print()函数在输出显示时，是不带双引号或单引号的字符串，所以将双引号里面的字符串原样输出。

第二个 print()函数中的数字不带引号，数字用+号连接，这是一个算术表达式，执行 print()函数时，会首先用加号计算值，所以输出结果为15。

第三个 print()函数中既有字符串，也有表达式，中间用逗号隔开，字符串去掉引号后原样输出，表达式计算结果后输出值，所以有：1+2+3+4+5 = 15。

上面这种在提示符下进行交互式编程非常方便直观，但都是一次性的，不能保存，而 IDLE 不仅可以进行这种交互式编程，还可以编写、保存和运行 Python 源代码文件。Python 源代码文件的后缀名是：.py。

下面使用 IDLE 编辑器编写、保存和运行一个 Python 源文件 add.py，其步骤如下。

1. 编写和编辑.py 源代码文件

在图 1.12 中，单击 File(文件)菜单，在出现的下拉菜单中单击 New File(新建文件)子菜单，打开图 1.13 所示编辑文件的窗口。

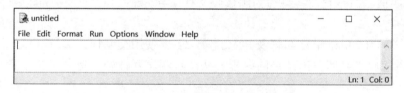

图 1.13　源代码编辑窗口

在图 1.13 中的光标处，输入加法运算的示例代码：

```
a = 1
b = 2
c = a + b
print("c 的值等于：",c)
```

2. 保存.py 源代码文件

在图 1.13 中，单击 File(文件)菜单，在出现的下拉菜单中单击 Save(保存文件)子菜单，保存的文件名为：add.py，其中 py 为 Python 源代码文件的后缀名。图 1.14 显示了编辑和保存的加法运算的程序 add.py。

图 1.14 中，#号字符是 Python 的注释，即#号后面的文本是不执行的。注释的作用可以提高代码的可读性，要养成写注释的好习惯。

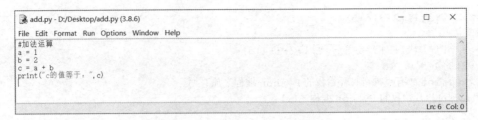

图 1.14　编辑和保存的加法运算的程序窗口

3. 运行.py 源代码文件

在图 1.14 中，单击 Run(运行)菜单，在出现的下拉菜单中单击 Run Module(运行模块)子菜单或按 F5 键，即可显示如图 1.15 所示的交互窗口。

图 1.15　运行结果的窗口

图 1.15 是一个 Python 3.8.6 Shell 窗口，也就是前面所说的交互模式编程窗口，窗口中显示了源文件名以及 c 的值。

与在 Python 解释器的提示符下直接输入程序相比，在 IDLE 窗口中编写、保存和运行程序互动性要低。但是它能将编写的源代码文件保存为.py 程序文件，可以重用或与他人分享。

本书在讲解 Python 语法知识及其示例时，主要使用交互模式编程环境，这种在提示符>>>后输入代码，立即输出结果的编程方法，直观交互性好，更利于初学者对语法知识的理解。

1.3.4　PyCharm 集成开发环境介绍

集成开发环境(Integrated Development Environment，IDE)是指专门用于软件开发的程序，顾名思义，就是集成了一些专门开发软件的工具。这些工具通常包括以下几个。

扫码观看视频讲解

- ➢　用于编写代码的编辑器。
- ➢　编译、执行和调试的工具。
- ➢　源代码的版本控制。

PyCharm 是一款优秀的 Python IDE，适用于桌面、网络和 Web 方面的开发，带有一整套可以帮助用户在使用 Python 语言开发时提高其效率的工具，比如调试、语法高亮、项目管理、智能提示、单元测试和版本控制。此外，该 IDE 提供了一些高级功能，用于支持 Django 框架下的 Web 开发。

本小节将介绍 PyCharm 的下载、安装和使用。

1. 下载和安装 PyCharm

PyCharm 有以下三个版本。

- PyCharm Professional 专业版：付费，几乎拥有开发桌面、网络和 Web 等程序和系统的所有功能，特别适合项目开发，支持基于 Python 的第三方库，如 Django 和 Flask 等 Web 开发框架、数据库和科学计算工具。

- PyCharm Community 社区版：免费，适合个人或小团队开发使用，用于开发桌面和网络程序，不具有专业版 Web 和数据库开发的功能，如 Web 开发、Python Web 框架、远程开发能力、数据库和 SQL 支持。

- PyCharm Edu 教育版：免费，用于教育，是专门针对学生和教师设计的，教师可以通过它进行教学，学生可以通过它完成作业，集成了一个 Python 的课程学习平台。下载地址：https://www.jetbrains.com/education/download/#section=idea。

PyCharm 专业版和社区版的下载和安装过程都一样，本次选择社区版下载。PyCharm 官网的下载地址是：https://www.jetbrains.com/pycharm/download/#section=windows。

按照上面的下载地址，选择 Windows 操作系统和 Community(社区版)进行下载。将下载的安装文件放在某个驱动盘中，然后双击该安装文件(pycharm-community-2020.3.exe)开始安装。

Python 的安装过程非常简单，按照安装提示一步步执行即可完成安装。这里只对在安装过程中出现的如图 1.16 所示的安装选项界面进行说明。

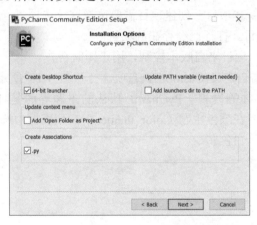

图 1.16　PyCharm 社区版安装选项

图 1.16 中出现了四个安装选项，下面分别对这些选项进行解释和说明。

- Create Desktop Shortcut：在桌面创建快捷方式，这个选项可勾选。

- Update PATH variable(restart needed)：更新路径变量(需要重新启动)，Add launchers dir to the PATH(将启动器目录添加到路径中)复选框可不勾选。

- Update context menu：更新上下文菜单中的 Add "Open Folder as Project"(添加打开文件夹作为项目)表示打开文件时，将其放入一个项目中进行管理，可不勾选 Add "Open Folder as Project"复选框。

- Create Associations：创建关联，关联.py 文件，双击都是以 PyCharm 打开，.py 复选框可勾选。

2. 用 PyCharm 编写代码

安装 PyCharm 社区版成功后，运行该软件，打开如图 1.17 所示的欢迎界面。

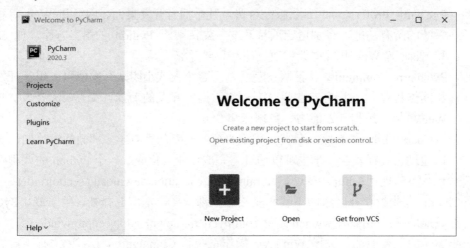

图 1.17　PyCharm 欢迎界面

在图 1.17 中，欢迎界面分为左右两栏，左边包括项目(Projects)、自定义(Customize)、插件(Plugins)和学习(Learn PyCharm)菜单。在项目(Projects)菜单的右边提供了创建项目的三个选项，分别如下。

➢ New Project：新建项目。创建项目需要选择这个选项。

➢ Open：打开项目。打开已经存在的项目。

➢ Get from VCS：项目来自版本控制，用于团队合作。

在图 1.17 中，单击自定义(Customize)选项，打开图 1.18 所示的界面，其右边的栏目包括界面颜色主题和字体等设置。PyCharm 默认的主题界面是 Darcula，表现为暗黑主题。可以更换主题颜色，在颜色主题 Color theme 下拉列表框中选择 IntelliJ Light 选项，PyCharm 的界面将表现为白色。

图 1.18　PyCharm 主题颜色选择

本次操作是新创建一个项目，在图 1.17 中，单击新建项目(New Project)选项，打开如图 1.19 所示的创建项目的界面。

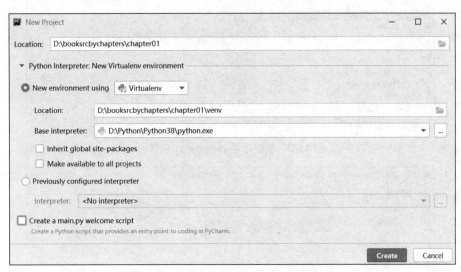

图 1.19　新建项目 chapter01 的界面

在图 1.19 中，Location 位置栏存放项目路径，需要指定项目位置和名称。本项目放置在 D:\booksrcbychapters 下，输入项目名称，取名为 chapter01。下面是两个单选按钮：一个是新建环境，即 New environment using，另一个是选择已经存在的解释器 Previously configured interpreter。

在此先对这两个单选按钮的内容进行说明。它们的作用实际上是创建 Python 开发运行的虚拟环境。在 Python 软件开发中，由于有时会用到第三方库，安装这些库时，都会放到 Python 解释器的目录下。当开发下一个项目，用到另外的第三方库时，也会安装到 Python 解释器的目录下，这样导致解释器所包含的第三方库越来越多，为了保证每个项目所用到的解释器和第三方库都是独立的，Python 引入了虚拟环境，为不同的项目创建独立的 Python 环境和所需要的第三方库。

新建虚拟环境可以使用下拉列表中的 Virtualenv、Pipenv 或 Conda 选项中的一个，这三个选项都是环境管理工具。本次选择 Virtualenv 虚拟环境工具软件。新建环境的 Python 解释依赖的是所安装的 Python 解释器，如基础解释器 Base interpreter 栏中指明解释器的位置就是前面 Python 所安装的位置 D:\Python\Python38\python.exe。

在第一个单选按钮下面的 Location 位置，指明了新建的虚拟环境的目录，即 D:\booksrcbychapters\chapter01\venv，实际上这个虚拟环境目录中的解释器相当于所安装的 Python 解释器的副本，该副本位于 venv\Scripts 目录下，以后所安装的第三方库也在这个目录下；第二个单选按钮选择已经存在的解释器，实际上就是选择已经存在的解释器和虚拟环境。

单击图 1.19 中右下角的 Create(创建)按钮，打开图 1.20 显示刚才创建的新项目。

在图 1.20 中，右击项目 chapter01，选择新建 New 命令，打开图 1.21 所示的级联菜单。

选择 Python File 命令，打开图 1.22 所示的界面。

在图 1.22 所示的界面中，为文件取名 add02.py，按 Enter 键，打开图 1.23 所示的界面。

Python 程序设计(基础篇·微课版)

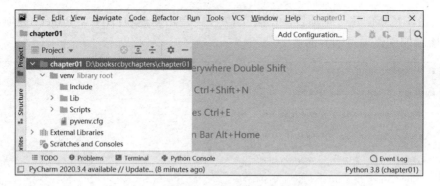

图 1.20　创建项目 chapter01 的界面

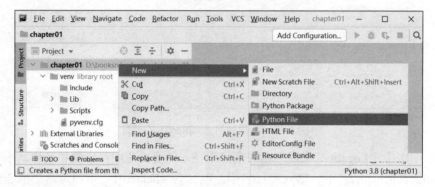

图 1.21　右键快捷菜单

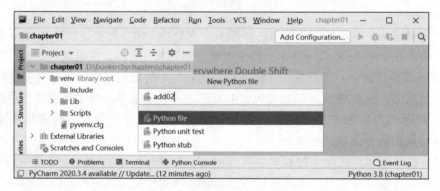

图 1.22　命名文件的界面

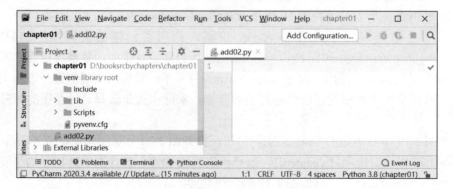

图 1.23　编写 add02.py 的界面

在图 1.23 中，编写一个加法的程序，程序代码如图 1.24 所示。

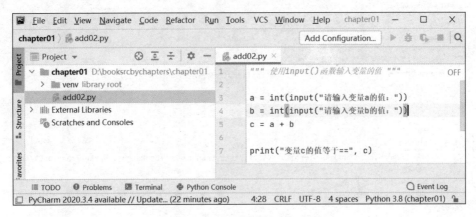

图 1.24　加法的程序代码

图 1.24 所示的 add02.py 中的代码说明如下。

第 1 行：文档字符串，使用一对三个单引号 ''' 或者一对三个双引号 """。它和在 Python 中使用#一样，起到注释的作用。

第 3、4 行：从键盘输入值。使用了 input()函数，该函数从键盘接受输入的值，并将该值赋值 a 和 b。函数 input()的返回值是字符串，使用 int()函数将字符串转换为 int 整型。

第 5 行：进行加法运算。

第 7 行：使用 print()函数输出和的值。

3. 在 PyCharm 中运行代码

代码 add02.py 编写完成后，运行才能看到结果。在 PyCharm 中运行程序可以使用组合键 Ctrl+Shift+F10，或者在程序文件 add02.py 或该文件所在的窗口上单击右键，从弹出的快捷菜单中选择 Run ' add02 '命令来运行。本文采用后一种方式，如图 1.25 所示。在该图中选择 Run ' add02 '命令，打开如图 1.26 所示的显示运行结果的窗口界面。

在图 1.26 中，根据提示分别从键盘输入 10 和 20，每输入一次都要按 Enter 键，最后显示 c 的值为 30，结果正确。

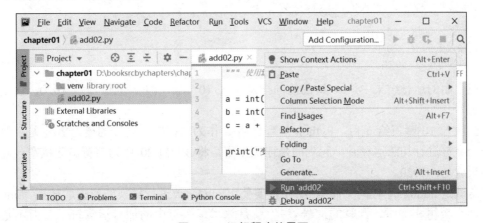

图 1.25　运行程序的界面

17

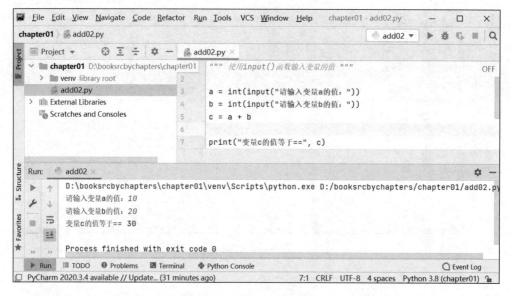

图 1.26　运行程序结果的界面

在图 1.26 中 add02.py 文件的第 3、4 行，如果对输入的值不使用 int()函数进行类型转换就赋值给 a 和 b，会是什么结果呢？在 PyCharm 中依照创建 add02.py 的方法创建 add03.py。add03.py 代码文件如程序清单 1.1。

程序清单 1.1　add03.py 代码文件

```
1.  """
2.  使用 input 函数输入值，动态赋值
3.  """
4.
5.  a = input("请输入 a 的值: ")
6.  b = input("请输入 b 的值: ")
7.
8.  c = a + b
9.  print("c 的值等于: ",c)
```

运行以上程序，输入值，运行结果如下：

请输入 a 的值：10
请输入 b 的值：20
c 的值等于：1020

在上面的运行结果中，a、b 的值同样是输入 10、20，但 c 的值却是 1020，这是怎么回事呢？

当输入 10 赋值给 a 后，Python 解释器将 a 作为字符串，同样的道理 b 也是字符串，但两个字符进行加法运算时，起到的是连接作用，将 10 和 20 作为字符串连接在一起，所以结果就是：1020。

这就是 add02.py 代码文件第 3、4 行要使用 int()函数进行转换的原因，转换为 int 整型后，两个数再相加时，此时的加号"+"就是算术运算符中的加号运算符了，而不是字符串的连接符号。

1.3.5 其他集成开发环境简介

除了 IDLE 和 PyCharm 之外,Python Wiki 官网比较详细地列出了 Python 的 IDE。其官网地址是:*https://wiki.python.org/moin/IntegratedDevelopmentEnvironments*。其中比较常用的有:IDLE、PyCharm、Anaconda 与 Jupyter Notebook、Spyder、Eclipse with PyDev、Wing。下面分别加以介绍。

1. Anaconda 与 Jupyter Notebook、Spyder

Anaconda 是一个开源的 Python 发行版本,包含大量用于科学计算的第三方库及其依赖包。Jupyter Notebook、Spyder 都是非常强大的交互式 Python 语言开发环境,提供高级的代码编辑、交互测试、调试等特性,支持包括 Windows、Linux 和 Mac OS X 系统。Jupyter Notebook、Spyder 是 Anaconda 默认的开发工具,是进行数据分析和机器学习最好的编辑器,特别是 Jupyter Notebook 和 Anaconda 的结合被认为是进行数据分析的最佳基础平台。

2. Eclipse with PyDev

Eclipse 是基于 Java 的集成开发环境,已经有了很长的历史,非常流行。它通过插件的方式与 Eclipse 无缝结合可以支持很多语言的编程。其中通过在 Eclipse 上安装 Eclipse with Pydev 插件就可以像 PyCharm 一样进行 Python 的开发,且支持 Web 方面的开发。Eclipse with Pydev 的官网地址是:*http://www.pydev.org/download.html*。

3. Wing

Wing 是专门为 Python 语言设计的 IDE,其启动和运行的速度都非常快,支持 Windows、Linux 和 Mac OS X。其网址是:*http://wingware.com/*。

由于.py 的源文件实际上就是一个文本文件,因而可以使用任何文本编辑器编写和打开.py 的源代码文件。

1.4 Python 运行机制简介

当 Python 安装在计算机上后,它就具有运行 Python 程序的环境。这个运行环境主要由解释器(Interpreter)和众多支持库组成,比如,1.3 节将 Python 安装在 D:\Python\Python38 目录下,该目录包含 Python 解释器 python.exe,还包含标准库的 Lib 子目录和动态链接库 DLLs 子目录等众多支持库。

在图 1.10 中选择 IDLE(Python 3.8 64-bit)或在 cmd.exe 程序中输入 python,都会打开 Python 解释器。在图 1.19 中,创建项目要配置虚拟环境,其根本就是要配置解释器,因为 PyCharm 是没有解释器的,它的解释器就是 python.exe。

在这里,需要弄清楚 Python 和 Python 解释器之间的关系。Python 是一门语言规范,类似于英语语法,人们写英语和说英语,才能将书本上的语法变成能交流的语言,这就相当于语法的应用和实现。Python 解释器就类似人们写英语和说英语,是 Python 语言规范的实现者。Python 解释器有多种实现，如：使用 C 语言编写的 CPython、使用 Java 语言编写的 Jython、使用 Python 语言编写的 PyPy 等。其中，CPython 解释器是 Python 官方的发行版和标准实现，也是目前 Python 默认且广泛使用的实现，平常所说的 Python，大多指的就是 CPython。

对于大多数 Python 程序员来说，解释器就像一个黑匣子。程序员只需要知道使用 Python 解释器运行程序显示结果。但对 Python 解释器进一步的认识，能更好地理解 Python 的运行机制，理解 Python 是如何工作的。图 1.27 显示了 Python 解释器运行的机制。

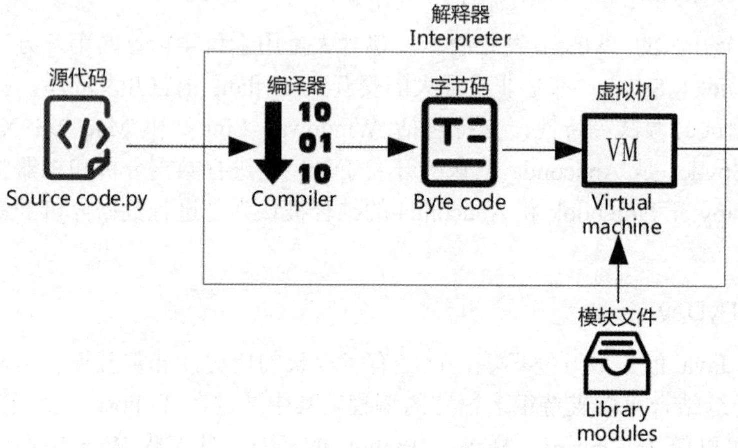

图 1.27　Python 解释器运行的机制

图 1.27 中，解释器由两部分组成：编译器(Compiler)和虚拟机(Virtual Machine)。

编译器首先将源代码(.py 文件)编译成一种形式更简单的字节码。该字节码通常存储在.pyc 文件中。当源代码更新时，或者在其他必要的时候，会重新生成。为了将程序分发给已经安装了 Python 的用户，可以发布.py 文件或.pyc 文件。

字节码面向底层，与平台无关，每个源语句都被翻译成一组字节码指令。从本质上看字节码类似于 CPU 指令，但是它们不是由 CPU 执行的，而是由一个称为 Python 虚拟机(Python Virtual Machine，PVM)的软件执行的。之所以将源代码转换为字节码，主要是为了做到与平台无关，加快执行速度，因为字节码比源代码语句运行得更快。

虚拟机 PVM 实际上是模拟真实计算机的软件，是安装在机器上的 Python 系统的一部分，是真正运行脚本的组件，是 Python 的运行引擎，它是迭代运行字节码指令的一个大循环一个接一个地完成操作。

一旦源代码转换成字节码，它就会被输入 PVM，一个接一个地遍历字节码指令，以执行它们的操作。每次运行解释程序时，解释器必须将源代码转换成机器码，并引入运行库。这种转换过程使程序的运行速度比用编译语言编写的同类程序要慢。

以上就是 Python 源代码到机器码整个运行的过程。其中，经过了编译形成字节码，然后 PVM 运行字节码，将其解释为机器码，最后输出结果。

这里需要说明的是，Python 是一种解释型语言，但中间也经过了编译，只不过这个编译和其他编译型语言有很大的区别。首先，Python 解释器中的编译，对用户是隐藏的，是由 Python 自动完成的，对用户来说，没有编译器，不需要编译源代码的手工操作，用户只需要在交互式提示符>>>下和 IDE 下运行程序即可，而重要的部分是 PVM 对字节码的解释，没有编译语言手工编译步骤，这就是 Python 语言称为解释型语言的原因。

本 章 小 结

Python 语言由吉多·范罗苏姆于 1989 年发明，借鉴和摒弃了他在 CWI 工作时使用 C 和 ABC 语言所发现的优点和不足。

Python 目前有两个版本，一个是 Python 2.*，另一个是 Python 3.*。Python 3.*并不向后兼容 Python 2.*。

Python 是一种易用易学、跨平台可移植性好、可扩展性强、拥有庞大标准库和第三方库的高级程序设计语言。在很多领域都有广泛的应用，如人工智能、Web 开发、网络爬虫、科学计算和数据分析等。

Python 提供了一种交互模式来进行交互式编程。交互模式有命令行窗口交互模式和基于 IDLE 的 Python Shell 模式，交互式提示符是>>>。

除了这种交互模式编程之外，更多的是使用集成开发环境 IDE，其中使用最多的就是 PyCharm、IDLE 和 Anaconda。

Python 语言属于解释型语言，因此运行 Python 程序时需要使用特定的解释器进行解释和执行。

测 试 题

一、单项选择题

1. Python 文件的扩展名或后缀名是(   )。
   A. .p   B. .python   C. .py   D. .pass
2. 关于注释，以下说法不正确的是(   )。
   A. 让程序更有效率   B. 让程序更易为人们阅读和理解
   C. 会被 Python 解释器忽略   D. 在 Python 中，注释以井号(#)开头
3. 交互模式编程的提示符是(   )。
   A. >   B. >>   C. >>>   D. >>>>
4. 下列选项中不是 Python 解释器的是(   )。
   A. JPython   B. PyPy   C. PyPi   D. CPython

二、判断题

1. Python 3.x 完全兼容 Python 2.x。   (   )
2. IDLE 和 PyCharm 都是 Python 的集成开发环境 IDE。   (   )

三、编程题

1. 根据自己所使用的操作系统，下载和安装 Python 3.8.6 或更高的稳定版本，启动交互式 Python 会话，在>>>提示符下输入以下语句，然后按 Enter 键，并写下显示的结果。

A. print("Hello, world!")   B. print("Hello", "world!")

  C. print(3)   D. print(3.0)

  E. print(2 + 3)   F. print(2.0 + 3.0)

  G. print("2" + "3")   H. print("2 + 3 =", 2 + 3)

2. 编写程序，输出"Hello World!"。

3. 编写程序，显示 Welcome to Python 五次。

4. 编写程序，显示 1+2+3+4+5+6+7+8+9 的结果。

5. 编写程序，显示以下公式的结果。

$$\frac{9.4*4.5 - 2.5*3}{45.5 - 3.5}$$

6. 下载和安装 PyCharm Community 社区版，完成编程题中的 2~5 题。

第 2 章　Python 语言基础

　　任何一门计算机高级语言都有其最基本的语法规则，Python 也不例外。本章将从编写一个计算圆形面积的 Python 程序开始，介绍 Python 的语言基础，主要包括标识符、变量、数据类型、表达式和运算符、程序流程控制、条件语句和循环语句等，最后利用这些知识完成几个应用的编程实践。

2.1　从编写计算圆形面积程序开始

　　第 1 章使用 Python 编写了经典的"Hello world！"和几个简单的程序，初步感受到了 Python 的简单易用。下面将从编写一个计算圆形面积的程序开始，进一步了解 Python 的语言基础。

扫码观看视频讲解

　　圆形面积的计算公式：

圆的面积 ＝ 半径*半径*3.14159

　　根据以上公式可知，只要给出半径的值，面积就可根据公式求得。下面给出计算圆形面积的步骤。

(1)　给半径赋值；

(2)　利用公式计算面积：圆的面积 ＝ 半径*半径*3.14159；

(3)　显示面积的值。

　　依据上面的步骤，首先要知道半径的值。假如半径的值为 10，为了保存这个值，定义一个变量 radius。radius 是变量半径的名称，其值为 10。在 Python 中提供了赋值语句用于完成这个工作，即 radius = 10。除了定义变量 radius 外，还要定义一个变量 area 用于保存圆形面积的值，该值是通过圆形面积公式计算获得的。最后使用 print()内置函数输出显示圆形面积的结果。

　　程序清单 2.1 是 Python 编写的计算圆形面积的代码。

程序清单 2.1　circle01.py

```
1.  """ 计算圆形面积，第1版 """
2.
3.  # 给半径赋值
4.  radius = 10
5.
6.  # 利用公式计算面积
7.  area = radius * radius * 3.14159
8.
9.  # 显示面积的值
10. print("圆的面积是：", area)
```

　　程序清单 2.1 说明如下。

　　第 1 行：采用文档字符串说明程序的功能。

第 4 行：赋值语句，数学中的等号"＝"是一个赋值运算符，将 10 赋值给半径 radius。

第 7 行：右边是一个计算圆面积的公式，Python 称为表达式，通过赋值运算符将表达式计算的值赋值给变量 area。

第 10 行：调用 print()函数输出面积的值。print()函数是 Python 标准库中的内置函数，用于输出数据。

运行程序清单 2.1 结果如下。

圆的面积是：314.159

程序清单 2.1 是一个非常简单的计算圆形面积的程序。程序中半径的值固定为 10，只能计算半径为 10 的圆形面积，且用于计算面积的圆周率 PI 直接写为 3.14159。假如要计算不同半径的圆形面积，还需要修改程序清单 2.1 circle01.py 的源代码，另外，假如程序中有多个 PI 的值，也要写多个 3.14159 数字，多次重复地写数字也难免会出现错误，这些都是初学者从现在起就应该考虑和解决的问题。

Python 提供的 input()内置函数专门用于让用户在键盘上输入任意字符和数字，因此可以使用该函数解决让用户输入任意半径值的问题。对于 3.14159 这个数字，可以使用 Python 提供的内置数学模块 math 中的 math.pi 来替换。

程序清单 2.2 是采用 input()函数和 math.pi 对程序清单 2.1 进行改写后的程序。

程序清单 2.2　circle02.py

```
1.   """ 计算圆形面积，第 2 版 """
2.
3.   import math     # 导入数学模块
4.
5.   # 使用 input 函数输入半径的值
6.   radius = float(input("请输入圆的半径: "))
7.
8.   # 利用公式计算面积
9.   area = radius * radius * math.pi
10.
11.  # 显示面积的值
12.  print("圆的面积是: ", area)
```

程序清单 2.2 说明如下。

第 3 行：import 语句用于导入数学模块 math。math 是 Python 提供的专门用于处理有关数学方面的模块，里面包含圆周率 PI 和数学函数。关于 Python 模块的概念和 import 语句将在后面章节详细介绍。

第 6 行：赋值运算符"＝"右边是两个函数调用，最里层 input()函数接收从键盘输入的数据，返回的都是字符串，不是数字，如果不将其转换为数字，那么下面第 9 行计算圆面积就会出错，为此，Python 提供了 int()和 float()函数用于将字符串转换为数字，此处使用 float()函数将输入的数据转换为浮点型类型。

第 9 行：与程序清单 2.1 计算圆形面积不同，使用 math.pi 替代之前使用的 3.14159 来表示圆周率。

运行程序清单 2.2，并根据提示输入 10，结果如下：

请输入圆的半径：10
圆的面积是：314.1592653589793

2.2　标识符与关键字

程序清单 2.2 中，出现的英文单词 radius、math 和 print 等，是 Python 给变量、模块和函数所取的名称。这些名称就称为标识符，用于标识程序中不同的对象和访问这些对象所指向的数据。标识符是为程序中不同对象所取的名字。在标识符中，还有一些具有特殊的语法含义，这些标识符称为关键字或保留字。

本节将介绍标识符和关键字的知识，主要包括：标识符的命名规则、Python 3.*中所具有的关键字以及 PEP8 有关的命名规则。

2.2.1　标识符

标识符(Identifiers)是指开发人员在程序中自定义的一些符号和名称，如变量名 radius、area；函数名 float、input 和 print 等。

标识符命名必须遵守以下规则。

➢ 标识符由字母、下划线 "_" 和数字组成，且不能以数字开头。
➢ 标识符不能是关键字(保留字)。
➢ Python 中的标识符是区分大小写的。Student 与 stuDent 是两个不同的标识符。

除了以上的规则之外，标识符的命名还应做到 "见名知意"，也就是说看到标识符的名称就知道其用途。比如 radius、print、current_time，看到用这些单词命名的标识符，就会知道是半径、打印和当前时间。

2.2.2　关键字

关键字(Keywords)，也称为保留字，是指在 Python 语言中已经被赋予特定意义的单词，开发者不能将它们作为标识符给变量、函数、类、模板以及其他对象命名。在 Python 交互式模式下，使用 help()函数能够查看 Python 所提供的关键字。代码如下：

```
>>> help()
…
help> keywords
Here is a list of the Python keywords.  Enter any keyword to get more help.
False               class               from                or
None                continue            global              pass
True                def                 if                  raise
and                 del                 import              return
as                  elif                in                  try
assert              else                is                  while
async               except              lambda              with
await               finally             nonlocal            yield
break               for                 not
```

2.2.3　PEP8 编码规范简介

Python 增强提案(Python Enhancement Proposal，PEP)是为 Python 社区提供的指导 Python 往更好的方向发展的技术文档。PEP8 是针对 Python 语言编制的代码风格指南，用于指导 Python 开发人员采用一致的风格编写出可读性强的代码。

PEP8 的官网地址为：*https://www.python.org/dev/peps/pep-0008/#variable-annotations*。

下面以 PEP8 为基础介绍有关注释、文档字符串和命名规范的知识。

1. 注释

注释(Comments)是对程序代码的解释和说明，其目的是使程序便于理解。它是程序的一部分，但是 Python 解释器会忽略它们。注释要简洁准确，根据不同的需要，可以采用行内注释(Inline Comments)、块注释(Block Comments)。

➤ 行内注释是指在一句代码后加的注释，使用"#"号。比如：

```
x = x + 1                    # 这是行内注释
```

行内注释实际上就是前面程序清单 2.1 和 2.2 中的单行注释，只不过行注释放在语句之后，单行注释放在语句之上。单行注释使用的比较多，行内注释要慎用。

➤ 块注释，也称为多行注释，是指使用"#"在选择的一段代码前增加的注释。一般 IDE 集成开发环境都设置了块注释的菜单和快捷键，比如，PyCharm 编辑器的块注释的快捷键是：Ctrl + /。在程序中选中要注释的代码，同时按 Ctrl + /快捷键，选中行被注释。若要取消注释，再次按下 Ctrl + /快捷键即可取消。

2. 文档字符串

文档字符串(Documentation Strings)提供了一种将文档与 Python 模块、函数、类和方法关联起来的方法。它与注释不同，文档字符串侧重功能的描述，是可以使用对象的 __doc__ 属性或 help 函数访问的，而注释是不能被访问的。

在 Python 中，使用一对三个双引号" """　""" "或单引号" ''' ''' "来定义一个文档字符串。一般在所有的共有模块、函数、类和方法中都需要编写文档字符串，并位于模块文件的最上面、函数头之后与函数体之前、类头之后与类体之前、方法头之后与方法体之前。文档字符串分单行和多行文档字符串。下面以一个函数的定义作为示例来了解文档字符串的使用，示例代码如下：

```
>>> def my_function(arg1):
        """
        函数的功能摘要描述
        参数(Parameters):
        arg1(int):参数的描述
        返回值(Returns):
        int:返回值的描述
        """
        return arg1

>>> print(my_function.__doc__)
```

```
函数的功能摘要描述
参数(Parameters):
arg1(int):参数的描述
返回值(Returns):
int:返回值的描述
```

上面代码中，在函数定义行的下面，使用一对三个双引号定义了一个文档字符串，其内容包括：函数的功能、参数及返回值等内容。最后通过 print()函数调用 my_function()函数的__doc__属性输出文档字符串的内容。

3. 命名规范

由于开发者和开发年代不同，Python 库的命名约定有点混乱，为了避免这样的情况继续下去，初学者了解并遵循 PEP8 的命名规则是非常必要的。PEP8 为包与模块、类、函数、方法和变量制定了比较详细的命名规则，介绍如下。

- ➢ 包和模块名：包名命名要短，全部小写，不鼓励使用下划线。模块名也应该简短、全部小写。如果下划线可以提高可读性，也可以在模块名中使用下划线。
- ➢ 类名：采用驼峰式命名法，所有单词的首字母都必须大写，单词之间连在一起不能空格，如 FirstName、LastName。
- ➢ 变量名：小写，单词之间用下划线"_"连接。尽量不要使用字符"i"(小写字母)、"O"(大写字母)或"I"(i 的大写字母)作为单个字符变量名，因为这些字符可能导致与数字"1"和"0"无法区分。
- ➢ 函数名：小写，单词之间用下划线"_"连接。
- ➢ 常量名：所有的字母都是大写，单词之间用下划线"_"连接。

2.3　数　据　类　型

计算机在进行数据处理时都需要先将数据存储在内存中，不同类型的数据在内存中存储的形式各不相同，比如，数字类型的数据，其存储形式可能是整型和浮点型，文本数据可能是字符串等。计算机编程语言通过数据类型用以确定数据在计算机中存储的形式，以便计算机根据数据的类型进行相应的存储和操作。

与其他高级语言(C、C++ 或 Java)相比，Python 提供的数据类型更加丰富，比如：元组、字典和集合，这些都是其他语言所没有的。除此之外，其数据类型还具有动态数据类型的特点。

本节将介绍 Python 语言数据类型的特点及其主要的数据类型。

2.3.1　Python 数据类型为动态数据类型

在程序清单 2.1、2.2 中，尽管半径 radius、面积 area 和 input()函数返回值都没有显式声明是整型、浮点型还是字符串类型，但实际上它们具有确定的数据类型。这里将对程序清单 2.2 进行改写来说明这一点。在程序清单 2.2 中，把第 6 行的 float()函数去掉，改写的代码示例如下：

扫码观看视频讲解

```
>>> # 改写程序清单 2.2 的代码
>>> import math
>>> radius = input("请输入圆的半径: ")
请输入圆的半径: 10
>>> type(radius)
<class 'str'>
>>> area = radius * radius * math.pi
Traceback (most recent call last):
  File "<pyshell#5>", line 1, in <module>
    area = radius * radius * math.pi
TypeError: can't multiply sequence by non-int of type 'str'
>>>
```

上面的代码中使用 type()函数查看变量 radius 的类型，显示为字符串 str。接下来在执行计算圆形面积的语句时，提示类型错误：can't multiply sequence by non-int of type 'str'。错误的原因是不能使用字符串进行乘法运算。这也就是为什么要使用 int()或 float()函数将字符串转换为整型或浮点型的原因。

尽管没有显式声明变量半径 radius 是什么数据类型，但因为 input()函数的返回值的类型是字符串，并赋值给了 radius，所以 radius 的数据类型也是字符串。只不过其数据类型是在运行中动态获得的。

通过程序清单 2.2 和以上代码示例的运行与分析，Python 提供的数据类型与其他语言有相似的地方也具有自身的特点。相似之处是所有数据都具有数据类型，而不同之处就是数据类型采用隐式声明，把区分类型的工作交给了解释器。

在程序语言中，把在声明时不显式指定类型而在运行过程中动态分配类型的数据类型称为动态数据类型，如 Python、Ruby；而在使用变量或数据之前需要事先显式指定类型再使用的数据类型，称为静态数据类型，如 Java、C/C++。

2.3.2 Python 数据类型分类

Python 语言提供了丰富的数据类型，其中最基本的数据类型有六种，分别是数字(Numeric)、字符串(String)、布尔值(Boolean)、序列(Sequence)、字典(Dictionary)和集合(Set)。数字类型又分整数(Integer)、浮点(Float)和复数(Complex)三种。序列类型也分列表和元组最基本的两种。图 2.1 显示了 Python 的数据类型。

扫码观看视频讲

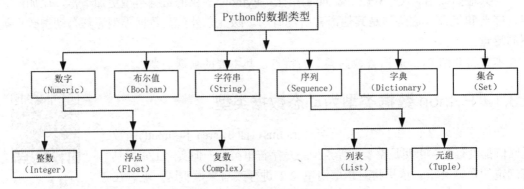

图 2.1　Python 的数据类型

除了以上的数据类型之外，Python 还支持一种特殊的数据类型 NoneType 空类型。该类型的对象只有一个 None，用于定义空变量或对象。None 有点类似其他语言中的 null 空值。可以将 None 赋值给任何变量，但不能创建 NoneType 对象。

下面主要介绍数字类型、布尔类型，简单介绍序列的概念、字符串、列表、元组、字典和集合。关于字符串、列表、元组、字典和集合等知识将在第 5、6 章进行详细讲解。

1. 数字类型

Python 的数字类型(Numeric Types)用于存储数值，它支持三种不同的数值类型，分别是：整型(integer，int)、浮点型(float)和复数(complex)。

➢ 整型是指不带小数点的数，如 0、10、-780、-089、-0x270、0x90。整型没有大小限制，仅仅受限于可用内存的大小。

➢ 浮点型由整数与小数点两部分组成，如 0.0、15.2、-2.9、-32.5e10、32+e18。浮点数可以用科学计数法表示：2.5e2 = 2.5 × 10^2 = 250。

➢ 复数由实数和虚数两部分构成，可以用 a + bj 或者 complex(a,b)表示，复数的实部 a 和虚部 b 都是浮点型，如 3.14j、9.23e-35j、4.53e-7j。

2. 布尔类型

对于布尔类型(Boolean)，严格地说，它实际上是整型的子类型。布尔值是两个常量对象 True 和 False。它们被用来表示逻辑上的真和假。布尔类型若用于算术运算符的操作数时，True 和 False 分别相当于整数 1 和 0。这里特别需要注意的是：Python 中真和假的取值范围很广，下面基本完整地列出了会被视为假值的内置对象。

➢ 被定义为假值的常量：None 和 False。

➢ 任何数值类型的零：0, 0.0, 0j, Decimal(0), Fraction(0, 1)。

➢ 空的序列和多项集：'', (), [], {}, set(), range(0)。

除了上面这些，其他的值都返回 True。也就是说，在 Python 中，逻辑真包含常量 True、非 None、非零值、非空字符串、非空的列表与元组、非空集合等。可以使用 bool()函数来测试逻辑真假值，以 None、数字 0 和非 0 数字为例，其他的在后面章节进行说明。示例代码如下：

```
>>> # None 为 False
>>> print(bool(None))
False
>>> # 数字 0 为 False
>>> print(bool(0), bool(0.0), bool(0.0+0j))
False False False
>>> # 非 0 数字为 True
>>> print(bool(-3), bool(3.14159), bool(1.0+1j))
True True True
```

3. 数字类型之间的转换

数字类型支持类型转换。所谓类型转换是指将一种数据类型(整数、字符串、浮点数等)的值转换为另一种数据类型的过程。Python 有两种类型的类型转换。

➢ 隐式类型转换(Implicit Type Conversion)。

> 显式类型转换(Explicit Type Conversion)。

隐式类型转换是指 Python 自动将一种数据类型转换为另一种数据类型。这个过程不需要用户参与。

下面的示例演示了 Python 将精度较低的数据类型(整数)转换为精度较高的数据类型(浮点数)，代码如下：

```
>>> # 隐式类型转换
>>> num_int = 601
>>> num_float = 601.10
>>> total = num_int + num_float
>>> print("num_int 的数据类型是: ",type(num_int))
num_int 的数据类型是:  <class 'int'>
>>> print("num_float 的数据类型是: ",type(num_float))
num_float 的数据类型是:  <class 'float'>
>>> print("total 的值是: ",total)
total 的值是:  1202.1
>>> print("total 的数据类型是: ",type(total))
total 的数据类型是:  <class 'float'>
```

在上面的代码中，变量 num_int 和 num_float 的数据类型分别是整型和浮点型，在运算的过程中，系统自动将整型转换为浮点型，这就是一种隐式类型转换。

下面的示例演示了布尔值与数字之间的隐式转换，代码如下：

```
>>> # 布尔值与数字的隐式转换
>>> total = True + 8
>>> print("total 的值是: ",total)
total 的值是:  9
>>> print("total 的数据类型是: ",type(total))
total 的数据类型是:  <class 'int'>
>>> total1 = False + 8.0
>>> print("total1 的值是: ",total1)
total1 的值是:  8.0
>>> print("total1 的数据类型是: ",type(total1))
total1 的数据类型是:  <class 'float'>
```

上面的代码中，布尔值 True 和 False 参与运算时，其值相当于 1 和 0，另外，运算的结果数据类型会随参与运算数据的类型而变化。如与整型数进行运算，则结果为整型；如与浮点型进行运算，则结果的数据类型为浮点型。

显式类型转换是指用户将对象的数据类型转换为所需的数据类型。它一般是通过 Python 提供的函数来实现的。这些函数主要有以下两个。

> int(x)：将 x 转换为一个整数。
> float(x)：将 x 转换为一个浮点数。

在前面的代码示例和程序中，已经使用过这两个函数将字符串转换为整数和浮点数，它们还可以用于数字转换。示例代码如下：

```
>>> int(4.6)
4
>>> int(-10.89)
```

```
-10
>>> float(10)
10.0
```

💡 **注意**：　类型转换是将对象从一种数据类型转换为另一种数据类型。隐式类型转换由
　　　　　　Python 解释器自动执行，可以避免转换中的数据丢失。
　　　　　　显式类型转换也称为强制类型转换，对象的数据类型由用户使用预定义的函
　　　　　　数进行转换。由于是将对象强制转换为特定的数据类型，所以可能会发生数
　　　　　　据丢失溢出报错的情况。

4. 字符串类型

和其他大多数高级语言一样，字符串(String)是编程中使用最广泛的数据类型。在
Python 中，字符串使用双引号或者单引号进行标识，还可以使用一对三个单引号或一对三
个双引号标识，如：

```
"Hello,World!"
'Hello,World!'
"枯藤老树昏鸦，小桥流水人家，古道西风瘦马，夕阳西下，断肠人在天涯。"
```

以上用一对双引号或单引号括起来的字符序列就是字符串。可以将以上字符串赋值给
变量，然后输出，比如：

```
>>> str1 = "Hello,World!"
>>> print(str1)
Hello,World!
>>> str2 = 'Hello,World!'
>>> print(str2)
Hello,World!
>>> str3 = "枯藤老树昏鸦，小桥流水人家，古道西风瘦马，夕阳西下，断肠人在天涯。"
>>> print(str3)
枯藤老树昏鸦，小桥流水人家，古道西风瘦马，夕阳西下，断肠人在天涯。
>>> str4 = '''To the Lighthouse'''
>>> str4
'To the Lighthouse'
>>> str5 ="""到灯塔去"""
>>> str5
'到灯塔去'
```

上面代码中 5 个字符串使用 print()函数都输出了结果。str1 和 str2 输出的结果都是：
Hello,World!，输出结果一样，这说明在创建字符串时，使用双引号或单引号效果是一样
的。str3 也原样输出了诗词。

诗词的格式一般都是采用换行横排，这样更能增加诗词的可读性。Python 提供了
"\n"这样的字符来处理换行，只要在每句诗词的后面加上"\n"换行符，就能实现换
行，达到横排的效果，其代码如下：

```
>>> str4 = "枯藤老树昏鸦，\n 小桥流水人家，\n 古道西风瘦马，\n 夕阳西下，\n 断肠人在天
涯。\n"
>>> print(str4)
```

枯藤老树昏鸦，
小桥流水人家，
古道西风瘦马，
夕阳西下，
断肠人在天涯。

在 Python 中，将类似换行符"\n"的字符称为转义字符，其含义是为了避免出现字符歧义或不能输出的字符所采用的技术。表 2.1 列出了常用的转义字符。

表2.1 Python 支持的转义字符

转义字符	说　明
\newline	反斜杠加换行全被忽略
\\	反斜线(\)
\'	单引号(')
\"	双引号(")
\a	响铃
\b	退格(Backspace)
\f	分页，隔开一页
\n	换行符
\r	回车符
\t	水平制表符，相当于 Tab 键
\v	垂直制表符
\ooo	八进制数，ooo 代表字符，如\101 代表大写字符 A
\xhh	十六进制数，hh 代表字符，如 \x0a 代表换行

在程序清单 2.2 中，输出半径为 10 的圆形面积值为：314.1592653589793，这个面积值后面小数点很长，能不能只保留两位小数点呢？

Python 提供了%来格式化字符串，其最基本的语法形式是：

```
"xxxxxx %s xxxxxx" % (value1, value2)
```

其中%s 就是格式化符，意思是把后面的值格式化为字符类型，类似的格式化符还有%d 为整数、%f 为浮点数等。如果输出浮点数，还可以设置保留的小数点，如保留两个小数点，则为%.2f。最后一个%是格式化标识。后面的 value1,value2 就是要格式化的值，不论是字符还是数值，都会被格式化为格式化符对应的类型。

下面是给上面面积的值保留两位小数点的示例代码：

```
>>> area = 314.1592653589793
>>> f = "%.2f" % area
>>> print(f)
314.16
```

Python 为字符串处理提供了强大的功能，第 5 章将会做专题讨论，包括格式化字符串的知识。

5. 序列：列表和元组

序列(Sequence)是 Python 中最基本的数据结构，从字面含义来说是指按次序排好的行列，序列中的每个元素都分配一个数字，以记录序列元素次序的位置，这个数字称为索引(Index)，第一个元素的索引是 0，第二个元素的索引是 1，以此类推。

Python 中最常用的序列有：列表(List)和元组(Tuple)。实际上，字符串也是序列。

在 Python 中，使用方括号[]定义列表，方括号里面是数据项，也称为列表元素，元素之间以逗号分隔，如果列表元素为空，则创建一个空列表，其语法形式如下：

```
list_name = [element1,element2,…,elementn]
```

其中，赋值运算符的右边是以中括号定义的列表，element1，element2，elementn 是列表中的元素，它们之间用逗号分隔，元素个数没有限制，数据类型可以相同也可以不相同。赋值运算符的左边 list_name 是一个变量，也常称为列表名称，需要遵循变量命名规则，上面语法的含义是：创建一个列表，并让变量 list_name 引用这个列表。

下面的示例创建了一个数字列表，代码如下：

```
>>> # 创建一个元素为数字的列表
>>> number_list = [10,20,30,40,50,60,70,80,90]
>>> type(number_list)
<class 'list'>
>>> # 使用 print()函数输出列表
>>> print(number_list)
[10, 20, 30, 40, 50, 60, 70, 80, 90]
```

在以上的代码中，解释器执行 number_list = [10,20,30,40,50,60,70,80,90]语句后，number_list 变量将引用这个创建的列表。

创建 number_list 列表后，根据序列中关于索引的定义，列表中第 1 个元素 10 对应的索引就是 0，第 2 个元素 20 的索引为 1，以此类推，最后一个元素 90 对应的索引就是 8。图 2.2 显示了 number_list 列表及其索引。

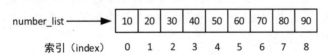

图 2.2　number_list 列表及其索引 index

由于索引定位了列表中元素的位置，因而可以使用索引来访问列表中的元素，具体是使用列表名称加方括号[]，方括号中是索引值，比如：

```
>>> number_list = [10,20,30,40,50,60,70,80,90]
>>> number_list[0]      # 访问第 1 个元素
10
>>> number_list[1]      # 访问第 2 个元素
20
>>> number_list[8]      # 访问最后一个元素
90
```

Python 提供的内置函数可以用于序列中，比如求列表的长度或者大小，就可以使用内置函数 len()。比如，求列表 number_list 的长度就可以使用 len()函数，代码如下：

```
>>> number_list = [10,20,30,40,50,60,70,80,90]
>>> len(number_list)
9
```

列表 number_list 的长度为 9，表示有 9 个元素。

在 Python 中，元组可以使用小括号()定义，小括号里面放置元组的元素，元素之间以逗号分隔。下面是创建元组的示例：

```
>>> t1 = ()                      # 空元组 t1
>>> type(t1)
<class 'tuple'>
>>> t2 = (1,2,3,4,5)             # 包含 5 个数字的元组 t2
>>> t3 = ("Python","C++","Java") # 包含 3 个字符串的元组 t3
```

以上简单介绍了列表和元组的创建，关于列表和元组更详细的内容将在第 6 章的 6.1 节和 6.2 节进行介绍。

2.4 变量与赋值语句

程序的功能就是将数据存储在计算机中，通过变量来引用和访问数据，并根据不同的需求对数据进行不同的处理和操作。变量代表存储在计算机存储器中数据的名称。在 Python 中，变量是通过赋值语句来创建的，在程序的运行中是可以发生变化的，所以才称为变量。与变量不同，在 Python 中还存在着常量。所谓常量是指在内存中用于保存固定值的单元，在程序中常量的值不能发生改变。

本节将介绍变量的创建与赋值，包括多个变量的赋值。

2.4.1 创建变量

在 Python 中，变量不需要像在其他编程语言中那样预先声明或定义，而是通过赋值语句来完成的。赋值语句在前面的代码示例和程序清单中都已经使用过，比如：

扫码观看视频讲解

```
radius = 10
```

就是一条赋值语句，等号右边是数据，左边是变量的名称，其含义是将右边的数据与左边的变量关联起来，通过变量来使用数据。赋值语句基本的语法规则如下：

```
variable = expression
```

其中，variable 是一个标识符，代表变量名称，等号(=)称为赋值运算符(Assignment Operator)，expression 是一个表达式。赋值的语义是，右侧的表达式被求值，然后产生的值与左侧命名的变量相关联。

变量是通过赋值语句创建的，不需要事先声明，也不需要指定数据类型。下面再演示几个变量的创建过程，示例代码如下：

```
>>> radius = 10
>>> radius = 20
```

```
>>> radius
20
>>> num = 10
>>> num = num + 1
>>> num
11
>>> str = "待到山花烂漫时，她在丛中笑"
>>> print(str)
待到山花烂漫时，她在丛中笑
```

上面的代码中，当赋值语句执行后，就创建了变量，并引用赋值运算符右边的值。以 radius = 10 为例，当执行这条语句后，就创建了变量 radius。图 2.3 是变量 radius 引用数值 10 的示意图。

图 2.3　变量 radius 引用数值 10

在图 2.3 中，数值 10 被存储在计算机存储器中的某个位置，从 radius 出发指向 10 的箭头表示变量名 radius 引用了这个数值。这里的引用就好像电视机与遥控器的关系，如图 2.4 所示。

图 2.4　引用：电视机与遥控器

电视遥控器(引用)用于操纵电视机(对象)。握住遥控器，就能保持与电视机的连接。想换频道或减小音量，在遥控器上按键选择，遥控器就可以改变电视机的频道或音量，把遥控器拿在手中，在电视机所在的客厅四处走动，可以随意地改变频道或音量，而不必过去直接操作电视机。

上面的代码中还显示了变量 radius 可以多次赋值。图 2.5 显示了 radius 多次赋值的过程。

图 2.5 中，第一次赋值 radius 是 10，第二次赋值 radius 是 20，经过第二次赋值之后，radius 指向 20，而 10 这个值，没有任何指向它的变量，没有被引用。当计算机中存储器的数据不再被变量引用时，Python 解释器通过一个所谓的垃圾回收机制进行处理，自动地将它们移除。另外，变量总是引用它最后指向的数据，比如：图 2.5 中的 20。这也充分说

明变量之所以成为"变量"，是因为在程序的执行过程中它们可以引用不同的数值。

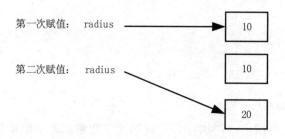

图 2.5　变量 radius 多次赋值引用

2.4.2　多个变量赋值

Python 允许同时为多个变量分配同一个值，就像链式一样，这使得将相同的值赋给多个变量成为可能。示例代码如下：

```
>>> a = b = c = 300
>>> print(a, b, c)
300 300 300
```

上面的链式赋值同时为变量 a、b 和 c 赋值 300。

Python 还支持为同一行的多个变量同时赋不同的值。示例代码如下：

```
>>> a,b = 3,4
>>> print("a和b的值分别是：",a,b)
a和b的值分别是：　3 4
```

采用这种赋值方式必须使变量个数和值的个数保持一致。

2.5　运算符、表达式和语句

计算机最根本的用途就是处理数据和完成各种运算任务。Python 提供了丰富的运算符，通过和操作数组成从简单到复杂的表达式，再由一个或多个表达式组成的语句一起来完成各种运算的需求。

本节将介绍 Python 的各类运算符、表达式以及运算符的优先级，并了解 Python 语句的概念和一些常用的语句。

2.5.1　运算符与表达式

下面的示例代码演示了四则混合运算：

```
>>> 10 + 20
30
>>> a = 10
>>> b = 20
>>> c = 30
>>> d = 40
>>> a + b
```

```
30
>>> a + b*c -a + d/b
602.0
```

在上面的示例中，10 和 20 两个数字、a 和 b 两个变量，通过加号"+"实现了两个数的加法运算，a、b、c 和 d 通过加减乘除符号"+、-、*、/"实现了加减乘除四则混合运算。

在 Python 中，把这些类似加减乘除"+、-、*、/"，用于指定执行不同运算的特殊符号，称为运算符。将类似 a、b、c 和 d 这些位于运算符两边的变量和值等称为操作数，它们是运算符操作的对象。

表达式是运算符、值和变量等的组合。上面示例中的 10 + 20、a + b 和 a + b*c -a + d/b 都是表达式，而且都有返回的值。实际上，一个值本身被认为是一个表达式，变量也是一个表达式，表达式最大的特点就是必须返回一个值。在交互式模式下，可以看到其返回的值。

Python 支持的运算符除了上面的"+、-、*、/"算术运算符之外，还有比较运算符、赋值运算符、逻辑运算符、位运算符、成员运算符以及身份运算符。这些运算符和操作数可以构成更复杂的表达式来完成不同的运算需求。下面将对此进行探讨。

1. 算术运算符

算术运算符(Arithmetic Operators)用来执行数学运算。除了上面介绍的加减乘除之外，还有求余数(%)、乘幂(**)和整数除法(//)运算。表 2.2 列出了 Python 中各种算术运算符的含义和示例说明。

表 2.2　Python 中的算术运算符

运算符	含　义	表达式示例
+	加法：操作数相加	a + b
-	减法：操作数相减或负数	a - b
*	乘法：两个数相乘或返回一个被重复若干次的字符串	a * b
/	除法：两个操作数相除得到商。商的数据类型是浮点类型	b / a
%	取模或求余：返回除法的余数	b % a
//	整数除法：向下取接近除数的整数	b//a
**	乘幂：求一个数的幂值	a**b：a 的 b 次方

下面演示 Python 除法、求余数、取整和乘幂运算的操作，示例代码如下：

```
>>> a = 5
>>> b = 7
>>> print("除法b/a = ",b / a )
除法b/a =  1.4
>>> print("求余数b%a = ",b % a )
求余数b%a =  2
>>> print("取整数b%a = ",b // a )
取整数b%a =  1
>>> print("乘幂a**b = ",a ** b )
乘幂a**b =  78125
```

上面示例中,两个整数 5 和 7 相除,其结果(1.4)是一个浮点数。b%a 进行求余运算,实际上是 7 除以 5 得到的商是 1 而余数是 2,所以 7%5 的余数就是 2。

求余运算符在判断值的奇偶性、格式输出等场合是非常有用的。比如:n%2 等于 0,则 n 就是偶数;n%2 等于 1,则 n 就是奇数。

2. 比较运算符

比较运算符(Comparison Operators)用于进行值的比较。它根据条件返回真或假。比较运算符通常用于布尔上下文中,如条件语句和循环语句,以控制程序流程。表 2.3 列出了 Python 中各种比较运算符的含义。

表 2.3 Python 中的比较运算符

运 算 符	含 义	表达式示例
==	等于:比较操作数是否相等	a == b
!=	不等于:比较两个操作数是否不相等	a != b
>	大于:比较操作数之间的大小	a > b
<	小于:比较操作数之间的大小	a < b
>=	大于等于:比较操作数之间的大小	a >= b
<=	小于等于:比较操作数之间的大小	a <= b

下面演示 Python 中所有比较运算符的操作,示例代码如下:

```
>>> #比较运算符示例
>>> a = 6
>>> b = 9
>>> print("a = b: ",a == b )
a = b: False
>>> print("a != b: ",a != b )
a != b: True
>>> print("a < b: ",a < b )
a < b: True
>>> print("a > b: ",a > b )
a > b: False
>>> print("a <= b: ",a <= b )
a <= b: True
>>> print("a >= b: ",a >= b )
a >= b: False
```

上面的示例中,a 的值是 6,b 的值是 9,和不同的比较运算符构成了不同的布尔表达式,然后通过 print()函数打印显示了这些不同表达式的值,要么是 True,要么是 False。

3. 赋值运算符

赋值运算符(Assignment Operators)用于创建变量并给变量赋值。前面已经使用赋值运算符 "=" 创建了变量,这是一种最基本的赋值运算。赋值运算符还可以和其他赋值运算符一起构成更灵活的赋值运算。

表 2.4 列出了赋值运算符及其和加减乘除等运算符一起构成的增强型的赋值运算符。

表 2.4　Python 中的赋值运算符

运 算 符	含 义	表达式示例
=	简单的赋值运算符	c = a + b 将 a + b 的运算结果赋值为 c
+=	加法赋值运算符	c += a 等效于 c = c + a
-=	减法赋值运算符	c -= a 等效于 c = c - a
*=	乘法赋值运算符	c *= a 等效于 c = c * a
/=	除法赋值运算符	c /= a 等效于 c = c / a
%=	取模赋值运算符	c %= a 等效于 c = c % a
**=	幂赋值运算符	c **= a 等效于 c = c ** a
//=	取整除赋值运算符	c //= a 等效于 c = c // a

4. 逻辑运算符

逻辑运算也称为布尔运算，它包含逻辑与、逻辑或以及逻辑非这三种最基本的逻辑运算。在 Python 中，与这三种基本逻辑运算对应的逻辑运算符(Logical Operators)是 and、or 和 not。这些逻辑运算符与操作数连接在一起，就构成了逻辑表达式。

表 2.5 列出了 Python 的逻辑运算符及其含义和表达式示例。

表 2.5　Python 中的逻辑运算符

运 算 符	含 义	表达式示例
and	逻辑与：如果操作数右边和左边都为真，则返回真	a and b
or	逻辑或：如果操作数(右边或左边)为真，则返回真	a or b
not	逻辑非：如果操作数为假，则返回真	not(a and b)

下面分几种情况来了解逻辑运算符的使用。

操作数和其表达式都是布尔值，即 True 或 False 的情况，示例代码如下：

```
>>> #操作数是布尔值
>>> a = True
>>> b = False
>>> print("逻辑与a and b的值是: ",a and b)
逻辑与a and b的值是:  False
>>> print("逻辑或a or b的值是: ",a or b)
逻辑或a or b的值是:  True
>>> print("逻辑非not(a and b)的值是: ",not(a and b))
逻辑非not(a and b)的值是:  True
```

在上面的代码中，a、b 的值和由其构成的表达式都是布尔值，即 True 或 False 时，涉及 and、or 和 not 逻辑表达式的解释比较简单直观，其返回的值要么是 True，要么是 False。

操作数不都是布尔值即 True 或 False 的情况，示例代码如下：

```
>>> a = 10
>>> b = 20
>>> c = 0
```

```
>>> print("逻辑与 a and b 的值是: ",a and b)
逻辑与 a and b 的值是: 20
>>> print("逻辑或 a or b 的值是: ",a or b)
逻辑或 a or b 的值是: 10
>>> print("逻辑与 a and c 的值是: ",a and c)
逻辑与 a and c 的值是: 0
>>> print("逻辑或 a or c 的值是: ",a or c)
逻辑或 a or c 的值是: 10
>>> print("逻辑非 not a 的值是: ",not a)
逻辑非 not a 的值是: False
>>> print("逻辑非 not c 的值是: ",not c)
逻辑非 not c 的值是: True
```

在上面的代码中，操作数都不是布尔值 True 或 False，除了逻辑非 not 返回的是 True 或 False 之外，逻辑与和逻辑或返回的都是操作数，尽管如此，它们仍然可以在布尔值上下文中进行运算，并确定为"真"或"假"。因为 Python 语言和其他编程语言是不同的，其"真"或"假"的取值范围是很广的。

5. 位运算符

位运算符(Bitwise Operators)是把数看作二进制来进行计算的。在 Python 中，位运算符包括：位与(&)、位或(|)、位求反(~)、位异或(^)、左移位(<<)和右移位(>>)。

表 2.6 列出了 Python 支持的各种位运算符，其中变量 a 为 60，b 为 13，a 和 b 用二进制格式表示分别是：

a = 0011 1100

b = 0000 1101

表 2.6　Python 中的位运算符

运算符	含　义	表达式示例
&	位与：参与运算的两个值，如果两个相应位都为 1，则该位的结果为 1，否则为 0	a & b，值 12，二进制：0000 1100
|	位或：只要对应的两个二进位有一个为 1 时，结果位就为 1	a | b，值 61，二进制：0011 1101
^	位异或：当两个对应的二进位相异时，结果为 1	a ^ b，值 49，二进制：0011 0001
~	位取反：对数据的每个二进位取反，即把 1 变为 0，把 0 变为 1。~x 类似于 -x-1	~a，值-61，二进制：1100 0011，相当于一个有符号二进制数的补码形式
<<	左移动：运算数的各二进位全部左移若干位，由<<右边的数指定移动的位数，高位丢弃，低位补 0	a << 2，值 240，二进制：1111 0000
>>	右移动：把>>左边的运算数的各二进位全部右移若干位，>>右边的数指定移动的位数	a >> 2，值 15，二进制：0000 1111

6. 成员运算符

成员运算符(Membership Operators)用于测试一个值是否属于序列的成员。序列可以是列表、字符串或元组。成员运算符有两个：in 和 not in。表 2.7 列出了它们的含义与示例。

表 2.7　Python 中的成员运算符

运算符	含　义	表达式示例
in	若在指定的序列中找到值，返回 True，否则返回 False	x in s，其中 s 为序列
not in	若在指定的序列中没有找到值，返回 True，否则返回 False	x not in s，其中 s 为序列

定义一个字符串，判断给定的字符或字符串是否在序列中，示例代码如下：

```
>>> str = "Python"
>>> 'Py' in str
True
>>> 'w' in str
False
>>> 't' not in str
False
```

7. 身份运算符

身份运算符(Identity Operators)提供了两个运算符 is 和 is not，用于确定给定的操作数是否具有相同的标识，也就是说，是否引用相同的对象。这与相等不是一回事，这意味着两个操作数引用包含相同数据但不一定是相同对象的对象。身份运算符用于比较两个对象的存储单元。表 2.8 列出了身份运算符的含义和示例。

表 2.8　Python 中的身份运算符

运算符	含　义	表达式示例
is	判断两个标识符是不是引用自同一个对象	x is y：类似 id(x) == id(y)，如果引用的是同一个对象，则返回 True，否则返回 False
is not	判断两个标识符是不是引用自不同对象	x is not y：类似 id(x) != id(y)。如果引用的不是同一个对象，则返回结果 True，否则返回 False

下面是两个相等但不完全相同的对象的示例，代码如下：

```
>>> x = 1001
>>> y = 1000 + 1
>>> print(x, y)
1001 1001

>>> x == y
True
>>> x is y
False
```

上面的代码中，x 和 y 都引用值为 1001 的对象。虽然值是相同的，但是它们引用的对象是不相同的。也就是说，"=="用于判断引用变量的值是否相等，而"is"则用于判断两个变量引用对象是否为同一个。这可以使用 id()函数进行验证。该函数的作用就是用于获取对象内存地址。示例代码如下：

```
>>> id(x)
60307920
>>> id(y)
60307936
```

由于 x 和 y 没有相同内存地址即相同的标识，因而 x is y 就返回 False。

当执行像 x = y 这样的赋值语句时，Python 仅仅创建了对相同对象的第二个引用，这可以使用 id()函数或 is 运算符来确认，示例代码如下：

```
>>> a = 'I am a string'
>>> b = a
>>> id(a)
55993992
>>> id(b)
55993992

>>> a is b
True
>>> a == b
True
```

上面的代码中，a 和 b 引用了同一个对象，因而 a 和 b 是相等的，都返回了 True。

下面是 is not 的示例代码：

```
>>> x = 10
>>> y = 20
>>> x is not y
True
```

2.5.2 运算符优先级

运算符优先级是指在表达式中哪个运算符先计算，哪个运算符后计算，Python 语言给所有支持的运算符都赋予了其优先级。表 2.9 列出了优先级从最高到最低的常用运算符。

表 2.9 中，箭头的方向显示了运算符优先级的高低，相同单元格内的运算符具有相同的优先级。运算符优先级的运算规则是：优先级高的运算符先计算，优先级低的运算符后计算，同一优先级的运算符按照从左到右的顺序进行运算，但对于赋值运算符，采用从右到左的顺序进行运算；另外，还可以使用小括号，小括号内的运算符优先计算。

实际上，Python 中的运算符优先级与算术运算遵循的"先乘除，后加减"的规则是一致的，可以完全将算术运算规则应用于计算 Python 表达式上。

关于运算符优先级的详情请访问官网：

https://docs.python.org/zh-cn/3/reference/expressions.html#operator-precedence。

表 2.9　Python 中常用运算符的优先级

运 算 符	描 述	运算符优先级
**	指数或乘方	
*、/、%、//	乘、除、取模、取余	
+、-	加法、减法	
>>、<<	右移、左移运算符	优
&	按位与 AND	先
^	按位异或 XOR	级
|	按位或 OR	从
in 、 not in 、 is 、 is not 、 <、 <=、>、>=、!=、==	比较运算，包括成员检测	高 到
not x	布尔逻辑非 NOT	低
and	布尔逻辑与 AND	
or	布尔逻辑或 OR	
:=	赋值运算符	

2.5.3　语句

　　语句是程序的组成单位。一条语句可以是一个表达式或某个带有关键字的结构。表达式由运算符和运算对象(数字、字符串、常量和变量等操作对象)组成，是语句的构成元素。带有关键字的结构，如 if、while 或 for 等关键字组成的结构，也称为 if、while 或 for 语句。

　　表 2.10 列出了 Python 提供的常用语句。

表 2.10　Python 中的常用语句

序 号	语句名称	序 号	语句名称
1	表达式语句	11	import 语句
2	赋值语句	12	global 语句
3	assert 语句	13	nonlocal 语句
4	pass 语句	14	if 语句
5	del 语句	15	while 语句
6	return 语句	16	for 语句
7	yield 语句	17	try 语句
8	raise 语句	18	with 语句
9	break 语句	19	函数定义
10	continue 语句	20	类定义

　　目前，已经学习了表达式语句和赋值语句，其他大部分语句将在本章和后续章节进行

讲解，没有讲解到的语句或关于语句更详细的知识请访问官网《Python 语言参考(The Python Language Reference)》：*https://docs.python.org/zh-cn/3/reference/index.html*。

2.6　程序流程控制

在程序执行的过程中，各条语句的执行顺序对程序的结果是有直接影响的。只有在了解每条语句执行流程的前提下，才能通过控制语句的执行顺序来实现要完成的功能。

本节将介绍程序流程控制结构和程序流程图的知识。

2.6.1　程序控制结构基础

程序无论多么复杂，都是由一条条语句组成的。一条条语句就构成了程序的流程，流程怎么走？怎么控制？这些就构成了所谓的程序流程控制。对于程序的控制结构 1966 年 C.Bohm 和 G.Jacopini 用数学方法证明了一个重要结论：任何程序逻辑都可以用顺序、选择和循环三种基本控制结构来表示。

顺序结构是指程序按照代码执行的先后顺序，从上往下，依次执行，是程序流程控制中最简单的流程控制。程序中的大多数代码都是这样执行的。比如：前面程序清单 2.1 和 2.2，程序就是按照顺序结构执行的。

选择结构也被称为分支结构，是指程序根据逻辑运算的结果真或假，选择执行不同的代码。

循环结构是指在满足循环条件的情况下，反复执行某一段代码，被重复执行的代码被称为循环体，当反复执行这个循环体时，需要在合适的时候把循环判断条件修改为假 False，从而结束循环，否则循环将一直执行下去，形成死循环。循环条件需要进行逻辑运算的判断。

关于选择结构和循环结构将在 2.7 节和 2.8 节详细讲解。

2.6.2　程序流程图

程序流程图(program flowchart)也称程序框图，它使用一组标准的图形符号来表示输入计算机的编码指令序列，使计算机能够执行指定的逻辑和算术运算，是进行程序分析的最基本工具，表示程序中的操作顺序。程序流程图中有四个基本符号：开始、过程、决策和结束。每个符号表示为程序编写的一段代码。

我国和国际标准化组织都制定了关于程序流程图的标准，分别是：国家标准(GB 1526—89)《信息处理——数据流程图，程序流程图，系统流程图，程序网络图和系统资源图的文件编制符号及约定》，国际标准 ISO 5807—85(Information processing—Documentation symbols and conventions for data, program and system flowcharts, program network charts and system)。两个标准是一致的。

图 2.6 列出了标准流程图常用的符号及其简要说明。

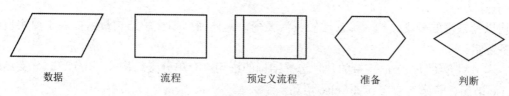

图 2.6 程序流程图中的标准符号

图 2.6 中常用符号的含义说明如下。

- 数据：平行四边形表示数据，其中可注明数据名、来源、用途或其他的文字说明。此符号并不限定数据的媒体。
- 流程：矩形表示各种处理功能。例如：执行一个或一组特定的操作，从而使信息的值、信息形式或所在位置发生变化，或是确定对某一流向的选择。矩形内可注明处理名或其简单功能。
- 准备：六边形符号表示准备。它表示修改一条指令或一组指令以影响随后的活动，例如，设置开关，修改变址寄存器，初始化例行程序。
- 判断：菱形表示判断或开关。菱形内可注明判断的条件。它只有一个入口，但可以有若干个可供选择的出口，在对符号内定义的条件求值后，有且仅有一个出口被激活。求值结果可在表示出口路径的流线附近标注。

根据图 2.6 中程序流程图的标准符号，绘制顺序、选择和循环结构的流程图，如图 2.7 所示。

图 2.7(a)表示的是一个顺序结构的流程图。

图 2.7(b)中，若表达式条件为真 True，则执行代码块 1；若为假 False，则执行代码块 2。

图 2.7(c)中，表达式条件为真 True，就反复执行语句块，直到为假 False，程序结束。

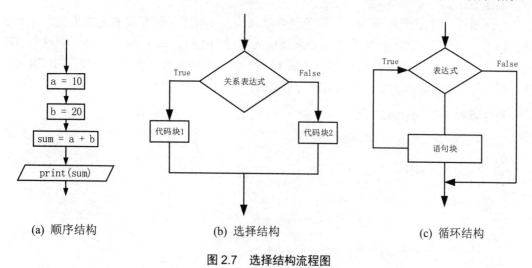

(a) 顺序结构　　　　(b) 选择结构　　　　(c) 循环结构

图 2.7 选择结构流程图

2.7 选 择 结 构

选择结构也常称为条件语句，它通过判断某些特定条件是否满足来决定下一步的执行流程，是非常重要的控制结构。常见的有单分支选择结构、双分支选择结构、多分支选择结构以及嵌套的分支结构，形式比较灵活多变，具体使用哪一种结构最终取决于要实现的业务逻辑。

本节将介绍 Python 支持的几种选择结构的语句，有单分支结构 if 语句、二分支结构 if-else 语句、多分支结构 if-elif-else 语句。

2.7.1　单分支结构：if 语句

Python 的单分支结构使用 if 语句进行条件判断，当条件为真时，就执行 if 语句中的语句块。if 语句的语法格式如下：

```
if assignment_expression:
    statement(s)    # 语句或语句块
```

上面 if 语句各个部分的含义如下。

➤　if 是关键字，标识一个 if 条件语句的开始。

➤　assignment_expression 为赋值表达式，赋值表达式是一个产生 True 或 False 结果的表达式，一般是由关系运算符或逻辑运算符构成的布尔表达式。

➤　冒号(:)表示下面的语句块应当缩进，从属于 if 语句。

➤　statement(s)：条件为真时执行的语句，可以是一条语句，也可以是语句块。语句或语句块都采用了缩进。

在 Python 中，if、while 和 for 等流程控制语句、函数定义、类的定义以及异常处理语句，其行尾的冒号和下一行的缩进表示一个语句块或代码块的开始，而缩进的结束则表示一个代码块或语句块的结束。代码缩进是 Python 语法的一部分，也是 Python 不同于其他语言的地方。

程序清单 2.2 计算圆形面积采用的是顺序结构，实际上，这是没有考虑半径不能为负值的情况。现在计算圆形面积要求用户只能输入半径为正值，即 radius >= 0，当这个表达式的值为真时，才能计算圆形面积，这属于一个单分支结构的问题，可以使用 if 语句实现。程序清单 2.3 演示了用户输入半径为正值时计算圆形面积的代码。

程序清单 2.3　circle03.py

```
1.   """ 计算圆形面积，第 3 版  """
2.
3.   import math
4.
5.   # 使用 input 函数输入半径的值
6.   radius = float(input("请输入圆的半径："))
7.
8.   # 判断半径 radius 是否为大于等于 0 的数
9.   if radius >= 0:
10.      area = radius * radius * math.pi
11.      print("圆的面积是：", area)
```

程序清单 2.3 第 1 次运行结果如下：

请输入圆的半径：-10

```
Process finished with exit code 0
```

程序清单 2.3 第 2 次运行结果如下：

```
请输入圆的半径: 10
圆的面积是: 314.1592653589793
```

```
Process finished with exit code 0
```

程序清单 2.3 及运行结果说明如下。

第 9 行：if 语句使用关系运算符 ">=" 来判断输入的半径 radius 是否大于等于 0。输入-10，radius=-10，表达式 radius >= 0 为 False，无执行的代码，程序结束；输入 10，radius=10，表达式 radius >= 0 为 True，执行第 9 行冒号下面的代码块，即第 10、11 行。

程序清单 2.3 中 if 语句执行的流程如图 2.8 所示。

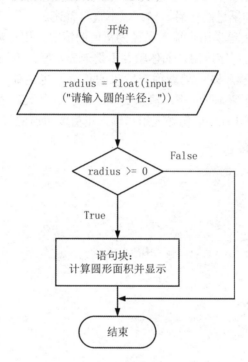

图 2.8　单分支 if 语句执行的流程

在程序清单 2.3 中，条件 if 语句使用了冒号和缩进，这是 Python 语言和其他语言最大的不同。其他语言一般使用一对大括号 "{}" 表示语句块及其从属关系，而 Python 是用冒号和缩进来表示语句块及其从属关系。在 Python 程序中，冒号下面采用缩进的形式，将同一级别的缩进或处于该缩进范围内的连续语句称为同一个语句块。这个语句块属于冒号前面的语句部分，是主从关系。比如，在程序清单 2.3 中，冒号下面的第 10、11 行缩进级别相同，因而是一个语句块。它属于冒号前面第 9 行中的 "if radius >= 0" 的语句部分，整个构成 if 语句。在后面的其他 if 语句、循环语句、函数和类的定义中，都是采用冒号和缩进形式来表明这种主从关系，这是 Python 语法的特点。

2.7.2　二分支结构：if-else 语句

Python 的二分支结构使用 if-else 语句对条件进行判断，根据条件的真或假执行相对应的语句块。if-else 语句的语法格式如下：

```
if 条件表达式:
    语句块 1
else:
    语句块 2
```

其中，if 是关键字，标识一个选择结构或条件语句的开始。条件表达式是一个产生 True 或 False 结果的表达式，一般是由关系运算符构成的表达式。当结果为 True 时，执行语句块 1；当结果为 False 时，执行语句块 2。冒号和缩进代表了语句块的从属关系，和前面介绍 if 语句中的冒号和缩进的作用一样，以下不再赘述。

程序清单 2.3 中只处理了用户输入半径为正值的情况，用户输入负值时，程序没有任何提示就终止了。这样的程序给用户的体验并不是十分友好。下面利用 if-else 对程序清单 2.3 进行改写，使程序既能处理用户输入的正值，也能处理用户输入的负值。具体是：输入正值，为真，计算圆形面积；输入负值，提示用户重新输入一个正值。

程序清单 2.4 演示了 if-else 语句处理用户输入正值或负值的代码。

程序清单 2.4 circle04.py

```
1.  """ 计算圆形面积，第 4 版 """
2.
3.  import math
4.
5.  # 使用 input 函数输入半径的值
6.  radius = float(input("请输入圆的半径："))
7.
8.  # if-else 语句
9.  if radius >= 0:
10.    area = radius * radius * math.pi
11.    print("圆的面积是：", area)
12. else:
13.    print("请输入一个正数！")
```

运行程序，输入-10，结果如下：

```
请输入圆的半径：-10
请输入一个正数！
```

运行程序，输入 10，结果如下：

```
请输入圆的半径：10
圆的面积是： 314.1592653589793
```

程序清单 2.4 和 2.3 的主要代码几乎一样，只不过程序清单 2.4 中多了 else 子句，用于处理条件表达式 radius >= 0 为假的情况。程序清单 2.4 中 if-else 语句执行的流程如图 2.9 所示。

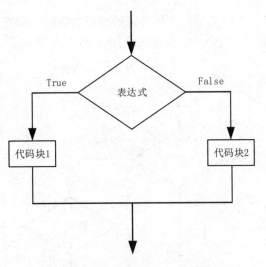

图 2.9　if-else 语句执行的流程

2.7.3　多分支结构：if-elif-else 语句

扫码观看视频讲解

　　前面单分支和二分支这样的选择结构，就像一个人处于十字路口，只有一条路(单分支)和有两条路(多分支)的情况一样，逻辑都比较简单和直观，处理起来也不复杂。但当一个人面对多条路进行选择的时候，就比较复杂。这种多条路选择的问题就是选择结构的多分支多条件的结构。Python 提供了 if-elif-else 语句来处理这种多分支结构。if-elif-else 语句的语法规则如下：

```
if 表达式 1:
    语句块 1...
elif 表达式 2:
    语句块 2...
elif 表达式 3:
    语句块 3...
    ...
else:
    语句块 4...
```

　　以上的语法规则中，首先执行 if 语句。如果表达式 1 为真，执行冒号后面换行缩进的语句块 1，下面的部分将被跳过。如果表达式 1 为假，则程序跳到离它最近的那个 elif 语句，执行该 elif 语句。如果表达式 2 为真，执行冒号后面换行缩进的语句块 2，下面的部分被跳过。以此类推，直到最后为真的表达式，或者不再有 elif 语句为止。如果所有表达式的结果均为假，则执行 else 语句中的语句块 4。if-elif-else 语句执行的流程如图 2.10 所示。

　　计算身体质量指数(Body Mass Index，BMI)，也称为 BMI 指数，是目前国际上常用的衡量人体胖瘦程度以及是否健康的一个标准，它的计算公式是：

$$BMI = 体重(kg) \div 身高^2(m)$$

　　即：体重(公斤)除以身高(米)的平方得出的数字，主要用于人体健康统计。当需要比较及分析一个人的体重对于不同高度的人所带来的健康影响时，BMI 值是一个中立而可靠的指标。表 2.11 列出了世界卫生组织、亚洲和我国关于 BMI 的标准。

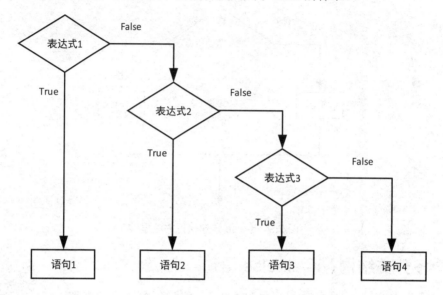

图 2.10　多分支 if 语句的控制流程

表 2.11　BMI 指数

BMI 分类	WHO 标准	亚洲标准	中国参考标准	相关疾病发病的危险性
偏瘦	<18.5	<18.5	<18.5	低
正常	18.5～24.9	18.5～22.9	18.5～23.9	平均水平
超重	≥25	≥23	≥24	
偏胖	25.0～29.9	23～24.9	24～26.9	增加
肥胖	30.0～34.9	25～29.9	27～29.9	中度增加
重度肥胖	35.0～39.9	≥30	≥30	严重增加
极重度肥胖	≥40.0			非常严重增加

程序清单 2.5 演示了计算我国标准的 BMI 指数的过程。

程序清单 2.5　bmi.py

```
1.  """ 计算 BMI 指数 """
2.
3.  username = input('您的名字是： ')
4.  height = input('Height(m):')
5.  weight = input('Weight(kg):')
6.  bmi = float(float(weight) / (float(height) ** 2))
7.
8.  print(username + '的 BMI 指数为： ', bmi)
9.
10. # if-elif-else 语句
11. if bmi <= 18.4:
12.     print('偏瘦')
```

```
13. elif 18.5 <= bmi <= 23.9:
14.     print('正常')
15. elif 24.0 <= bmi <= 26.9:
16.     print("过重")
17. elif 27.0 <= bmi <= 29.9:
18.     print("肥胖")
19. else:
20.     print('重度肥胖')
```

运行程序清单 2.5，根据提示输入身高和体重，运行结果如下：

```
您的名字是：张小丰
Height(m):1.75
Weight(kg):78
张小丰的 BMI 指数为：25.46938775510204
过重
```

2.8 循 环 结 构

循环结构和选择结构一样也是非常重要的程序控制结构，主要用于处理满足某一条件重复执行的业务需求。常见的循环结构主要有：while 和 for 循环，具体使用哪一种最终还是取决于要实现的业务逻辑。

本节将介绍 Python 支持的两种类型的循环结构：while 和 for 循环，以及 break 等语句。

2.8.1 while 语句

Python 语言提供的 while 语句用于在条件为真时，重复循环地执行语句块。while 语句的语法形式为：

```
while 表达式:
    语句块
```

上面的语法形式中，表达式是一个布尔表达式，其运算结果为 True 或 False。表达式后面是冒号(:)，下面的语句块采用缩进形式，从属于 while 语句，就像在 if 语句中一样。语句块表示要重复执行的语句，通常称为循环体。

当遇到 while 语句时，计算表达式的布尔值。如果为真 True，则执行循环体。第一次循环完成后，也称为迭代，再次检查表达式的值。如果仍然为真，则再次执行语句块。如此循环下去，直至表达式的值变为 False，结束 while 循环，然后程序执行循环体之外的语句。while 语句执行的流程如图 2.11 所示。

前面曾经计算过从 1 加到 5 之和，采用的是直接累加的方式。如果累加的数字多了呢？这样写就比较复杂。实际上，数字求和是一个累加重复循环的过程，如要计算 1 到 9 之和，只要数字还没有加到 9，那么就会一直累加，所以小于数字 9 就是循环的条件。下面使用交互模式计算 1 到 9 之和，示例代码如下：

```
>>> # 求 1 到 9 之和
>>> num = 0
```

```
>>> sum = 0
>>> while num < 9:
        num = num + 1
        sum += num


>>> print("1+2+3+4+5+6+7+8+9 之和是: ",sum)
    1+2+3+4+5+6+7+8+9 之和是:  45
```

上面的示例代码中，先创建了两个变量 num 和 sum，一个代表数字，另一个代表数字累加的和，初值分别赋值为 0。由于 num 的初始值为 0，所以在执行 while 语句的过程中，判断表达式 num<9 时，其值为 True。执行下面缩进的语句块：num = num + 1 和 sum += num，此时 num=1。返回 while 语句，再次计算表达式 num<9 时，其值为 True。继续执行下面缩进的语句块：num = num + 1 和 sum += num，此时 num=2。再次返回 while 语句，重复上面的过程，直至 num=9 时，再次返回 while 语句，计算 num < 9 的值，因为 num=9，计算结果为 False，终止循环。循环结束后，在交互式编程模式下，通过按两次 Enter 键跳出循环，执行 print()函数输出 1 到 9 之和：45。

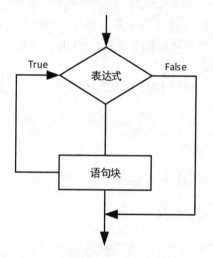

图 2.11   while 语句执行的流程

2.8.2   for 语句

Python 提供的 for 语句用于遍历序列(如字符串、元组或列表)或其他可迭代对象的元素，其语法格式如下：

```
for var in iterable:
    statement(s)
```

扫码观看视频讲解

上面语法格式解释如下。

➢ for 与 var：关键字 for 标识 for 语句开始，var 称为迭代变量，依次从后面可迭代对象 iterable 中获取每个值，并针对每个值都执行一次循环体中的语句，直到循环结束。

➤ in：是关键字，指明前面变量 var 的取值范围是后面的可迭代对象。

➤ iterable：称为可迭代对象，常用的内置迭代对象，如字符串、列表、元组、字典、文件。

➤ 冒号(:)：与前面 if、while 语句一样，标识下面语句块采用缩进形式，从属于 for 语句。

➤ statement(s)：也称为循环体。与所有 Python 控制结构一样，循环体中的<语句>用缩进表示，并对<iterable>中的每个项执行一次。

Python 中 for 循环语句的执行过程是：依次从迭代对象 iterable 取值传递给迭代变量 var，每传递一个值时就执行一次循环体语句，直至迭代对象 iterable 的最后一个元素，结束 for 循环语句。

下面的示例展示了如何使用 for 循环遍历字符串。

```
>>> #for 语句示例
>>> for s in "此情可待成追忆":
        print(s,end=' ')
```

    此 情 可 待 成 追 忆

在上面的实例中，迭代对象 iterable 是字符串：此情可待成追忆，迭代变量 var 是变量 s，循环体是 print()函数，打印输出变量 s 的值，函数中的参数 end=' '表示输出的值不换行，并用空格分隔。

for 语句第一次迭代，变量 s 从字符串中获取第一个字符"此"，执行循环体中的 print() 函数，打印输出"此"。第二次迭代，变量 s 又从字符串中获取第二个字符"情"，执行循环体中的 print()函数，打印输出"情"。这个处理过程一直持续下去，直至字符串中的最后一个字符"忆"，整个 for 语句循环才结束，共循环迭代七次。图 2.12 显示了整个七次循环迭代的过程。

for 语句还可以用于遍历字符串、列表、元组、集合以及读写文件。这些将在后面介绍。

在 Python 中，提供了一个 range()函数，用于创建一个整数列表，其语法格式如下：

```
range(start, stop[, step])
```

其中各参数的含义如下。

➤ start：计数从 start 开始。默认是从 0 开始。

➤ stop：计数到 stop 结束，但不包括 stop。

➤ step：步长，默认为 1。

💡 注意：　参数 step 包裹在方括号[]之中，说明 step 是一个可选参数。这是表示函数中可选参数的语法形式。它一般有扁平和嵌套两种形式。扁平形式是[, a, b]，表示 a 与 b 合在一起是一组可选参数，即 a 和 b 必须同时传入，不能只传入一个；嵌套形式是[, a[, b]]，表示 b 是独立于 a 的可选参数，即在传入 a 的情况下，b 是可选的。

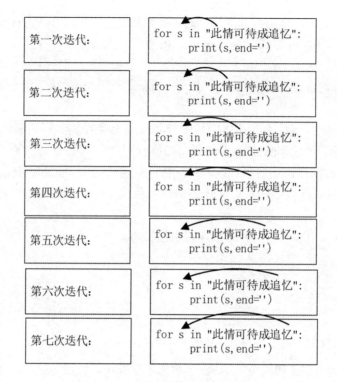

图 2.12　for 语句循环的迭代过程

示例代码如下：

```
>>> range(10)          # 从 0 开始到 10 结束，不包括 10
range(0, 10)               # 等同于[0, 1, 2, 3, 4, 5, 6, 7, 8, 9]
>>> list(range(0,10))      # 可使用内置函数 list()输出
[0, 1, 2, 3, 4, 5, 6, 7, 8, 9]
>>> list(range(1,11,5))     # 从 1 到 11，步长为 5
[1, 6]
>>> list(range(0,-10,-1))   # 负数
[0, -1, -2, -3, -4, -5, -6, -7, -8, -9]
>>> list(range(0))
[]
>>> list(range(1, 0))
[]
```

range()函数常用于 for 语句中，其语法形式如下：

```
for var in range(start, stop[,step]):
    statement(s)
```

上面的语法格式与前面 for 语句的一样，只不过用 range()函数替代了迭代对象 iterable。函数 range()将产生一个数字序列，从 start 开始，结束于 stop 但不包括该值。

下面使用 range(10)产生数字 0 到 9 的序列，并使用上面的带 range()函数的 for 语句遍历打印输出。示例代码如下：

```
>>> #for...range 语句的示例
>>> for i in range(10):
```

```
        print(i,end=' ')
```

```
    0 1 2 3 4 5 6 7 8 9
```

2.8.3　break 和 continue

Python 像其他编程语言一样，提供了两种改变循环正常执行的控制语句，分别是：break 和 continue。

break 语句是当满足某个条件时，退出整个循环。

continue 是当某个条件满足时，跳出本次循环，然后继续进行下一轮循环。

这两个语句都可以用于 while 和 for 循环中。

下面分别通过计算 1 到 9 的和来演示以上两种语句的用法。

在计算 1 到 9 之和的循环中，假如当累加到和为 15 时，要退出整个循环，即可使用 break 语句来实现。程序清单 2.6 演示使用 break 语句的过程。

程序清单 2.6　test_break.py

```
1.   """
2.   求 1 到 9 的数之和，当和大于等于 15 时，退出整个循环
3.   """
4.   num = 0
5.   sum = 0
6.
7.   while num < 9:
8.       num = num + 1
9.       sum += num
10.
11.      #当和大于等于 15 时，退出整个循环
12.      if sum >= 15:
13.          break
14.
15. print("累加和大于等于", sum, "时，数字 num 的值: ", num)
16. print("累加的和是: " , sum)
```

程序运行结果：

累加和大于等于 15 时，数字 num 的值: 5
累加的和是: 15

在"2.8.1 while 语句"小节的示例中，没有使用 break 语句，整个循环完成后，1 到 9 的累加和输出结果为 45。程序清单 2.6 由于有了条件，即累计和大于等于 15 时，使用 break 语句退出了整个循环，后面就不再累加。

continue 语句是退出本次循环，什么是本次循环呢？还是以累加 1 到 9 的和为例来说明。循环是一次次迭代，从 num 等于 0 开始进行迭代，这称为第一次迭代，现在假如想跳出 num=5 或 num=6 这两次循环，就称为本次循环。程序清单 2.7 是使用 continue 语句实例的代码。

程序清单 2.7　test_continue.py

```
1.   """
2.   continue 的使用，跳出 num=5 或 num=6 的循环
3.   """
4.
5.   num = 0
6.   sum = 0
7.
8.   while num < 9:
9.       num = num + 1
10.
11.      # 跳出 num=5 或 num=6 的循环
12.      if (num == 5 or num == 6):
13.          continue
14.      sum += num
15.      # if sum >= 15:
16.      #     break
17.
18.  print("数字 num 的值: " , num)
19.  print("累加的和是: " , sum)
```

程序运行结果：

```
数字 num 的值:  9
累加的和是:   34
```

从运行的结果可以看出，因为跳出 num=5 或 num=6 的这两次迭代，但后面的数字 7、8 和 9 继续迭代，所以和是 34，而不是 45。

2.8.4　循环中的 else 从句

在 Python 中，else 从句不仅会用在 if 语句等选择结构中，而且在循环结构以及后面要讲到的异常处理中也会用到，这是很多编程语言都没有的特点。在循环结构中使用 else 从句是可选的，一般在循环完成之后执行 else 从句，合理使用 else 从句可以使程序逻辑结构更清晰、代码更简洁。

下面示例展示了循环结构中 else 从句的用法。

```
>>> # 提示循环语句结束
>>> while num >5:
        print(num,end=' ')
        num = num - 1
else:
    print("while 循环语句结束。")


10 9 8 7 6 while 循环语句结束。
```

上面的示例代码中，在 while 语句中使用 else 从句，起到了提示的作用。

2.8.5　pass 语句

在 Python 中，当需要用语句、函数或类等完成一个功能但还不知道怎样完成这个功能时，就可以使用 pass 语句先代替要实现的代码，起到占位的作用。Python 中的 pass 语句是空语句，是为了保持程序结构的完整性，它不做任何事情。下面是 pass 语句的示例代码：

```
>>> for i in '只是当时已惘然':
        pass
```

从上面的代码可知，pass 语句什么也没做。

2.8.6　嵌套循环

Python 语言允许在一个循环体里面嵌入另一个循环。最外层的循环一般称为外循环，外循环中的循环一般称为内循环。对于外循环的每次迭代，内循环都要完成它的所有迭代。外部循环满足条件后，开始执行内部循环，等内部循环全部执行完毕，如果还满足外部循环条件，则外部循环再次执行，依次类推，直到跳出外部循环。

扫码观看视频讲解

可以在 while 循环中嵌入 for 循环和 while 循环，也可以在 for 循环中嵌入 while 循环和 for 循环。for 循环和 while 循环，两者的相同点在于都能循环做一件重复的事情；不同点在于，for 循环是在序列穷尽时停止，while 循环是在条件不成立时停止。

下面以九九乘法表演示嵌套循环。九九乘法表共有 9 行，通过一个循环并利用 print() 函数可以输出 1 到 9 行，这个循环称为九九乘法表的外循环。输出 9 行的代码如下：

```
>>> for i in range(1,10):
        pass
        print(i)
```

九九乘法表的每行就是乘法表，具体是：

第 1 行：1*1=1
第 2 行：1*2=2 2*2=4
第 3 行：1*3=3 2*3=6 3*3=9

…

第 9 行：1*9=9 2*9=18 3*9=27 4*9=36 5*9=45 6*9=54 7*9=63 8*9=72 9*9=81

从中可以看出，每行也是一个循环，称为九九乘法表的内循环，假如 i 为行数，也就是第几行，那么每行的循环是从 1 到 i，包括 i，则每行内循环的通用写法如下：

```
for j in range(1, i + 1):     # i 为行数
    print('%d*%d=%d' % (j, i, i * j), end=' ')
```

上面代码中的 print() 函数使用了两个参数，具体的语法形式是：

```
print(value, ..., end='\n')
```

其中两个参数的含义如下。

> ➤ value：表示要打印输出的值。value 后面的省略号表示打印输出多个值，各个值之间用逗号(,)隔开。打印出来的各个值之间用空格隔开。
> ➤ end='\n'：输出完值后的结束符号，默认换行，这里可以设置为其他形式，如制表符'\t'、空格' '等。此处使用 end=' '表示以空格结束。

代码 for 循环下面的 print()函数中的 value 参数使用了格式化字符串，也就是说表达式按 "'%d*%d=%d' % (j, i, i * j)" 格式进行输出，其中%d 表示输出的是整数，这里 3 个%d 的格式说明符告诉 Python 以 j、i 和 i * j 的值替换它们，最后一个%表示这是一个格式化字符串标识。关于%格式化字符串将在第 5 章的 5.2.1 节介绍。

根据以上分析，九九乘法表完整的代码如下：

```
>>> # 循环嵌套：九九乘法口诀表
>>> #外层循环控制行数
>>> for i in range(1,10):
        #内层循环控制列数，也就是一行内显示表达式的个数
        for j in range(1, i + 1):
            print('%d*%d=%d' % (j, i, i * j), end=' ')
        # 换行
        print()


1*1=1
1*2=2  2*2=4
1*3=3  2*3=6  3*3=9
1*4=4  2*4=8  3*4=12  4*4=16
1*5=5  2*5=10  3*5=15  4*5=20  5*5=25
1*6=6  2*6=12  3*6=18  4*6=24  5*6=30  6*6=36
1*7=7  2*7=14  3*7=21  4*7=28  5*7=35  6*7=42  7*7=49
1*8=8  2*8=16  3*8=24  4*8=32  5*8=40  6*8=48  7*8=56  8*8=64
1*9=9  2*9=18  3*9=27  4*9=36  5*9=45  6*9=54  7*9=63  8*9=72  9*9=81
```

以上代码通过循环嵌套，一个外循环嵌套一个内循环，输出了九九乘法表。

2.9 应 用 举 例

本节将利用前面所学的知识，通过石头剪刀布的游戏、打印杨辉三角、数的统计和数据验证等几个应用进一步学习 Python 程序设计。

2.9.1 游戏：石头剪刀布

石头剪刀布这个游戏几乎是每个人小时候都会玩的游戏，即使是大人现在也可能会偶尔玩一下。其游戏规则是：石头砸剪刀算赢，剪刀剪布算赢，布包石头算赢。游戏由两个玩家进行。

扫码观看视频讲解

现在用计算机模拟实现这个游戏。由计算机和人模拟两个玩家，用数字 1、2 或 3 分别代替石头、剪刀或布。计算机随机产生数字 1、2 或 3，人从键盘输入数字 1、2 或 3，然后按照游戏规则比较计算机随机产生的数字和人从键盘输入的数字，从而判断输赢。

Python 提供了模块 random 用于生成随机数。在这个模块中，专门有一个方法 randint(a, b)用于生成一个指定范围内的整数。其中参数 a 是下限，参数 b 是上限，生成的随机数 n 满足：a <= n <= b。在使用这个方法之前，需要导入 random 模块。方法 randint() 使用示例代码如下：

```
>>> import random
>>> print(random.randint(1,10))
7
```

上面代码中先使用 import 语句导入 random 模块，调用 random.randint(1,10)方法产生随机数，并使用 print()函数打印输出，产生的随机数为 7。

根据游戏规则和上面的分析，人与计算机比较输赢，结果如表 2.12 所示。

表 2.12　人与计算机比较输赢结果

序 号	人(person)	计算机(computer)	输 赢
1	1(石头)	1(石头)	平局
2	1(石头)	2(剪刀)	人赢
3	1(石头)	3(布)	计算机赢
4	2(剪刀)	1(石头)	计算机赢
5	2(剪刀)	2(剪刀)	平局
6	2(剪刀)	3(布)	人赢
7	3(布)	1(石头)	人赢
8	3(布)	2(剪刀)	计算机赢
9	3(布)	3(布)	平局

根据表 2.12 可知，最直观的判断输赢的方法，就是表中所列的 9 种情况，将这些判断输赢的条件使用比较运算符等于"=="和逻辑与"and"构成条件表达式，其代码如下：

```
if(person == 1 and computer == 1):
    print("平局")
elif(person == 1 and computer == 2):
    print("人赢")
elif(person == 1 and computer == 3):
    print("计算机赢")
elif(person == 2 and computer == 1):
    print("计算机赢")
elif(person == 2 and computer == 2):
    print("平局")
elif(person == 2 and computer == 3):
    print("人赢")
elif(person == 3 and computer == 1):
    print("人赢")
elif(person == 3 and computer == 2):
    print("计算机赢")
elif(person == 3 and computer == 3):
    print("平局")
```

很显然，上面的条件语句中 elif 子句比较多，不简洁。对表 2.12 中的第 4 列输赢结果进行分析，发现其最终只有三种结果：平局、人赢或计算机赢。

人赢的情况，是序号 2、序号 6 或序号 7 之一，是一个逻辑或的关系，其条件表达式如下：

```
person == 1 and computer == 2 or person == 2 and computer == 3 or person == 3 and computer == 1。
```

平局的情况，需要满足序号 1、序号 5 或序号 9 之一，即条件为：

```
person == computer
```

计算机赢的情况，从表 2.12 中可知，排除以上两种情况就是计算机赢的条件。

通过以上归纳分析，将游戏规则的条件进行了简化，只有三种情况。程序清单 2.8 演示了石头剪刀布游戏的实现过程。

程序清单 2.8 rock_paper_scissors.py

```python
1.   """ 游戏：石头剪刀布 """
2.
3.   import random      # 导入产生随机数的模块 random
4.
5.   # 计算机使用 random.randint()随机产生 1、2 或 3 的整数
6.   computer = random.randint(1, 3)
7.
8.   # 用户从键盘输入 1、2 或 3 的整数
9.   person = int(input('请用户输入代表石头、剪刀或布的数字 1、2 或 3: '))
10.
11.  # 因为随机产生的是数字，输入的也是数字，为了更友好地显示数字代表的信息，
12.  # 下面使用 if-elif 语句将数字转换为相对的石头、剪刀和布
13.  if computer == 1:
14.      computer_input = '石头'
15.  elif computer == 2:
16.      computer_input = '剪刀'
17.  elif computer == 3:
18.      computer_input = '布'
19.
20.  if person == 1:
21.      person_input = '石头'
22.  elif person == 2:
23.      person_input = '剪刀'
24.  elif person == 3:
25.      person_input = '布'
26.
27.  # 下面是根据游戏规则，将用户输入的数和计算机随机产生的数进行比较，判断输赢。
28.  if person == 1 and computer == 2 or person == 2 and computer == 3 or
29.  person == 3 and computer == 1:
30.      print('你赢了! 计算机出的是%s，你出的是%s。' % (computer_input,
31.  person_input))
32.  elif person == computer:
33.      print('平了! 计算机出的是%s，你出的是%s。' % (computer_input,
```

```
34. person_input))
35. else:
36.     print('计算机赢了！计算机出的是%s，你出的是%s。' % (computer_input,
37. person_input))
```

程序清单 2.8 说明如下。

第 13~18 行、20~25 行：为了让用户有更好的体验，使用 if-elif 语句将数字转换为相对应的石头、剪刀和布，这样用户看到的就不是数字，而是游戏中出现的石头、剪刀和布的名称。

第 28~37 行：游戏判断输赢的代码。

运行程序清单 2.8，根据提示输入相应的数字，运行结果如下：

请用户输入代表石头、剪刀或布的数字 1、2 或 3:3
你赢了！计算机出的是石头，你出的是布。

2.9.2　打印杨辉三角形

杨辉三角，国外称帕斯卡三角形(Pascal's Triangle)，是二项式系数在三角形中的一种几何排列。其典型的杨辉三角图形如图 2.13 所示。

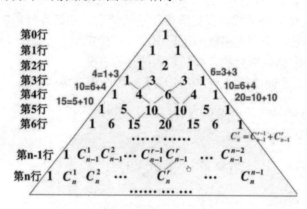

图 2.13　杨辉三角图形

杨辉三角有很多特点和规律，下面仅介绍与编程实现有关的几点。

杨辉三角的两条斜边都是由数字 1 组成的，而其余的数则是等于它肩上的两个数之和。第 4 行的数字 4 等于第 3 行的数字 1 和 3 之和，即 4 = 1 + 3，如图 2.13 所示。

杨辉三角中任意一个元素都可以通过组合数 $C(n,k)$ 来确定，其中，n 为行，k 为行中的列。$C(n,k)$ 的公式如下：

$$C(n,k) = \frac{n!}{k!(n-k)!}$$

其中，$n!$、$k!$和$(n-k)!$均为阶乘。根据以上公式则可计算出杨辉三角中的每个数字，第 4 行第 2 列的数字计算如下：

$$C(4,2) = \frac{4!}{2!(4-2)!} = \frac{4!}{2!2!} = \frac{4*3*2*1}{2*1*2*1} = 6$$

图 2.14 中显示了杨辉三角和组合数之间的关系。

$$1 \; (C(0,0))$$

$$1 \; (C(1,0)) \quad 1 \; (C(1,0))$$

$$1 \; (C(2,0)) \quad 2 \; (C(2,1)) \quad 1 \; (C(2,2))$$

$$1 \; (C(3,0)) \quad 3 \; (C(3,1)) \quad 3 \; (C(3,2)) \quad 1 \; (C(3,3))$$

$$1 \; (C(4,0)) \quad 4 \; (C(4,1)) \quad 6 \; (C(4,2)) \quad 4 \; (C(4,3)) \quad 1 \; (C(4,4))$$

图 2.14　杨辉三角与组合数

下面采用杨辉三角与组合数的公式来实现打印杨辉三角。分析如下。

输入打印杨辉三角的行数，也称为高度或层数。这一般称为数据输入部分。

输入数据后，如何处理？也即数据处理。根据图 2.14 分析，假如输入行数是 4(从 0 行算起)，则要从第 0 行开始打印输出，然后是第 1 行，第 2 行，以此类推，到第 4 行结束，这个过程实际上是一个从上到下的循环，这个循环的任务就是保持打印换行，可以通过 print()函数实现，把这个循环称为外循环。

外循环解决了换行，每行的数字输出显示在这一行上要执行一个循环，称为内循环。因为行和列知道，所以根据组合数公式很容易计算某行某列的数字。杨辉三角图形两边的元素居中对称，要实现这种形式，根据输出设备的特点，还必须打印空格。可以这样，假如将一个杨辉三角放在一个有网格线的矩形中，要定位第 0 行的第 1 个数字，必须要知道离矩形左边有多少个空格。空格的多少和输入的行数有关。

程序清单 2.9 根据上面的公式及分析实现了打印杨辉三角的过程。

程序清单 2.9　yanghui_triangle.py

```
1.   """ 杨辉三角 """
2.
3.   rows = int(input("请输入杨辉三角的行数："))
4.
5.   # 外循环，打印行数
6.   for i in range(0, rows):
7.       coff = 1
8.
9.       # 内循环：打印每行的空格数
10.      for j in range(1, rows - i):
11.          print(" ", end="")
12.
13.      # 内循环：打印每行杨辉三角的值
14.      for k in range(0, i + 1):
15.          print(" ", coff, end="")
16.          coff = int(coff * (i - k) / (k + 1))
17.
18.      # 换行
19.      print()
```

程序清单 2.9 说明如下。

第 6～19 行：外循环，执行两个内循环和一个打印换行的 print()函数。

第 10、11 行：内循环。打印每行的空格数。

第 14 ~ 16 行：内循环。打印每行杨辉三角的数字。第 15 行在每输入一个数字前面空格，保持数字之间的间距。第 16 行使用组合公式计算杨辉三角的数字。

运行结果如下：

```
请输入杨辉三角的行数：4
      1
    1   1
  1   2   1
1   3   3   1
```

2.9.3　数的平均值、最大值、最小值和方差

在数据分析中，经常会遇到求数的平均值、最大值、最小值、极差和方差的情况。它们的计算公式和作用分别如下。

➢ 平均值(average)：一组数据中所有数据之和再除以数据的个数。它是反映数据集趋势的一项指标。其公式为

$$A_n = \frac{a_1 + a_2 + a_3 + \cdots + a_n}{n}$$

➢ 极差(range)：最大值与最小值之差。它是标志值变动的最大范围。其公式为

$$R = X_{max} - X_{min}(其中，X_{max} 为最大值，X_{min} 为最小值)$$

➢ 方差(variance)：方差是实际值与期望值之差平方的平均值，用来度量随机变量和其数学期望(即均值)之间的偏离程度。其公式如下：

$$s^2 = \frac{1}{n}[(x_1 - x)^2 + (x_2 - x)^2 + \cdots + (x_n - x)^2]$$

或者

$$D(x) = E(x^2) - (E(x))^2$$

程序清单 2.10 演示了计算给定五个数的平均值、最大值、最小值、极差和方差。

程序清单 2.10　my_ statistics.py

```python
1.  """ 求数的平均值、最大值、最小值、极差和方差 """
2.
3.  my_list = [87, 93, 75, 67, 57] # 创建一个列表
4.
5.  sum_total = 0        # 定义一个求数字之和的变量
6.
7.  for item in my_list:
8.      sum_total += item
9.
10. # 平均值，len()列表长度
11. average = sum_total / len(my_list)
12. print("这五个数的平均值是：", average)
13.
14. # 按从大到小进行排序，两两进行比较
15. for i in range(0, len(my_list)):
16.     for j in range(i + 1, len(my_list)):
17.         first = int(my_list[i])
```

```
18.        second = int(my_list[j])
19.        if first < second:
20.            my_list[i] = my_list[j]
21.            my_list[j] = first
22.
23. print("这五个数的最大值是: ", my_list[0])
24. print("这五个数的最小值是: ", my_list[len(my_list) - 1])
25.
26. # 极差
27. my_range = my_list[0] - my_list[len(my_list) - 1]
28. print("这五个数的极差是: ", my_range)
29.
30. # 求这五个数的方差
31. s = 0
32. for i in my_list:
33.    s += (i - average) ** 2
34.    variance = s / len(my_list);
35.
36. print("这五个数的方差是: ", variance)
```

程序清单 2.10 说明如下。

第 15~21 行：实现从小到大进行排序。其思想是采用嵌套循环实现数字之间两两进行比较。外循环获得前一个数，比如列表 my_list 中的前一个数字 87，内循环获得列表 my_list 中的后一个数字 93，这两个数进行比较，称为两两比较，以此类推，直至整个列表按从大到小的顺序进行排列。

运行程序清单 2.10，结果如下：

```
这五个数的平均值是: 75.8
这五个数的最大值是: 93
这五个数的最小值是: 57
这五个数的极差是: 36
这五个数的方差是: 170.56
```

2.9.4 数据验证

数据验证是指在程序中对用户输入数据的有效性和合法性进行检查和处理，以保证数据合法有效。如果输入的是坏数据，结果肯定也是坏数据。计算机是不能识别数据的好坏的，需要通过程序来进行检查判断和处理。

前面的程序仅限于学习，没有对数据输入进行检查。下面通过对圆形半径输入的值进行验证来说明数据验证的重要性。

现在对程序清单 2.4 修改如下。

➤ 让用户能重复循环输入半径值，这就好比银行的柜员机，一年 365 天 24 小时都处于运行状态，等待用户操作。

➤ 对输入的数字要做以下检查，不能是负数，如果是负数，则要提示用户重新输入正数，不能中断程序。

➤ 输入字符 "q" 则退出，如果输入的是其他字母，则要提醒用户，并处理。

程序清单 2.11 根据上面的分析实现了对输入的数据进行有效性和合理性的验证。

程序清单 2.11　circle05.py

```
1.  """ 计算圆形面积，第 5 版 """
2.
3.  import math
4.
5.  while True:
6.      # 输入值，返回字符串
7.      input_value = input("请输入圆的半径: ")
8.
9.      if input_value == 'q':
10.         print("退出程序! ")
11.         break
12.
13.     # 将输入的值转换为 float 类型
14.     radius = float(input_value)
15.     if radius < 0:
16.         print("请输入一个正数! ")
17.     else:
18.         area = radius * radius * math.pi
19.         print("圆的面积是: %.2f" % area)
```

程序清单 2.11 说明如下。

第 9~11 行：判断输入的值是否为字符"q"，如果是，则终止循环，退出程序。

第 14 行：将输入的值转换为 float 类型。

第 19 行：使用字符串格式化".2f"保留两位小数点。关于%格式化字符串将在第 5 章的 5.2.1 节介绍。

运行程序清单 2.11，按提示输入相应的值，运行结果如下：

```
请输入圆的半径: -10
请输入一个正数!
请输入圆的半径: 10
圆的面积是: 314.16
请输入圆的半径: q
退出程序!
```

上面的结果显示，能循环输入值，对输入为负数的值进行了验证，程序输入字符"q"能正常退出。

再次运行程序清单 2.11，按提示输入相应的值，运行结果如下：

```
请输入圆的半径: -10
请输入一个正数!
请输入圆的半径: 10
圆的面积是: 314.16
请输入圆的半径: w
Traceback (most recent call last):
  File "F:/python-book/ch02/computer_area_v04.py", line 14, in <module>
    radius = float(input_value)
ValueError: could not convert string to float: 'w'
```

上面的结果显示，当输入半径的值为"w"，使用 float()函数将其转换为 float 类型时出现了异常错误，程序终止。float()函数只能将数字转换为 float 类型，而不能将字符或字符串转换为 float 类型，因而发生异常错误。

因而对输入半径的值还要再进行验证，对输入值是"q"以外的字符或字符串要进行排除和处理，让用户知道输入了非法的值，并能允许重新输入值。

程序清单 2.12 是根据上面的分析在程序清单 2.11 上改写的程序。

程序清单 2.12 circle06.py

```
1.  """ 计算圆形面积，第 6 版 """
2.
3.  import math
4.
5.  while True:
6.      # 输入值，返回字符串
7.      input_value = input("请输入圆的半径：")
8.
9.      if input_value == 'q':
10.         print("退出程序！")
11.         break
12.
13.     # 使用 try-except 语句处理异常错误
14.     try:
15.         # 当输入的半径值是非字符"q"时，进行转换发生异常错误
16.         radius = float(input_value)
17.
18.         if radius < 0:
19.             print("请输入一个正数！")
20.         else:
21.             area = radius * radius * math.pi
22.             print("圆的面积是：%.2f" % area)
23.     except ValueError:
24.         print("请输入正数，如要退出，请输入 q！")
```

程序清单 2.12 说明如下。

第 14~16 行：使用 try 语句捕获异常错误。第 16 行在使用 float()函数进行转换时，由于可能会输入字符"q"以外的字符或字符串，导致转换出现异常错误 ValueError，通过使用 try 语句能够捕获这个异常错误。

第 23、24 行：使用 except 子句对 try 语句捕获的异常 ValueError 进行处理，提示用户输入正数，或字符"q"。关于 try-except 语句将在第 7 章 7.1 节进行讲解。

运行程序清单 2.12，按提示输入相应的值，运行结果如下：

```
请输入圆的半径：-10
请输入一个正数！
请输入圆的半径：w
请输入正数，如要退出，请输入 q！
请输入圆的半径：10
圆的面积是：314.16
```

请输入圆的半径：q
退出程序！

上面的结果显示，能循环输入值，对输入为负数的值进行了验证，对输入字符"q"以外的值也进行了处理，程序输入字符"q"能正常退出。至此，完成了前面提出的对程序清单 2.4 修改的任务，也说明在程序设计中数据验证的重要性。

2.10　输入、处理和输出

回顾本章计算圆形面积的程序，其执行过程可归纳为三个步骤：输入半径的值、根据半径的值利用圆形面积公式计算面积的值，最后输出面积的值，即数据输入、数据处理和数据输出。

分析程序清单 2.8 石头剪刀布的游戏和程序清单 2.9 打印杨辉三角，其程序执行过程也都可以归纳为上面三个步骤。事实上，无论程序的业务有多么复杂、规模有多么大，每个程序都具有最基本的处理过程：输入数据、处理数据和输出数据。输入—处理—输出(Input-Process-Output，IPO)模型更一般化地描述这种程序的处理过程，形成了程序的基本编写方法。图 2.15 显示了输入—处理—输出 IPO 模型示意图。

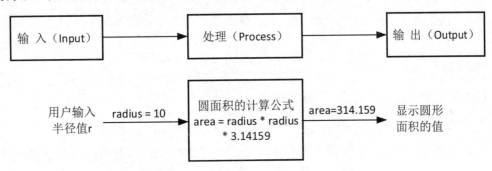

图 2.15　输入—处理—输出 IPO 模型示意图

图 2.15 中的各部分说明如下。

➤ 输入(Input)：是指程序接收到的数据。最常见的输入是从键盘上输入数据，后面还有以文件的方式读入数据，还有以图形界面的形式输入数据。

➤ 处理(Process)：使用算法对数据进行处理，如计算圆面积使用了计算圆形面积的公式。

➤ 输出(Output)：将处理结果输出。最常用的是将结果输出到屏幕上，还可以输出到纸张、磁盘等介质上。

接下来以求两个数的最大公约数为例进一步了解数据的输入、处理和输出的过程。其中数字采用 input()函数输入，通过辗转相除法的算法来获得最大公约数，最后使用 print()函数输出最大公约数。

1. 使用 input()函数输入数据

前面已经多次使用 input()函数进行了数据的输入，也了解到该函数得到的返回值的数据类型是字符串，下面通过 Python 提供的联机帮助来完整地了解 input()的定义。

打开 IDLE 窗口，在提示符>>>下输入 help(input)函数，就可以看到如图 2.16 所示 input()函数联机帮助的信息。

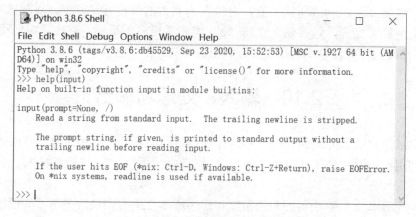

图 2.16　input()函数联机帮助的信息

从图 2.16 中可以知道，input()函数是指从标准输入设备比如键盘读入一行字符串。参数 prompt 是指输入数据时的提示字符串。

下面使用 input()读入两个数，并使用 int()函数将其转换为整数，代码如下：

```
>>> num1 = int(input("请输入第一个数："))
请输入第一个数：615
>>> num2 = int(input("请输入第二个数："))
请输入第二个数：152
```

以上使用 input()函数完成了数据的读入。

2. 数据处理

接下来进行数据处理。求两个数的最大公约数的算法有辗转相除法、辗转相减法和枚举算法。下面介绍辗转相除算法。在介绍这个算法之前，先简单介绍什么是算法。

算法(Algorithm)是指解题方案准确而完整的描述，是一系列解决问题的清晰指令。如果作一个类比，算法就像做菜的菜谱，厨师按照菜谱就能做出一道道美味的佳肴。计算圆形面积的公式就是算法。常用的算法有排序、查找等。关于算法的知识超出了本书的范围，读者可以找专门介绍算法的书籍进行了解。

下面介绍求两个数最大公约数的辗转相除法算法。该算法具体如下：

➢ 比较两数，并使 a > b。

➢ 将 a 作被除数，b 作除数，相除后余数为 r。

➢ 循环判断 r，若 r == 0，则 b 为最大公约数，结束循环。若 r!= 0，执行 a = b，b = r；将 a 作被除数，b 作除数，相除后余数为 r。

假如要求 615 和 152 两个数的最大公约数，根据上面辗转相除法的算法，其过程如下。

➢ 两个数的最大数与最小数相除，即 615 / 152 = 4，余数为 7。

➢ 用 152 与余数 7 相除，即 152 / 7 = 21，余数为 5。

➢ 用 7 与余数 5 相除，即 7 / 5 = 1，余数为 2。

➢ 用 5 与余数 2 相除，即 5 / 2 = 2，余数为 1。

> 用 2 与余数 1 相除，即 2 / 1 = 2，余数为 0。

至此，最大公约数为 1。

Python 提供了 max 和 min 两个内置函数，可以求得两个数的最大数和最小数，直接利用取余运算符%求两个数的余数，以下是辗转相除法算法的代码实现：

```
>>> a = max(num1, num2)
>>> b = min(num1, num2)
>>> r = a % b
>>> while r != 0:
        a = b
        b = r
        r = a % b
```

上面的代码根据余数 r 是否等于 0，进行 while 循环判断。如果 r 不等于 0，循环继续，并进行数据交换，将前面除数 b 赋值给被除数 a，r 赋值给除数，然后 a 和 b 取余，如果 r 等于 0，则 b 就是最大公约数。

3. print()函数输出数据

经过上面数据的处理，可以利用 print()函数将最大公约数的结果打印输出，代码如下：

```
>>> print(num1, "和", num2, "的最大公约数为", b)
615 和 152 的最大公约数为 1
```

从上面的代码可以看到，print()函数输出了上面数据处理的结果，即 615 和 152 的最大公约数为 1。

前面已经多次使用了 print()函数，它是数据输出中最常用的函数，其语法形式如下：

```
print(value, ..., sep=' ', end='\n', file=sys.stdout, flush=False)
```

其中各参数的含义如下。

> value：表示要打印输出的值。value 后面的省略号表示打印输出多个值，各个值之间用逗号隔开。
> sep：表示当输出多个打印的值时，各个值之间的分割方式，默认为空格。分隔符是可以自定义的，如果输出时要以逗号分隔，则设置"sep=','"。
> end：控制值输出完后的结束符号，默认是换行"\n"。可以设置为其他形式，如设置"end=''"，则不换行。
> file：将内容打印输出到标准输出流。Python 中的标准输出流就是 sys.stdout。这个标准输出流默认是映射到打开脚本的窗口的，也就是屏幕的终端或控制台。
> flush：对输出的内容是否进行缓存。默认值为 False，不作缓存。

上面以求两个数的最大公约数为例，讲解了程序处理的过程，一般有数据输入、数据处理和数据输出，其目的是让初学者在学习程序设计时，无论是采用面向过程的程序设计，还是采用面向对象的程序设计；无论是程序的代码少和需求简单，还是业务复杂和规模庞大，在分析问题和解决问题时，都需要建立这样的概念：数据从哪里来？如何处理数据？怎么输出数据？这是初学者应该逐步培养的一种最基本的能力。

本 章 小 结

程序由标识符和表达式构成的语句组成。

标识符是一些名称，它们以下划线或字母开头，后跟字母、数字或下划线字符的组合。Python 中的标识符区分大小写。

Python 的数据类型属于动态数据类型。

变量是引用值的名称。变量通过赋值语句创建。

运算符用于指定执行不同的运算。Python 支持的运算符有：算术运算符、比较运算符、赋值运算符、逻辑运算符、位运算符、成员运算符以及身份运算符。

操作数是运算符操作的对象。

表达式由运算符和操作数组成，可以组合从简单到复杂的表达式。

Python 能自动将数字从一种数据类型转换为另一种数据类型。程序还可以使用函数 float()和 int()将一个数据类型显式转换为另一个数据类型。

选择结构由 if 语句实现。主要有单分支的最简单的 if 语句、二分支 if-else 语句以及多分支 if-elif-else 语句。

循环结构主要有 while 语句和 for 语句。

测 试 题

一、单项选择题

1. 在 Python 语言中，表示注释开始的符号是(   )。

   A.   B. *   C. //   D. #

2. 下列选项中，不是 Python 合法标识符的是(   )。

   A. int32   B. 40XL   C. self   D. __name__

3. 下列选项中，不是 Python 语言关键字的是(   )。

   A. goto   B. if   C. pass   D. else

4. Python 语言不支持的数据类型是(   )。

   A. char   B. int   C. float   D. String

5. 下面代码执行完后，变量 a 的类型是(   )。

   ```
   a = input("Please enter a number.")
   ```

   A. 字符串   B. 整数   C. 列表   D. NoneType

6. 下列选项中，布尔值不是 False 的是(   )。

   A. None   B. 0   C. ""   D. 1

7. 下面代码执行完后，变量 total 的值是(   )。

   ```
   >>>total = True + 8
   ```

   A. 8   B. True   C. 1   D. 9

8. 关于字符串下列说法错误的是( )。

    A. 字符串可以使用双引号或者单引号进行标识

    B. 字符串只能使用双引号或者单引号创建

    C. 字符串可以使用一对三个单引号或一对三个双引号标识

    D. 在字符串中可以包含换行回车等转义字符

9. ( )代表存储在计算机存储器中数据的名称。

    A. 内存   B. 变量   C. 寄存器   D. 字节

10. 下列选项中，关于变量的描述错误的是( )。

    A. Python 不需要显式声明变量类型，在第一次变量赋值时由值决定变量的类型

    B. 变量通过变量名访问

    C. 变量必须在创建和赋值后使用

    D. 变量与对象没有引用关系

11. 执行下面赋值语句后，下列选项中叙述正确的是( )。

```
>>>radius = 10
```

    A. radius 存储了值为 10 的数   B. radius 等于 10

    C. 创建了 radius 变量，并引用数值 10   D. 以上都不对

12. 运行以下程序，下列选项中，关于变量 a 的值正确的是( )。

```
>>> a = 5/2
```

    A. 3   B. 2   C. 2.5   D. 2.50

13. 已知 x=2;y=3，复合赋值语句 x*=y+5 执行后，x 变量中的值是( )。

    A. 11   B. 16   C. 13   D. 26

14. 下列选项中，if 语句用于统计同时满足"性别(gender)为男、年龄(age)小于 40 岁和学历(education)为博士研究生"条件的教师人数，正确的语句是( )。

    A. if(gender=="男" or age<40 and education=="博士研究生"): n+=1

    B. if(gender=="男" and age<40 and education=="博士研究生"): n+=1

    C. if(gender=="男" and age<40 or education=="博士研究生"): n+=1

    D. if(gender=="男" or age<40 or education=="博士研究生"): n+=1

15. 关于 a or b 的描述，错误的是( )。

    A. 若 a=True b=True，则 a or b ==True

    B. 若 a=True b=False，则 a or b ==True

    C. 若 a=True b=True，则 a or b ==False

    D. 若 a=False b=False，则 a or b ==False

16. 与 x > y and y > z 语句等价的是( )。

    A. x > y > z   B. not x < y or not y < z

    C. not x < y or y < z   D. x > y or not y < z

17. 以下可以终结一个循环的执行的语句是( )。

    A. break   B. if   C. input   D. exit

18. 下列 Python 语句正确的是(　　)。

　　A. if (x > y) {print (x);}　　　　　　B. max = x > y ? x : y

　　C. if (x > y) print x　　　　　　　　D. while True : pass

19. Python 语言中关于语句块的标记是(　　)。

　　A. 分号　　　　　B. 逗号　　　　　C. 缩进　　　　D. 大括号

20. 执行 for i in range(3)循环后，i 的值是(　　)。

　　A. 1、2、3　　　　　　　　　　　　B. 1、2

　　C. 0、1、2　　　　　　　　　　　　D. 0、1

二、判断题

1. Python 变量名必须以字母或下划线开头，并且区分字母大小写，所以 student 和 Student 不是一个变量。　　　　　　　　　　　　　　　　　　　　　　　　　(　　)

2. Python 的数据类型是动态数据类型。　　　　　　　　　　　　　　　　(　　)

3. Python 变量使用前必须先声明，并且一旦声明就不能改变其类型。　　(　　)

4. 若半径 radius 是一个未被赋值的变量，执行 print(radius)语句后，那么显示的数值是 0。　　　　　　　　　　　　　　　　　　　　　　　　　　　　　　　　　(　　)

5. 遵循 PEP8 的命名规范，变量的命名用一般小写字母，多个单词之间用下划线(_)隔开，如：current_time。　　　　　　　　　　　　　　　　　　　　　　　　(　　)

6. 加法运算符可以用来连接字符串并生成新字符串。　　　　　　　　　　(　　)

7. 已知 x = 3，那么赋值语句 x = 'abcedfg' 是无法正常执行的。　　　　(　　)

8. 任何程序逻辑都可以用顺序、选择和循环三种基本控制结构来表示。　(　　)

9. 如果仅仅是用于控制循环次数，那么使用 for i in range(20)和 for i in range(20, 40)的作用是等价的。　　　　　　　　　　　　　　　　　　　　　　　　　　　　(　　)

10. 当作为条件表达式时，空值、空字符串、空列表、空元组、空字典、空集合、空迭代对象以及任意形式的数字 0 都等价于 False。　　　　　　　　　　　　　　(　　)

三、填空题

1. 在 Python 中，_____表示空类型。

2. 执行下面的语句后，a 和 b 的值是：_____。

```
>>> a = 1
>>> b = 2
>>> a,b = b,a
```

3. 下面的语句创建了 a 和 b 两个变量，然后分别执行 int(a)和 float(b)语句，则 a 和 b 的值是：_____。

```
>>> a,b = 10.8,10
```

4. 查看变量类型的 Python 内置函数是：_____。

5. 查看变量内存地址的 Python 内置函数是：_____。

6. Python 运算符中取模或求余运算符：_____。

7. Python 运算符中减法赋值运算符是：_____。

8. 表达式 12/4-2+5*8/4%5/2 的值是：_____。

9. 执行下面的语句后，输出结果为：_____。

```
>>> for x in range(1,21,5):
        print(x,end=' ')
```

10. 执行下列语句后，其输出结果为：_____。

```
>>> i = 1
>>> while i < 10:
        if i % 2 == 0:
            print(i,end=' ')
        i += 1
```

四、编程题

1. 编写一个计算矩形的周长和面积的程序。

2. 编写一个用于将摄氏温度转换为华氏温度的程序。要求从控制台输入摄氏温度，并显示转换为华氏温度的结果。转换公式如下：

$$fahrenheit = (9/5)* Celsius +32$$

用中文表示为：华氏温度=(9/5)* 摄氏温度+32

3. 编写一个将磅(pound)转换为千克(kilogram)的程序。要求提示用户输入磅数，然后转换并显示为千克。一磅等于 0.454 千克。

4. 编写程序，读取 0 和 1000 之间的一个整数，并将该整数的每一位相加。比如：整数是 932，每一位之和就是 14。

提示：利用操作数%分解数字，然后使用运算符/去掉分解出来的数字。比如：932%10=2,932/10=93。

5. 编写一个程序，用户输入 5 个学生的成绩，然后计算并显示这 5 个数的平均值、方差和标准差。

6. 编写程序，输出 2 到 1000 之间，包括 2 和 1000 的所有素数，每行显示 8 个素数，并求 1000 以内所有素数之和并输出。素数是指大于 1，且仅能被 1 和自己整除的整数。

7. 编写一个程序，用户输入 5 个字母，然后输出由这 5 个字母组成的所有可能的字符串，每个字母只能使用一次。

8. 编写一个打印所有"水仙花数"的程序。所谓"水仙花数"是指一个 3 位数，它的每个位上的数字的 3 次幂之和等于它本身，即：$1^3 + 5^3+ 3^3 = 153$。

9. 编写一个根据三边边长计算三角形面积的程序。要求：

➢ 提示用户输入三角形的三个边长，并判断三条边长是否能够构成三角形。
➢ 处理用户输入的负数。
➢ 让用户循环输入三个边长。
➢ 设定字符"q"退出程序，即用户输入这个字符后能退出程序。
➢ 输出显示的面积保留两位小数。

10. 编程实现石头、剪刀和布的游戏，并让用户可以连续玩这个游戏，直到用户或计算机赢对手 5 次以上为止。

11. 猜数字游戏：编写一个程序，随机产生一个 0 到 100 之间且包含 0 和 100 的整数。用户连续输入一个数字，直到它和计算机随机产生的数字相匹配为止。对于用户每次输入的数，程序要告诉用户该数是偏大了，还是偏小了，这样用户可以明智地进行下一轮猜测。

12. 编写一个实现打印如图 2.17 所示圣诞树的程序。

```
        *
       ***
      *****
     *******
    *********
   ***********
  *************
```

图 2.17　圣诞树

第 3 章 函　　数

Python 语言和很多编程语言一样也有函数的概念，相比于这些语言，Python 中的函数更具有自身的特点。以 Python 一切皆为对象的观点来看，Python 中的函数也是对象，这是很多编程语言不具有的特点；另外，从程序组织和设计的角度来说，Python 可以使用函数进行程序设计，常称为模块化的程序设计，也就是面向过程的程序设计，也可以采用面向对象程序设计方法。即使在面向对象的程序设计方法中，也可以用到函数。这给 Python 的学习者和使用者提供了更加灵活的选择。

本章将系统地讲解为什么需要函数、如何定义和调用函数，深入理解函数的参数传递的机制，介绍匿名函数、递归函数和常用的内置函数，最后学习使用函数进行模块化的程序设计。

3.1　为什么需要函数

在前面的程序中，多次使用了 Python 的内置函数。使用内置函数 intput()接收从键盘输入的数据，使用内置函数 print()打印显示数据。使用者不需要编写也不需要了解这些函数实现输入或输出功能的详细代码，Python 已经帮助使用者完成了这些代码，使用者只需要知道如何使用这些函数。每次遇到数据输入或输出时，可直接使用这些函数，省去了编写重复代码的工作，提高了编写程序的效率。

扫码观看视频讲解

在进行程序设计时，很多时候会不自觉地编写一些重复的代码。比如，求两个数和的代码：

```
>>> a=1
>>> b=1
>>> c=a+b
>>> c
2
>>> d=1
>>> f=1
>>> e=d+f
>>> e
2
```

类似上面这样的代码，很多时候会不假思索地写出来，有时对于一些相同的代码可能直接采用了复制粘贴。当面对功能相同和代码重复的情况时，开发者需要停下来思考，重新进行程序设计，对代码进行抽象和重构，而函数就是实现代码抽象和重构最好的方法。

下面对上面重复进行加法运算的代码进行重构和抽象，将重复的代码封装起来设计成函数，修改后的程序如下：

```
>>> def add(x,y):
        return x+y

>>> add(1,1)
2
>>> add(2,3)
5
```

上面的代码中，将加法运算抽象后定义了一个函数 add()，两次调用 add(1,1)和 add(2,3) 函数，传入不同的两个参数，就能完成加法运算。函数就是对重复代码的封装，一旦定义了一个函数，就可以反复使用它，如前面的内置函数和刚才定义的 add()函数。

这就是使用函数为编写程序带来的好处，不但节省了编写重复代码的时间，而且编写的函数还能反复使用，这就是通常所说的代码重用或复用。重用的另一个优点是：一个函数可以用于多个不同的程序。当在编写一个新程序时，可以回到旧程序，找到需要的函数，并在新程序中重用这些函数。

通过抽象和封装进行函数的设计，更加有利于以后的维护。很多时候，只需要知道在程序中如何使用这个函数，并不一定需要了解函数里面发生了什么。这有点像一个人学开车，他并不需要了解发动机、驱动系统和车轮的每一个细节，只需要在教练的指导下，经过培训和练习，很快就能把车开起来。

总之，函数是组织好的，可重复使用的，用来实现单一或相关功能的代码段，能提高程序设计的模块化和代码的重复利用率。

函数分为内置函数、自定义函数。内置函数是 Python 标准库里的函数(由 Python 语言自身携带)，用户自定义函数由用户自己设计。除此之外，还有匿名函数和递归函数。这些知识将在接下来的章节中进行学习。

3.2 函数的定义和调用

上一节初步了解了函数的概念和在编程中的作用，本节将更加系统地介绍函数的定义和调用、return 语句的使用。

3.2.1 函数的定义和调用

在 Python 中，定义函数是以关键字 def 开始的，其语法格式如下：

```
def function_name(parameters):
    """ docstring """
    statement(s)
    [return 返回值]
```

扫码观看视频讲解

语法中各部分的含义介绍如下。

➤ def：此关键字是定义函数的标识。

➤ function_name：函数名。定义函数所取的名字，即函数名称。函数名的命名规则必须符合标识符的命名规则。本书函数名一律遵循 Python PEP8 编码规范：由一个或多个有意义的单词组成，每个单词的字母全部小写，单词与单词之间使用下划线分隔。函数名之后紧跟着圆括号和冒号。圆括号之后的冒号标识函数内容以冒号起始，并且缩进。

> parameters：函数参数。定义函数可以接收的参数。如有多个参数，则以英文逗号隔开。这里的参数称为形式参数，简称形参。一旦在定义函数时指定了形参，调用该函数时就必须传入相应的参数值，也就是说，谁调用函数谁就负责为形参赋值。圆括号中的参数也可以没有，为空，由用户根据定义函数的业务决定是带参数还是不带参数，无论是否带参数，圆括号都不可以省略。

> """docstring"""：描述函数功能的文档字符串(docstring)。可选。

> statement(s)：语句块，函数内容的执行语句，如暂时没有，可以用 pass 语句进行占位。

> return：返回语句，可选，函数定义中可以有该语句，也可没有该语句，也就是函数可以有返回值，也可以没有返回值。语句后面可以有值或表达式，也可以什么也没有。当没有返回语句，或 return 语句后面没有值或表达式时，则函数返回的是空值，即 None。返回值是指调用函数结束后，返回一个值给调用函数的程序部分。

函数定义的第一行被称作函数头；其余部分被称作函数体。函数头必须以冒号结尾，而函数体必须缩进。

下面使用函数重新编写第 1 章的"Hello world"经典程序。代码如下：

```
>>> # 使用函数编写"Hello world"经典程序
>>> def hello():
        print("Hello,World!")
```

以上代码使用关键字 def 定义了一个 hello()函数。该函数头中 hello 后面的圆括号里面为空，表示函数不带参数。函数体只有一个 print 语句用于打印输出"Hello,World!"，没有 return 返回语句。

尽管完成了 hello() 函数的定义，但现在它还无法运行，不能打印输出"Hello,World!"。事实上，定义函数只是确定了这个函数的功能，但不会触发函数的执行。要使用这个函数，需要通过函数调用来执行。调用函数的语法形式如下：

```
function_name(arguments)
```

其中，function_name 是函数定义时命名的函数名；函数名圆括号中的参数 arguments 称为实际参数，简称实参，用于给函数定义中的形参传递具体的值。需要注意的是，创建函数时有多少个形参，那么调用时就需要传入多少个值，且顺序必须和创建函数时一致。即便该函数没有参数，函数名后的小括号也不能省略。

由于函数 hello()定义时没有参数，因此调用时也不需要参数，其调用函数 hello()的语句是：hello()。下面是 hello()函数定义和调用的完整代码：

```
>>> # 使用函数编写"Hello world"经典程序
>>> def hello():
        print("Hello,World!")
```

```
>>> # 调用 hello() 函数
>>> hello()
Hello,World!
```

在上面的示例代码中，当输入调用函数 hello()语句并按 Enter 键执行该语句时，解释器跳转到该函数的定义处，执行函数体中的打印语句，并返回调用处输出。

以上 hello()函数不带参数，也没有返回语句，比较简单。下面修改程序清单 2.11 ，将计算圆形面积部分的代码封装成为一个函数，该函数带有半径的参数，并有返回值。修改后代码如程序清单 3.1 circle07.py。

程序清单 3.1　circle07.py

```
1.  """ 计算圆形面积，第 7 版  """
2.  import math
3.
4.
5.  # 定义求圆的面积的函数
6.  def computer_area(radius1):
7.      area = radius1 * radius1 * math.pi
8.      return area
9.
10.
11. while True:
12.     # 输入半径的值，返回字符串
13.     q = input("请输入圆的半径: ")
14.
15.     if q == 'q':
16.         print("退出程序! ")
17.         break
18.     try:
19.         # 当输入的半径值，是非字符 q 的字母时，捕获异常
20.         radius = float(q)
21.         if radius < 0:
22.             print("请输入一个正数! ")
23.         else:
24.             # 调用计算圆的面积
25.             area = computer_area(radius)
26.             print("圆的面积是:", format(area, '.2f'))
27.     except ValueError:
        print("请输入正数，如要退出，请输入 q! ")
```

上面代码中，封装了计算圆形面积的代码，定义了一个计算面积的函数 computer_area()，包含一个半径的参数，此处为形参。函数体中，包含计算面积的语句和 return 返回语句，返回的值是计算出来的面积 area。

运行以上程序，结果如下：

```
请输入圆的半径：10
圆的面积是：314.16
请输入圆的半径：
```

执行函数调用的语句 computer_area(10)。该语句带有实参值为 10，执行该调用语句，解释器跳转到函数定义处，执行函数体中的语句，然后将计算面积的值通过 return 返回语句返回到当初函数调用处，也就是代码中的语句：area = computer_area(10)，将返回的面积值赋值给 area 变量，最后 print() 函数输出面积的值。

函数的定义和调用从语法形式上来看并不复杂。函数的定义是功能性的描述，可以完成的功能。而函数调用是去执行函数，让函数完成所具有的功能。函数定义和调用之间的关系就好比汽车和开汽车之间的关系。一台汽车具有能够行使的所有功能，但不开动，永远是静止不动的，不会有任何行为。只有人去发动汽车之后，汽车行驶的功能才会发挥出来。调用函数就类似于发动汽车。

函数的定义和调用之间还会发生值的传递和值的返回。

函数可以带参数，也可以不带参数。带参数函数的定义和调用，实际上就是将实参的值传递给形参。在程序清单 3.1 中，调用 computer_area(radius) 函数时，解释器跳转到第 6 行函数的定义部分，将实参的值 radius 传给形参 radius1，执行函数定义中的语句，执行完成后，解释器返回到当初调用函数的位置，即第 25 行，继续执行其他语句。图 3.1 显示了函数调用和值传递的过程。

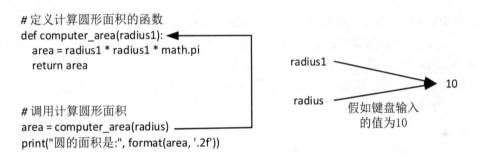

图 3.1　函数调用和实参与形参传值过程

3.2.2　return 语句

return 语句用于结束函数调用，并将 return 关键字后面表达式的值返回给调用者。return 语句之后的语句是不执行的。

在 Python 中，用 def 语句创建函数时，可以用 return 语句指定返回的值，将该值返回给函数调用的地方。return 语句的语法格式如下：

```
return [返回值]
```

其中，返回值参数可以有，也可以没有。如果 return 语句没有任何表达式或值，则返回特殊值 None。另外，return 语句不能在函数之外使用。return 语句在同一函数中可以出现多次，但只要有一个得到执行，就会直接结束函数的执行。

下面的示例定义了两个数相加的函数 add()，并使用 return 语句将两个数相加计算的和返回给调用者。示例代码如下：

```
>>> def add(a,b):
        c = a + b
        return c
```

```
>>> value = add(5,10)
>>> value
15
```

示例中，add() 函数既可以用来计算两个数的和，也可以连接两个字符串，它会返回计算的结果。

通过 return 语句指定返回值后，在调用函数时，可以将该函数赋值给一个变量，用变量保存函数的返回值，也可以将函数再作为某个函数的实际参数。

下面的示例定义函数 greater_than_1()，使用了 return 语句，return 语句后面是一个关系表达式。示例代码如下：

```
>>> def greater_than_1(n):
        return n > 1

>>> print(greater_than_1(0))
False
>>> print(greater_than_1(5))
True
```

示例中，执行 print() 函数时，由于 greater_than_1()函数作为实际参数，通过调用 greater_than_1()，分别将实参的值 0 或 5 传递给形参 n，return 语句返回表达式(n > 1)的计算结果 False 或 True，最后 print()函数输出结果。

下面的示例演示了函数中 return 语句后面没有返回值或返回的表达式，甚至没有 return 语句的情况。

```
>>> def no_expression_list():
        return

>>> print(no_expression_list())
None
>>> def no_return_statement():
        pass

>>> print(no_return_statement())
None
```

上面的示例中，没有 return 语句或其后面没有返回值或表达式，调用该函数时，其值都是 None。

以上示例中，通过 return 语句，都仅返回了一个值，但其实通过 return 语句，是可以返回多个值的。这里的多个值是放在一个容器中，比如返回一个列表，里面包含很多值。这就像只允许随身带走一个包，但是可以把一些东西放在包中带走。

如果程序需要有多个返回值，则既可将多个值包装成列表之后返回，也可直接返回多个值。如果 Python 函数直接返回多个值，Python 会自动将多个返回值封装成元组。

下面的示例演示了函数直接返回多个值的情形。

```
>>> def foo():
        return ['xyz',123,'True']    # foo()返回一个列表
```

```
>>> a = foo()
>>> a
['xyz', 123, 'True']
>>>
>>>
>>> def bar():
        return 'ABC',456,'False'      # 返回一个元组(元组语法上不一定需要带上圆括号)

>>> b = bar()
>>> b
('ABC', 456, 'False')
```

3.3　函数参数传递的形式

到目前为止，函数的参数传递都是采用位置参数的形式，即传入函数的实际参数必须与形式参数的数量和位置对应。大多数编程语言都是通过这种方式进行参数传递的。Python 除了支持这种常规的位置参数传递的形式之外，还支持关键字参数、默认值参数和可变参数等传递形式，使得传递的形式更加灵活。

本节将进一步详细介绍位置参数、关键字参数、默认值参数、特殊参数和可变参数等传递形式。

3.3.1　位置参数

3.2 节中的函数参数传递采用的就是位置参数(Positional Argument)，有时也称必备参数，指的是必须按照正确的顺序将实际参数传到函数中。换句话说，调用函数时传入实际参数的数量和位置都必须和定义函数时保持一致。一旦定义了函数，那么形参的位置、顺序和数据类型也就确定了。调用函数时，实参和形参的数量、位置和类型都必须保持一致。

下面的示例演示了实参和形参数量不一致都会发生异常。代码如下：

```
>>> def rectangle(width,height):
        return 2 * (width + height)

>>> print(rectangle(10))
Traceback (most recent call last):
  File "<pyshell#4>", line 1, in <module>
    print(rectangle(10))
TypeError: rectangle() missing 1 required positional argument: 'height'
>>> print(rectangle(10,20,30))
Traceback (most recent call last):
  File "<pyshell#5>", line 1, in <module>
    print(rectangle(10,20,30))
TypeError: rectangle() takes 2 positional arguments but 3 were given
```

上面示例中，定义了矩形 rectangle(width,height)函数，有长和宽两个参数。在下面的调用中，第一次调用 rectangle(10)函数只传了一个参数，很显然参数个数不一致，所以出现了异常：TypeError: rectangle() missing 1 required positional argument: 'height'，意思是缺少一个高度的参数。

第二次调用 rectangle(10,20,30)中传入了三个参数，参数多了，异常提示：TypeError: rectangle() takes 2 positional arguments but 3 were given，意思是需要两个参数，现在出现三个参数，所以出现错误。

总之，位置参数严格按照函数定义的位置顺序和参数个数要求函数调用中的参数与之匹配。

3.3.2　关键字参数

关键字参数(Keyword Argument)是指使用形式参数的名字来确定输入的参数值。通过此方式指定函数实参时，不再需要与形参的位置完全一致，只要将参数名写正确即可。其语法的形式一般如下：

```
parameter = value
```

其中，parameter 是函数调用中形参变量的名称，value 是传递给该形参变量的数值。

下面的示例代码演示了关键字参数传值的用法。

```
>>> # 定义 greet 函数
>>> def greet(name,msg):
        print(name + ', ' + msg)


>>> # 两个关键字参数
>>> greet(name = "赵云",msg = "你好！")
赵云, 你好！
>>>
>>> # 两个关键字参数，但顺序颠倒了
>>> greet(msg = "你好！",name = "赵云")
赵云, 你好！
>>>
>>> # 一个位置参数，一个关键字参数，关键字参数在后
>>> greet("赵云",msg = "你好！")
赵云, 你好！
```

上面的示例中，定义了包含两个参数的 greet(name,msg)函数。在函数定义的下面使用了三种不同的形式调用 greet()函数。

前两种都使用了关键字参数，只是位置颠倒了一下顺序。这里的关键字分别是：name 和 msg，它们也是函数定义中形参的名称，与其对应的值分别是："赵云"和"你好！"。

最后一种函数的调用中，第一个参数使用了位置参数，后一个参数使用了关键字参数。

正如所看到的，可以在函数调用期间将位置参数与关键字参数混合使用。但是需要记住，关键字参数必须在位置参数之后。

在关键字参数之后使用位置参数将导致错误。函数调用如下：

```
>>> greet(name="赵云","你好！")
SyntaxError: positional argument follows keyword argument
```

通过上面的代码可以发现：有位置参数时，位置参数必须在关键字参数的前面，但关键字参数之间是不存在先后顺序的。

需要说明的是，如果希望在调用函数时混合使用关键字参数和位置参数，则关键字参数必须位于位置参数之后。换句话说，在关键字参数之后的只能是关键字参数。

使用关键字参数允许函数调用时参数的顺序与定义函数时不一致，因为 Python 解释器能够用参数名匹配参数值，具体是通过"键-值"对形式加以指定的。关键字参数可以让函数更加清晰、容易使用，同时也清除了参数的顺序需求。

3.3.3 默认值参数

默认值参数(Default Argument)是指在定义函数时，给形参一个默认值。如果调用该函数时，实参没有给形参传递值，则形参将使用其默认值。默认值是通过使用赋值运算符(=)为形参提供的。

下面的示例定义了一个表示学生信息的函数 student()。该函数包含 4 个参数，前 2 个参数是位置参数，后 2 个参数具有默认值，也就是默认值参数。

```
>>> def student(number,name,gender='男',nationality='汉'):
        print("学号：",number,"姓名：",name,"性别：", gender, '民族：',
nationality)


>>> student("20190101001","赵云")
学号： 20190101001 姓名： 赵云 性别： 男 民族： 汉
>>> student("20190101002","李沐娴","女","回族")
学号： 20190101002 姓名： 李沐娴 性别： 女 民族： 回族
```

在这个函数中，参数 number 和 name 是位置参数，没有默认值，在调用期间，实参必须给这两个形参传值。

另一方面，参数 gender 和 nationality 的默认值分别是"男"和"汉"。通过两次调用 student()函数可以看到，如果函数调用中实参没有传给它们值，则输出默认值；如果提供了一个值，将覆盖它们的默认值。

函数中任意数量的参数都可以有一个默认值，在调用期间是可选的。但是一旦有了一个默认参数，它右边的所有参数也必须有默认值。下面的示例说明了这一点。

```
>>> def student(gender='男',number,name,nationality='汉'):
        print("学号：",number,"姓名",name,"性别", gender, '民族', nationality)

SyntaxError: non-default argument follows default argument
```

上面代码中，默认值参数 gender 位于函数参数的第一个位置，则后面都应该是默认值参数，但在默认参数 gender 之后出现了位置参数 number 和 name，而在 Python 中是不允许默认参数出现在非默认参数之前的，因此在定义函数时就出现了异常。

3.3.4 特殊参数

由于 Python 函数参数的多样性，为了确保参数在程序中的可读性和运行效率，对参数的传递形式给出明确的标识是非常必要的。在 Python 3.8 之后，增加了特殊参数。这些特殊参数主要指：仅限位置、位置或关键字以及仅限关键字参数，这样开发者只需查看函数定义即可确定参数传递的形式。图 3.2 显示了参数可能的选项示意图。

图 3.2　函数参数形式可能选项示意图

在图 3.2 中，斜杠(/)和星号(*)是可选的。如果使用这些符号，则明确表明可以通过何种形参将参数值传递给函数：仅限位置、位置或关键字，以及仅限关键字。

1. 位置或关键字参数

位置或关键字参数已经在前面进行了介绍。如果函数定义中没有使用斜杠(/)和星号(*)进行标识，则参数可以按位置或按关键字传递给函数。

2. 仅限位置参数

在这里还可以发现更多细节，特定形参可以被标记为仅限位置。如果是仅限位置的形参，则其位置是重要的，并且该形参不能作为关键字传入。仅限位置形参要放在斜杠(/)之前。这个斜杠(/)被用来从逻辑上分隔仅限位置形参和其他形参。如果函数定义中没有斜杠(/)，则表示没有仅限位置形参。

在斜杠(/)之后的形参可以为：位置或关键字、仅限关键字。

3. 仅限关键字参数

要将形参标记为仅限关键字，即指明该形参必须以关键字参数的形式传入，应在参数列表的第一个仅限关键字形参之前放置一个星号(*)。

4. 函数中各种参数传递示例

下面示例定义了 4 个不同的函数，代码如下：

```
>>> # 第 1 个函数的定义
>>> def standard_arg(arg):
        print(arg)


>>> # 第 2 个函数的定义, 在位置参数后面加了斜杠/
>>> def pos_only_arg(arg, /):
        print(arg)
```

```
>>> # 第 3 个函数的定义，加了星号*
>>> def kwd_only_arg(*, arg):
        print(arg)
```

```
>>> # 第 4 个函数的定义，加了斜杠/和星号*
>>> def combined_example(pos_only, /, standard, *, kwd_only):
        print(pos_only, standard, kwd_only)
```

下面是对上面四个函数的调用形式的演示。

第 1 个函数 standard_arg()的调用方式采用了两种形式的参数传递：按位置和按关键字传入，代码如下：

```
>>> # 调用第 1 个函数的第 1 种形式
>>> standard_arg(2)
2
>>> # 调用第 1 个函数的第 2 种形式
>>> standard_arg(arg=2)
2
```

上面的输出结果显示，按位置和按关键字传入参数都可以实现。

第 2 个函数 pos_only_arg()的定义中带有斜杠(/)，限制仅使用位置形参，下面采用了两种方式传递参数，代码如下：

```
>>> # 调用第 2 个函数的第 1 种形式
>>> pos_only_arg(1)
1
>>> # 调用第 2 个函数的第 2 种形式
>>> pos_only_arg(arg=1)
Traceback (most recent call last):
  File "<pyshell#30>", line 1, in <module>
    pos_only_arg(arg=1)
TypeError: pos_only_arg() got some positional-only arguments passed as
keyword arguments: 'arg'
```

上面的代码显示，第 1 种采用位置参数传递可以实现，第 2 种采用关键字参数传递则发生异常，原因是在函数的定义中已经用斜杠(/)明确标识仅按位置进行参数传递。

第 3 个函数 kwd_only_args()在定义中使用星号(*)指明仅允许关键字参数，下面使用了两种调用形式，代码如下：

```
>>> # 调用第 3 个函数的第 1 种形式
>>> kwd_only_arg(3)
Traceback (most recent call last):
  File "<pyshell#32>", line 1, in <module>
    kwd_only_arg(3)
TypeError: kwd_only_arg() takes 0 positional arguments but 1 was given
>>> # 调用第 3 个函数的第 2 种形式
>>> kwd_only_arg(arg=3)
3
```

上面的输出结果显示，第 1 种调用方式采用位置参数传递参数，因为在函数的定义中已经用星号标识仅按关键字传递参数，所以发生异常；第 2 种采用关键字传递参数，符合函数定义的要求。

第 4 个函数加了斜杠(/)和星号(*)，标明传递参数时，既要按位置也要按关键字传递参数，下面采用了四种调用方式，代码如下：

```
>>> # 调用第 4 个函数的第 1 种形式
>>> combined_example(1, 2, 3)
Traceback (most recent call last):
  File "<pyshell#36>", line 1, in <module>
    combined_example(1, 2, 3)
TypeError: combined_example() takes 2 positional arguments but 3 were
given
>>> # 调用第 4 个函数的第 2 种形式
>>> combined_example(1, 2, kwd_only=3)
1 2 3
>>> # 调用第 4 个函数的第 3 种形式
>>> combined_example(1, standard=2, kwd_only=3)
1 2 3
>>> # 调用第 4 个函数的第 4 种形式
>>> combined_example(pos_only=1, standard=2, kwd_only=3)
Traceback (most recent call last):
  File "<pyshell#42>", line 1, in <module>
    combined_example(pos_only=1, standard=2, kwd_only=3)
TypeError: combined_example() got some positional-only arguments passed as
keyword arguments: 'pos_only'
```

上面的输出结果显示，第 1 种调用方式只按位置进行参数传递，因而发生了异常；第 2 种和第 3 种既有位置参数，也有关键字参数，符合函数定义的要求，因而正常；第 4 种形式全是以关键字进行参数传递，因而发生异常。

3.3.5 可变参数

可变参数列表(Arbitrary Argument List)是指可以使用任意数量的参数调用函数。这些参数会被包含在一个元组里(参见第 6 章 6.2 节元组)。在函数定义中使用特殊语法"*args"作为形参用于接收函数调用时传递的可变数量的实参。它用于传递非关键字的、可变长度的参数列表。

下面定义了一个求和的函数，使用了可变参数列表。函数参数采用*args 的语法形式，然后调用函数时传入了不同数量的参数。代码如下：

```
>>> # 可变参数列表：接收 n 个数字，求这些参数数字的和
>>> def sum(*args):
        print(type(args))
        sum = 0
        for i in args:
            sum += i
        return sum
```

```
>>> print(sum(1,2,3,4,5,6,7,8,9))
<class 'tuple'>
45
>>> print(sum(10,20,30))
<class 'tuple'>
60
```

上面示例中，函数 sum 中的参数使用*args 接受可变数量的参数。此处的星号(*)充当了打包运算符，其作用是：将接收到的所有参数打包到一个新的元组，并将整个元组赋值给变量 args。比如，在两次的函数调用中，传入了不同数量的参数。变量 args 是一种惯例，并非必须是单词 args。

在可变数量的参数之前，可能会出现零个或多个普通参数。下面的示例定义了一个函数，函数中的参数，既有普通参数，也有可变参数列表。代码如下：

```
# 定义了支持参数收集的函数
>>> def test_var_args(arg, *args):
        print("位置参数:", arg)
        for arg1 in args:
                print("可变长参数:", arg1)


>>> test_var_args(1, "two", 3,4)
位置参数: 1
可变长参数: two
可变长参数: 3
可变长参数: 4
```

一般来说，这些可变参数将在形式参数列表的末尾，因为它们收集传递给函数的所有剩余输入参数。

Python 允许个数可变的形参可以处于形参列表的任意位置(不要求是形参列表的最后一个参数)，例如以下程序：

```
>>> # 定义了支持参数收集的函数
def test(*books ,num):
    print(books)
    # books 被当成元组处理
    for b in books :
            print(b,end=" ")
            print(num,end=" ")


>>> # 调用 test()函数
>>> test("C 语言中文网", "Python 教程", num = 20)
('C 语言中文网', 'Python 教程')
C 语言中文网 20 Python 教程 20
```

正如从上面程序中所看到的，test()函数的第一个参数就是个数可变的形参，由于该参数可接收个数不等的参数值，因此如果需要给后面的参数传入参数值，则必须使用关键字参数，否则程序会把所传入的值都当成是传给 books 参数的。出现在*books 参数之后的任何形式参数都是"仅关键字参数"，也就是说它们只能作为关键字参数而不能是位置参数。

除了使用*args 定义可变长参数之外，还可以使用**kwargs 定义可变长的关键字参数，kwargs 是 keyword arguments 的缩写，表示关键字参数。它们之间的区别在于，前者将所有的变量放入 args 这个元组中，后者将所有的变量放入 kwargs 这个字典(参见第 6 章 6.3 节字典)中，kwargs 需要形参传入键对值，并且当两个参数一起出现时，*args 一定要出现在**kwargs 的前面。

下面的示例演示*args 和**kwargs 一起作为参数的调用形式，代码如下：

```
>>> def test_args_kwargs(*args,**kwargs):
        print(type(args))
        print(type(kwargs))
        for arg in args:
            print("可变长位置参数:", arg)
        for kwarg in kwargs.items():
            print("可变长关键字参数:", kwarg)


>>> test_args_kwargs(1,2,3,id='202001001',name='陆小燕',major='计算机科学')
<class 'tuple'>
<class 'dict'>
可变长位置参数: 1
可变长位置参数: 2
可变长位置参数: 3
可变长关键字参数: ('id', '202001001')
可变长关键字参数: ('name', '陆小燕')
可变长关键字参数: ('major', '计算机科学')
```

上面在定义 test_args_kwargs()函数时，由于位置参数和关键字参数的数量不确定，使用了可变长的参数，在调用该函数时，关键字参数要放在位置参数的后面，且以键值对表示。在使用 for 循环遍历字典时，使用了字典提供的 items()方法，该方法返回可遍历的键值对元组，实际上是获得参数的关键字及其对应的值组成的元组。

关于函数参数更多的知识，可访问官网：

https://docs.python.org/3.8/tutorial/controlflow.html#more-on-defining-functions。

3.4 变量作用域

在程序中定义一个变量时，这个变量是有作用范围的，变量的作用范围被称为它的作用域。换句话说，变量的作用域指的是程序代码能够访问该变量的区域，如果超过该区域，将无法访问该变量。

根据定义变量的位置和有效范围，可以将变量分为局部变量和全局变量。

扫码观看视频讲解

1. 局部变量

局部变量是指在函数内部定义并使用的变量，它只在函数内部有效。每个函数在执行时，系统都会为该函数分配一块"临时内存空间"，所有的局部变量都被保存在这块临时内存空间内。当函数执行完成后，这块内存空间就被释放了，这些局部变量也就失效了，因此离开函数之后就不能再访问局部变量了，否则解释器会抛出 NameError 错误。

下面示例定义了一个演示使用局部变量的函数。代码如下：

```
>>> def local_variable_demo():
        local_variable = "迢递三巴路，羁危万里身。"
        print(local_variable)


>>> local_variable_demo()
迢递三巴路，羁危万里身。
>>> print('局部变量 local_variable 的值为：',local_variable)
Traceback (most recent call last):
  File "<pyshell#6>", line 1, in <module>
    print('局部变量 local_variable 的值为：',local_variable)
NameError: name 'local_variable' is not defined
```

由于变量只在函数内部使用，其作用范围也仅限于当前函数里面，因此，当调用函数时，可以输出局部变量的值，但当在函数外面要输出打印局部变量 local_variable 的值时，出现异常，提示局部变量 local_variable 没有定义。

2. 全局变量

和局部变量相对应，全局变量指的是能作用于函数内外的变量，即全局变量既可以在各个函数的外部使用，也可以在各个函数的内部使用。在函数体外定义的变量，一定是全局变量，例如：

```
>>> x = "全局变量 global"
>>> def global_variable_demo():
        print("全局变量 x 的值时： ",x)


>>> global_variable_demo()
全局变量 x 的值时：　全局变量 global
>>> print("全局变量 x 的值时： ",x)
全局变量 x 的值时：　全局变量 global
```

上面示例中，x 在函数外部定义，是全局变量，可以在函数内部和函数外部使用这个变量，所以都能输出这个变量的值。

除了可以在函数外部定义全局变量，还可以在函数体内使用 global 关键字定义全局变量。代码如下：

```
>>> def text():
        global demo
        demo = "C 语言中文网"
        print("函数体内访问：",demo)


>>> text()
函数体内访问：　C 语言中文网
```

```
>>> print('函数体外访问：',demo)
函数体外访问： C语言中文网
```

注意，在使用 global 关键字修饰变量名时，不能直接给变量赋初值，否则会引起语法错误。

关键字 global 仅用于在本地上下文中更改或创建全局变量，尽管创建全局变量很少被认为是一个好的解决方案。但如果使用全局变量，则变量将在函数作用域"外部"可用，从而有效地成为全局变量。

3. 常量

常量类似于变量，但它的值一旦被设置就不能被更改。许多语言都使用规定的语法来定义常量，比如，Java 和 PHP 使用 final 定义常量。但是 Python 语言并没有使用专门的语法来定义常量。不过，在编程实践中，对于一些在程序中固定不变的值，可以模拟其他语言来使用常量。实际上，Python 本身就提供一些内置的常量，如 False、True 和 None 等。

在 Python 中使用常量，一般都采用全部大写，遇到多个单词，采用下划线连接。下面的示例演示常量的使用。

```
>>> #定义常量
>>> OS_NAME = "Linux"
>>> SYSTEM_VERSION = "2.0"
>>> print("该系统是基于",OS_NAME,"操作系统",",目前版本是",SYSTEM_VERSION)
该系统是基于 Linux 操作系统 ,目前版本是 2.0
```

3.5 递归函数

在函数内部，可以调用其他函数。如果一个函数在内部调用自身，那么这个函数就是递归函数(Recursive Function)。因此，递归函数就是调用自己本身的函数。

下面以数学上的阶乘来认识递归的概念，并使用递归函数实现计算 n 的阶乘。

高中数学上定义了阶乘的概念：一个正整数的阶乘(factorial)是所有小于及等于该数的正整数的积，并且 0 的阶乘为 1。自然数 n 的阶乘写作 n!，是指从 1，2，…，(n-1)，n 这 n 个数的连乘积，即

n! = 1 * 2 * 3 * ... * (n-1) *n = n*(n-1)!

如用函数 fact(n)表示，则为

fact(n) = n! = 1 * 2 * 3 * ... * (n-1) *n = n*(n-1)! = fact(n-1) * n

根据以上计算公式，计算 5 的阶乘。计算过程如图 3.3 所示。

计算的过程是一个递归过程。它包含递推和回归两个方面。递推由未知推出已知，比如图 3.3 中左边就是递推的过程，从最上面的未知 fact(5)到 fact(4)，由于 fact(4)结果为未知，继续从 fact(4)到 fact(3)，而 fact(3)还是未知，还要继续递推，一直到最下面的已知 fact(0)=1 为止。

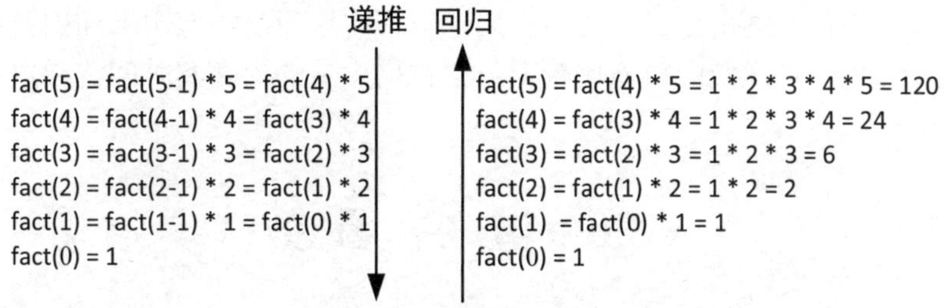

```
递推    回归

fact(5) = fact(5-1) * 5 = fact(4) * 5          fact(5) = fact(4) * 5 = 1 * 2 * 3 * 4 * 5 = 120
fact(4) = fact(4-1) * 4 = fact(3) * 4          fact(4) = fact(3) * 4 = 1 * 2 * 3 * 4 = 24
fact(3) = fact(3-1) * 3 = fact(2) * 3          fact(3) = fact(2) * 3 = 1 * 2 * 3 = 6
fact(2) = fact(2-1) * 2 = fact(1) * 2          fact(2) = fact(1) * 2 = 1 * 2 = 2
fact(1) = fact(1-1) * 1 = fact(0) * 1          fact(1) = fact(0) * 1 = 1
fact(0) = 1                                     fact(0) = 1
```

图 3.3　计算 5！的过程：递推与回归

回归是利用递推的已知条件推出未知(5!)。图 3.3 中右边从已知的结果 fact(0)开始，根据 fact(0)的结果计算出 fact(1)的值，然后根据 fact(1)的结果计算出 fact(2)的值，以此向上进行，直至计算 fact(5)的值，即最终计算出 5 的阶乘。

从上面的分析中可知，无论是递推还是回归，都是反复调用函数 fact()自身，从未知到已知，然后根据已知计算最终的结果，实现从复杂到简单逐步求解的过程，这就是递归函数的本质。

下面定义一个递归函数 fact()，计算 5 的阶乘。

```
>>> # 定义一个递归函数 fact()
>>> def fact(n):
        # 1! = 1
        if n == 1:
            return 1
        # n! = n * (n-1)!
        else:
            return n * fact(n-1)


>>> # 计算 5 的阶乘，即 5!
>>> print(fact(5))
120
```

在上面的示例中，递归函数 fact()包含"n * fact(n-1)"的语句，其中 fact(n-1)就是调用函数 fact()本身的函数，正如图 3.3 分析那样，通过递推和回归两个过程，反复调用自身，最后计算出 5 的阶乘，输出结果为 120。

根据阶乘的概念，0 或 1 的阶乘都是 1，所以当计算到 fact(1)时，就可得出 fact(1)等于 1，就是前面所说的通过递推直至到已知，这个递推结束，这个已知也称为基本条件。每个递归函数必须有一个边界条件来终止递推，否则函数将无限地调用自身。

在上面求解问题的过程中，其基本思路是将求解 n 的阶乘的过程分解成求解规模更小更简单的子问题，而且分解的子问题与原问题具有相同的特征，求解子问题的基本方法与求解整个问题所采用的方法一样，是一种通过不断重复将问题分解为同类的子问题而解决问题的方法，在计算机科学中把具有这种特征的求解算法称为递归算法，递归算法从一个复杂未知的任务逐步分解成为简单的子问题，符合事物的认知规律，因而递归算法的应用场景比较广泛。本章 3.10.3 和第 6 章 6.6.4 小节将会利用递归算法来解决汉诺塔和八皇后等问题。递归算法是计算机科学中解决问题的一种方法，而递归函数是这种算法的实现。

递归的特征是自己调用自己，因而代码一般都比较简洁，但由于递归要经过递推和回归两个过程，所以一旦递归的层次比较多，会占用大量的内存和时间，导致效率低下甚至运行缓慢。

3.6 匿 名 函 数

在 Python 中，函数是使用 def 关键字定义的，而且还有函数名称，但匿名函数 (Anonymous Function)不具有函数名称，而是使用 lambda 关键字进行定义的。因此，匿名函数也称为 lambda 函数，其语法规则如下：

```
lambda [parameter_list] : 表达式
```

对上面的语法规则说明如下。

➤ 在 lambda 关键字之后、冒号左边的是参数列表 parameter_list，可以没有参数，也可以有多个参数。如果有多个参数，则需要用逗号隔开，冒号右边是表达式。

➤ lambda 函数可以有任意数量的参数，但只能有一个表达式。表达式求值并返回。lambda 函数可以用于任何需要函数对象的地方。

下面是一个 lambda 函数的示例，它使输入值加倍，代码如下：

```
>>> # 定义一个匿名函数
>>> sum = lambda x: x * 2
>>>
>>> print(sum(10))
20
```

在上面的程序中，lambda x: x * 2 是 lambda 函数。其中 x 是参数，x * 2 是表达式，求值并返回值。这个函数没有名字。它返回一个函数对象，该对象被分配给标识符 sum。sum 可以像一个普通函数一样调用它，比如，上面代码中的 sum(10)。

在编程实践中，当需要一个无名函数时，就可以使用 lambda 函数。另外，lambda 函数还可以与内置函数一起使用，如 filter()、map()等。关于 filter()和 map()等内置函数的使用将在"3.9.2 高阶函数"中介绍。

3.7 标准库常用模块的介绍与使用(一)

Python 之所以功能如此强大，很大程度上是因为其提供了非常丰富的函数库。这些库几乎涉及编程的各个方面，其中既有 Python 内置函数和标准库，又有第三方库。

本节将首先简介 Python 标准库，然后重点介绍标准库中的内置函数，最后介绍几个常用库中的函数。关于第三方库的安装和使用将在后面章节介绍。

3.7.1 Python 标准库简介

Python 语言的标准库(Standard Library)除了包含 Python 语言"核心"中的一部分数据类型，如数字和列表之外，主要由内置函数和一系列的模块组成。它们随着 Python 解释器一起安装在 Python 中，是 Python 的组成部分，比如，前面所使用的内置函数 print、input 和 math 模块。这些标准库中的内置函数和模块是为开发者编写完成的函数库和模块文件，开发者不需要关注它们是如何实现的，可以直接使用，是编程最好的利器，能达到事半功倍的效果。

在前面的章节，已经使用了 Python 提供的一些内置函数，如 bool()、float()、help()、id()、input()、int()、print()和 type()等，这些内置函数因为是 Python 解释器自带的、不属于某个模块，因而不需要导入即可直接使用。表 3.1 列出了 Python 3.x 中的所有内置函数。

表 3.1　Python 3.x 中的内置函数

abs()	delattr()	hash()	memoryview()	set()
all()	dict()	help()	min()	setattr()
any()	dir()	hex()	next()	slice()
ascii()	divmod()	id()	object()	sorted()
bin()	enumerate()	input()	oct()	staticmethod()
bool()	eval()	int()	open()	str()
breakpoint()	exec()	isinstance()	ord()	sum()
bytearray()	filter()	issubclass()	pow()	super()
bytes()	float()	iter()	print()	tuple()
callable()	format()	len()	property()	type()
chr()	frozenset()	list()	range()	vars()
classmethod()	getattr()	locals()	repr()	zip()
compile()	globals()	map()	reversed()	__import__()
complex()	hasattr()	max()	round()	

关于表 3.1 中各个内置函数的具体功能和用法，请访问 Python 官网提供的文档 "Python 标准库" 中的 "内置函数"，其网址如下：https://docs.python.org/zh-cn/3/library/functions.html。后续也将会介绍部分内置函数的使用。

标准库最强大的地方就是涉及广泛且庞大的内置模块。它们中有的模块是用 C 语言编写并内置于 Python 解释器中，Python 程序员必须依靠它们来实现系统级功能，例如文件输入输出；有些模块提供专用于 Python 的接口，例如打印栈追踪信息；有些模块提供专用于特定操作系统的接口，例如操作特定的硬件；另一些模块则提供针对特定应用领域的接口，例如万维网。有些模块在所有更新和移植版本的 Python 中可用；另一些模块仅在底层系统支持或要求时可用；还有些模块则仅当编译和安装 Python 时选择了特定配置选项时才可用。表 3.2 列出了 Python 标准库中常用的内置模块。

对于存储在模块中的函数，必须在使用它的程序文件中导入相应模块，其导入语句为 import。该 import 语句告诉解释器包含该函数的模块的名称。例如，Python 标准库中的 math 模块。该模块包含各种数学函数。如果在程序中使用 math 模块的函数，应该在程序的顶部编写 import 语句：import math，该语句使解释器将 math 模块的内容加载到内存中，并使 math 模块中的所有函数对程序可用。

表 3.2　Python 标准库中常用的模块

序　号	模　块	说　明
1	os	文件和路径操作功能
2	sys	系统和环境相关功能
3	time	时间日期处理
4	datetime	日期处理库
5	math	数学函数库
6	random	随机数库
7	re	正则表达式功能
8	threading	线程接口
9	multiprocessing	基于进程的"线程"接口
10	json	json 库
11	hashlib	md5, sha 等 hash 算法库
12	shutil	对文件与文件夹的各种常见操作
13	logging	日志功能
14	sqlite3	SQLite 数据库连接模块
15	PyMySQL	MySQL 数据库连接模块
16	socket	socket 通信库网络通信类
17	urllib	网络请求库网络通信类

有关 Python 标准库的详细介绍请访问如下官网地址：https://docs.python.org/3/library/。

3.7.2　数学运算的 math 模块

在前面计算圆的面积时，用到了 pi，使用了数学运算 math 模块提供的常量 pi。由于该 math 模块是标准库中的，所以不用安装，可以直接使用。但在使用之前，需要使用 import math 将该模块导入程序中。

Python 标准库中的 math 模块包含用于执行数学操作的函数。表 3.3 列出了 math 模块中的主要函数和常量。这些函数通常接受一个或多个值作为参数，使用参数执行数学运算，然后返回结果。

表 3.3　math 模块中的主要函数和常量

函　数	说　明	范　例
math.e	自然常数 e	>>> math.e 2.718281828459045
math.pi	圆周率 pi	>>> math.pi 3.141592653589793
math.degrees(x)	弧度转度	>>> math.degrees(math.pi) 180.0

函 数	说 明	范 例
math.radians(x)	度转弧度	>>> math.radians(45) 0.7853981633974483
math.exp(x)	返回 e 的 x 次方	>>> math.exp(2) 7.38905609893065
math.log10(x)	返回 x 的以 10 为底的对数	>>> math.log10(2) 0.30102999566398114
math.pow(x, y)	返回 x 的 y 次方	>>> math.pow(5,3) 125.0
math.sqrt(x)	返回 x 的平方根	>>> math.sqrt(3) 1.7320508075688772
math.fabs(x)	返回 x 的绝对值	>>> math.fabs(-5) 5.0
math.fmod(x, y)	返回 x%y(取余)	>>> math.fmod(5,2) 1.0
math.factorial(x)	返回 x 的阶乘	>>> math.factorial(5) 120

下面演示 math 模块中部分内置常量和函数的用法。

```
>>> math.pi
Traceback (most recent call last):
  File "<pyshell#6>", line 1, in <module>
    math.pi
NameError: name 'math' is not defined
>>> import math
>>> math.pi
3.141592653589793
>>> math.e
2.718281828459045
>>> math.factorial(4)
24
>>> math.pow(2,3)
8.0
>>> math.log(4)
1.3862943611198906
```

从上面可知，第 1 个 math.pi 由于没有导入 math 模块，因而产生异常。在使用内置模块之前必须导入相应的模块，导入语句为 import math。

3.7.3 随机数 random 模块

在第 2 章石头剪刀布的游戏中，使用 random 模块的 randint(1,3)函数随机产生代表石头剪刀布的数字 1、2 和 3，然后和用户输入的数字进行比较来判断游戏的输赢。除了

randint 函数之外，random 模块提供的 randrange()、random()和 uniform()函数也可以生成随机数，另外，它还提供了 random.seed()函数用于改变随机数生成器的种子。当然，和石头剪刀布的程序一样，在使用 random 模块之前，必须在程序中使用 import 语句导入该模块，即 import random。

下面分别介绍这些函数的用法。

1. randrange()函数

假如要生成 0 到 9 之间的随机数，就可以使用 randrange()函数来实现。代码如下：

```
>>> import random
>>> print(random.randrange(10))
8
>>> print(random.randrange(10))
0
>>> print(random.randrange(10))
5
```

调用了三次 random.randrange(10) 函数，但产生的随机数都不一样，实际上，randrange(10)函数默认的起始值是 0，结束值是 10，产生的随机数位于包含 0 但不包含 10 之间的数，即[0,10)。

下面的语句指定了序列的起始值和结束值：

```
>>> import random
>>> print(random.randrange(5,10))
9
>>> print(random.randrange(5,10))
5
>>> print(random.randrange(5,10))
6
```

执行上面的语句时，将为 number 分配一个范围为 5 到 9 的随机数。下面的语句指定了一个起始值、一个结束值和一个步长值，代码如下：

```
>>> import random
>>> print(random.randrange(0, 101, 10))
30
>>> print(random.randrange(0, 101, 10))
90
>>> print(random.randrange(0, 101, 10))
40
```

执行上面的语句后，随机产生一个 0 到 100 的随机数，但不包含 101，即[0, 10, 20, 30, 40, 50, 60, 70, 80, 90, 100]。

randrange 函数一般的语法规则如下：

```
random.randrange ([start,] stop [,step])
```

参数的含义如下。

➢ start：指定范围内的开始值，包含在范围内，可选。
➢ stop：指定范围内的结束值，不包含在范围内。

> step：指定递增基数，可选。

函数的返回值是从给定范围内产生的一个随机数。

2. random()函数

randint()和 randrange()函数都返回一个整数。而 random()函数可以返回一个随机浮点数。若 random()函数没有参数，则调用它时，它会返回一个范围从 0.0 到 1.0(但不包括 1.0)的随机浮点数，示例如下：

```
>>> print(random.random())
0.9203894554684554
>>> print(random.random())
0.03522724841571401
>>> print(random.random())
0.2873128712764579
```

3. uniform()函数

uniform()函数也可以返回一个随机浮点数，但允许指定值的选择范围。例如，生成 10.5 到 25.5 之间的随机浮点数，其示例代码如下：

```
>>> print(random.uniform(10.5, 25.5))
18.203585396766258
>>> print(random.uniform(10.5, 25.5))
12.181031098293532
```

执行以上语句，函数都返回一个 10.5 到 25.5 之间的随机浮点数。

4. random.seed()函数

随机模块 random 中的 seed()函数用于改变随机数生成器的种子，可以在调用其他随机模块函数之前调用此函数。在 random 模块中是使用种子值作为基础来生成随机数。默认情况下，以当前系统时间作为种子值。random.seed ()函数的语法形式如下：

```
random.seed(a=None, version=2)
```

其中，两个参数都是可选参数，含义如下。

> a 是种子值。如果 a 值为 None，则默认使用当前系统时间。如果种子值的类型是整数，则按原样使用。
> 版本 2 是默认版本。在这个版本中，字符串、字节或字节数组对象被转换为 int 类型。

如果希望每次生成相同的数字，则需要在调用随机模块函数之前每次使用 seed()函数传递相同的种子值，比如：

```
>>> random.seed(30)
>>> print ("以 30 为种子数的第一个随机数: ", random.randint(25,50))
以 30 为种子数的第一个随机数:  42
>>> random.seed(30)
>>> print ("以 30 为种子数的第二个随机数: ", random.randint(25,50))
以 30 为种子数的第二个随机数:  42
```

```
>>> random.seed(30)
>>> print ("以 30 为种子数的第三个随机数: ", random.randint(25,50))
以 30 为种子数的第三个随机数: 42
```

由于每次调用 random.randint()之前都传递了相同的种子值 30，所以得到的随机数都是相同的结果 42。

如果使用 random.seed()设置了种子值，然后不断调用 random.randint()函数，则会产生不同的随机数，比如：

```
>>> random.seed(30)
>>> print ("以 30 为种子数的第一个随机数: ", random.randint(25,50))
以 30 为种子数的第一个随机数: 42
>>> print ("未执行 seed(30)产生的随机数: ", random.randint(25,50))
未执行 seed(30)产生的随机数: 50
>>> random.seed(30)
>>> print ("以 30 为种子数的第二个随机数: ", random.randint(25,50))
以 30 为种子数的第二个随机数: 42
```

从上面的代码可以看到，第一次使用 random.seed()函数设置种子值 30 后，连续执行 random.randint()函数两次，产生的随机数分别是 42 和 50，是不同的。实际上，第二次执行 random.randint()函数时，是使用 42 作为种子值的。第二次使用 random.seed()函数又重新设置种子值 30 后，第三次执行 random.randint()函数后，产生的随机数是 42。

程序清单 3.2 演示了生成一个包含字母和数字的 6 位随机验证码的过程。

程序清单 3.2   verification.py

```
1.  """ 生成一个包含字母和数字的 6 位随机验证码"""
2.  import random
3.
4.
5.  def verification_code():
6.      code = ''
7.      for i in range(6):  # 循环 6 次输出 6 个字符
8.          index = random.randrange(0, 6)
9.          if index != i and index + 1 != i:
10.             code += chr(random.randint(97, 122))  # 小写字母 ASCII 值
11.         elif index + 1 == i:
12.             code += chr(random.randint(65, 90))   # 大写字母 ASCII 值
13.         else:
14.             code += str(random.randint(0, 9))   # 随机输出数字
15.     return code
16.
17.
18. if __name__ == '__main__':
19.     print("产生的验证码为: ", verification_code())
```

程序清单 3.2 中第 10、12 和 14 行中的 chr()函数是 Python 的内置函数，其作用是将 ASCII 值转换为相对应的字符。

运行程序清单 3.2，输出结果如下：

产生的验证码为: 0px15r

3.7.4 时间 time 模块

时间 time 模块是 Python 标准库中的内置模块。该模块主要调用了底层 C 语言库中与时间相关的函数，可以用于获取当前时间和日期、处理器运行时间、从字符串中读取日期、将日期格式化为字符串。

在 time 模块中，时间可以有如下 3 种表现形式。

➢ 时间戳：一般指 Unix 时间戳，是从 1970 年 1 月 1 日 00:00:00 开始到现在的秒数，是一个 float 类型，如 1607049000.867389。

➢ 元组类型的时间：时间以一个长度为 9 个整数的元组表示。表 3.4 列出了元组中 9 个整数的含义。例如，元组(2020, 12, 4, 10, 30, 22, 4, 339, 0)，表示 2020 年 12 月 4 日 10 时 30 分 22 秒，星期五，2020 年的第 339 天。

➢ 字符串时间：以字符串的形式表示时间，如：Fri Dec 4 10:30:07 2020。

下面的示例分别演示了这 3 种时间表示的形式，代码如下：

```
>>> import time        # 导入 time 时间模块
>>> # 时间戳
>>> time.time()
1607049000.867389
>>> # 元组类型的时间
>>> time.localtime()
time.struct_time(tm_year=2020, tm_mon=12, tm_mday=4, tm_hour=10, tm_min=30,
tm_sec=22, tm_wday=4, tm_yday=339, tm_isdst=0)
>>> # 字符串时间
>>> time.ctime()
'Fri Dec  4 10:30:07 2020'
```

在使用时间 time 模块时，一定要导入该模块。

上面代码中的 time()、localtime()和 time.ctime()函数都能获取系统的当前时间，其中 time() 获取当前时间戳，localtime()获取以 struct_time 对象表示的当前时间，即元组类型表示的时间，ctime()获取当前时间的字符串形式。

表 3.4 Python 时间日期元组中的字段

索 引	属 性	含 义	值
0	tm_year	年	例如：2019、2020 等
1	tm_mon	月	范围 1~12 即 range [1, 12]
2	tm_mday	日	范围 1~31 即 range [1, 31]
3	tm_hour	时	范围 0~23 即 range [0, 23]
4	tm_min	分	范围 0~59 即 range [0, 59]
5	tm_sec	秒	范围 0~61 即 range [0, 61]
6	tm_wday	星期	范围 0~6 即 range [0, 6]，星期一为 0
7	tm_yday	天	范围 1~366 即 range [1, 366]
8	tm_isdst	夏令时	0，1 或 -1

表 3.4 中，秒的取值范围为 0~61，这考虑到了闰一秒和闰两秒的情况。夏令时数字是一个布尔值(True 或 False)，如果使用-1，表示不确定是否是夏令时，可以用 mktime()函数判断当前系统设置是否是夏令时。

下面通过一些示例来说明 time 模块常用函数的用法。

1. 各种时间形式之间的转换

时间戳表示的是一串数字，难以理解，可以使用 time.localtime()函数将其转换为元组类时间，代码如下：

```
>>> import time        # 导入time时间模块
>>> time_stamp = time.time()              # 时间戳
>>> time_stamp
1607052872.2931716
>>> local_time = time.localtime(time_stamp)  # 时间戳转元组本地时间
>>> local_time
time.struct_time(tm_year=2020, tm_mon=12, tm_mday=4, tm_hour=11, tm_min=34,
tm_sec=32, tm_wday=4, tm_yday=339, tm_isdst=0)
```

函数 localtime(time_stamp)以时间戳为参数，转换为元组类型的时间。上面代码中的 struct_time 是一个结构体类型，实际上是一个对象。关于对象的知识将在第 4 章介绍。

时间 time 模块提供 ctime()和 asctime()函数可以将时间戳和元组表示的时间转换为字符串格式的时间，代码如下：

```
>>> print(time.ctime(time_stamp))        # 时间戳转字符串
Fri Dec  4 11:34:32 2020
>>> print(time.asctime(local_time))        # 元组表示的时间转字符串
Fri Dec  4 11:34:32 2020
```

函数 ctime(time_stamp)将时间戳作为参数返回字符串格式表示的时间，asctime(local_time)将时间元组转换为字符串。

函数 mktime(t)能将元组本地时间转换为一个时间戳的浮点数，可以看作是 localtime() 的逆函数，其参数是 struct_time 或完整的 9 元组，示例代码如下：

```
>>> local_time = time.localtime()
>>> local_time
time.struct_time(tm_year=2020, tm_mon=12, tm_mday=5, tm_hour=10, tm_min=45,
tm_sec=16, tm_wday=5, tm_yday=340, tm_isdst=0)
>>> secs = time.mktime(local_time)
>>> print("time.mktime(local_time) : %f" % secs)
time.mktime(local_time) : 1607136316.000000
>>> print("asctime(localtime(secs)): %s" %
time.asctime(time.localtime(secs)))
asctime(localtime(secs)): Sat Dec  5 10:45:16 2020
```

2. 解析和格式化时间

可以使用 time.strftime()函数将时间戳和元组表示的时间解析和格式化为更容易理解的时间格式，其函数的语法形式如下：

```
time.strftime(format[, t])
```

其中各参数介绍如下。

➤ 参数 format：格式字符串，其取值如表 3.5 所示。
➤ 参数 t：可选的参数 t 是一个 struct_time 对象。

表 3.5　格式化字符串 format 的取值表

指　令	意　义	示　例
%a	星期的缩写	Sun、Mon、Web
%A	星期的完整名称	Sunday、Monday
%b	月份的缩写	Jan、Feb
%B	月份的全写	January、February
%d	补零后，以十进制数显示的月份中的一天	01、02、31
%m	2 个数字表示的月份	01、02、12
%y	2 个数字表示的年份	00、01、99
%Y	4 个数字表示的年份	0001、2020、9999
%H	24 小时制	00、01、23
%I	12 小时制	01、02、12
%p	本地化的 AM 或 PM	AM、PM
%M	补零后，以十进制数显示的分钟	00、01、59
%S	补零后，以十进制数显示的秒	00、01、59
%f	以十进制数表示的微秒，在左侧补零	000000、999999

下面使用 strftime()函数将时间戳和元组表示的时间格式化为更容易理解的时间格式，如：2020-12-04, 11:34:32, 5。其代码如下：

```
>>> print(time.strftime("%Y-%m-%d, %H:%M:%S, %w", local_time))
2020-12-04, 11:34:32, 5
>>> time. strftime("%Y-%m-%d %H:%M", time.localtime(time_stamp))
'2020-12-04 11:34'
```

除了使用 strftime()函数格式化时间之外，还可以使用 time.strptime()格式化时间，其语法形式如下：

```
time.strptime(string[, format])
```

该函数接收的是时间的字符串，返回值是一个 struct_time 对象，其 format 参数的使用与 strftime()函数相同。string 和 format 都必须是字符串。

下面代码演示了 strptime()函数的用法：

```
>>> def show_struct(s):
        print(f"年:", s.tm_year)
        print(f"月:", s.tm_mon)
        print(f"日:", s.tm_mday)
```

```
print(f"这一周的第几天，从 0 开始，0 是周一:", s.tm_wday)
print(f"这一年的第几天:", s.tm_yday)
print(f"是否是夏令时:", s.tm_isdst)
```

```
>>> now = time.ctime(time.time())
>>> parsed = time.strptime(now)
>>> # 调用 show_struct()函数
>>> show_struct(parsed)
年: 2020
月: 12
日: 4
这一周的第几天，从 0 开始，0 是周一: 4
这一年的第几天: 339
是否是夏令时: -1
```

3. 计算程序的运行时间

在编程实践中，为了判断程序执行的效率，程序运行的时间是一个非常直观的量化指标。可以使用 time()函数返回的时间戳进行比较来实现，方法是程序开始的时候取一次时间戳保存到一个变量中，在程序结束之后再取一次时间戳保存到另一个变量中，程序结束时间与开始的时间戳相减即可计算程序运行的时间，示例代码如下:

```
>>> def run():
        start = time.time()
        for i in range(10):
            j = i * 2
            for k in range(j):
                t = k
                print(t)
                end = time.time()
                print("程序运行的时间是: {}秒".format(end - start))
```

```
>>> # 调用 run()函数
>>> run()
...
程序运行的时间是: 1.3398473262786865 秒
```

除了 time()函数可以用于计算程序运行时间之外，Python 3.8 还可使用 perf_counter()和 process_time()两个函数代替 clock()函数计数和计算 CPU 的运行时间。

函数 perf_counter()返回计数器以小数秒(fractional seconds)为单位的浮点数。它用在测试代码运行时间上，具有较高的精度。使用 perf_counter()函数时会包含 sleep()休眠时间。

函数 process_time()返回系统当前进程和用户 CPU 时间总和的以小数秒(fractional seconds)为单位的浮点数，也用在测试代码运行时间上，它不包括休眠时间。

下面用 perf_counter()函数修改上面的函数，来计算函数运行时间:

```
>>> def run():
        start = time.perf_counter()
        for i in range(10):
```

```
        j = i * 2
        for k in range(j):
            t = k
            print(t)

        end = time.perf_counter()
        print("程序运行的时间是: {}秒".format(end - start))
```

```
>>> run()…
程序运行的时间是: 1.3885255999994115 秒
```

函数 process_time()的使用与 perf_counter()类似，不再赘述。

4. 使用 sleep()函数让程序处于休眠时间状态

时间 time 模块提供 sleep()函数让线程处于休眠状态。通过传入参数 secs，单位为秒数，可以让程序在 secs 秒中处于挂起的状态，示例代码如下：

```
>>> message = "大鹏一日同风起，扶摇直上九万里。"
>>> for i in message:
        print(i,end='')
        time.sleep(1)
```

大鹏一日同风起，扶摇直上九万里。

上面输出诗词时，每个字都要间隔 1 秒后输出。实际上，函数 sleep()主要用于多线程编程。

关于 time 模块更多的函数，请读者访问官网：https://docs.python.org/3.8/library/time.html。

3.8　模块和 import 语句

前面多次提到了模块的概念，并介绍了关于数学运算和随机数等几个常用的内置模块，也知道要使用这些内置模块，需要使用 import 语句进行导入。本节在此基础上，继续探讨模块的定义与使用，以及在组织程序中的作用。

3.8.1　模块的定义及其作用

模块是一个由变量、函数和类等组成的文件，其文件的扩展名通常是.py。根据模块的提供者不同，可以将模块分为标准库中的模块、第三方模块和用户自己编写的模块。

扫码观看视频讲解

在软件开发过程中，面对大型而复杂的程序时，会将程序划分为各个执行特定任务的函数。随着程序的功能越来越复杂，代码量也会越来越大，定义的函数也会越来越多，此时，如何组织程序和管理这些函数就是需要考虑的问题了。而 Python 提供的模块是解决这类问题最有效的手段。通过模块将相关的变量、函数和类等有逻辑地组织在一起，不仅让程序功能和逻辑结构更加清晰，使程序更容易理解、测试和维护，而且这些模块还能供其他模块或程序调用，提高了编程效率。这种程序设计的方法也常称为模块法，也就是前面提到的面向过程的程序设计方法。

在前面"2.9.3 数的平均值、最大值、最小值和方差"小节中，程序清单 2.10 是一个关于求数的平均值、最大值、最小值、极差和方差等数学统计方面的程序。下面使用函数和模块的思想对该程序进行改写，实现代码的重用。另外，由于这些函数都是关于数学统计方法的函数，可以通过定义一个模块文件将所有涉及数学统计方面的函数都放入这个模块文件中，以便后面调用时重用。

程序清单 3.3 将求数的平均值、最大值、最小值、极差和方差都设计为函数，放在一个模块文件中，取名为 my_statistics.py，模块名为 my_statistics，以区别于 Python 的内置模块 statistics 数学统计函数。

程序清单 3.3 my_statistics.py

```
1.  """ 自定义数学统计函数：求数的平均值、最大值、最小值、极差和方差 """
2.
3.
4.  def average(list):
5.      """ 计算平均值 """
6.
7.      sum = 0
8.      for item in list:
9.          sum += item
10.         average = sum / len(list)
11.
12.     return average
13.
14.
15. def max(list):
16.     """ 最大值"""
17.
18.     my_list = bubble_sort(list)
19.     max = my_list[len(list) - 1]
20.     return max
21.
22.
23. def mix(list):
24.     """ 最小值"""
25.
26.     my_list = []
27.     my_list = bubble_sort(list)
28.     return my_list[0]
29.
30.
31. def calc_range(list):
32.     """极差"""
33.
34.     my_list = []
```

```
35.     my_list = bubble_sort(list)
36.     range = my_list[len(list) - 1] - my_list[0]
37.     return range
38.
39.
40. def variance(list):
41.     """ 求这五个数的公差"""
42.
43.     s = 0
44.     for i in list:
45.         s += (i - average(list)) ** 2
46.         variance = s / len(list);
47.
48.     return variance
49.
50.
51. def bubble_sort(list):
52.     # 计算列表元素有多少, 从 0 开始算, 所以填-1
53.     count = len(list) - 1
54.
55.     for i in range(count, 0, -1):
56.         for j in range(i):
57.             if list[j] > list[j + 1]:
58.                 list[j], list[j + 1] = list[j + 1], list[j]
59.
60.     return list
```

3.8.2　模块的导入

扫码观看视频讲解

模块不仅可以让一些相关的变量、函数、类等有逻辑地组织在一起, 让逻辑结构更加清晰, 更重要的是, 它还可重用, 通过导入模块, 模块中的变量、函数和类等可供其他模块或程序调用。

上一小节定义了模块文件 my_statistics.py, 要在其他程序中调用这个模块中的函数, 可以像前面使用内置模块一样, 使用 import 语句导入模块, 比如:

```
import my_statistics
```

通过这个导入语句, 其他程序就可以使用 my_statistics 中的函数了。

程序清单 3.4 显示了使用 my_statistics 模块的完整程序。

程序清单 3.4　test.py

```
1.  """ 演示模块导入 """
2.  import my_statistics    # 导入自编的数学统计模块
3.
4.  if __name__ == '__main__':
5.      list = [87, 93, 75, 67, 57]    # 定义一个列表
6.
7.      print("这五个数的平均值是: ", my_statistics.average(list))
8.      print("这五个数的公差是: ", my_statistics.variance(list))
```

```
9.       print("这五个数的最大值是: ", my_statistics.max(list))
10.      print("这五个数的最小值是: ", my_statistics.mix(list))
11.      print("这五个数的极差是: ", my_statistics.calc_range(list))
```

程序清单 3.4 说明如下。

第 2 行: 导入自编的数学统计模块, 也就是程序清单 3.3my_statistics.py。

第 7 行: 调用 my_statistics 模块文件中的求平均值的函数 average(list), 函数的参数传入的是列表, 使用的是点号访问符。

第 8 ~ 11 行: 与第 7 行的含义一样, 使用点号访问符分别调用 my_statistics 模块文件中的求公差、最大值、最小值和极差的函数 variance(list)、max(list)、mix(list) 和 calc_range(list)。

运行程序清单 3.4, 结果如下:

```
这五个数的平均值是: 75.8
这五个数的公差是: 170.56
这五个数的最大值是: 93
这五个数的最小值是: 57
这五个数的极差是: 36
```

通过自编模块的定义和导入, 以及前面内置模块的使用, 模块在编程实践中具有很多优点, 有利于多人开发, 使代码更加易于维护, 可以提高代码的复用率, 而且模块化编程有助于解决函数名和变量名冲突问题。

3.8.3 模块导入语句 import 的几种形式

扫码观看视频讲解

前面使用 import 语句导入模块是最基本的语法形式, 其完整的语法形式如下:

```
import 模块名1 [as 模块新名1], 模块名2[as 模块新名2], ....
```

该语句的作用是将一个模块整体导入当前模块中, 其中 as 是可选的, 当模块名 1 比较长时, 可以使用 as 将其命名为一个更简短的模块名。比如, 将上面的 my_statistics 命名为一个更简短的名称, 假如命名为 st, 则代码如下:

```
import my_statistics as st
```

一旦改为 st, 则在调用模块的函数时, 相应地也要将 my_statistics 改为 st, 比如:

```
print("这五个数的平均值是: ", st.average(list))
```

实际上, as 是相当于给模块起了一个别名, 此时调用函数时, 使用的是: 别名.函数名。

模块的导入还可以使用语句 from import, 其语法形式为:

```
from 模块名 import 属性名 [as 属性别名1], 函数名2 [as 函数别名2]
```

其作用是将某模块的属性或函数导入当前模块, 比如:

```
from my_statistics import average

print("这五个数的平均值是: ", average(list))
```

模块的导入还可以使用语句 from import *，其语法形式为：

```
from 模块名 import *
```

其作用是将某模块的所有属性或函数导入当前的模块，比如：

```
from my_statistics import *
print("这五个数的平均值是: ", average(list))
print("这五个数的公差是: ", variance(list))
```

扫码观看视频讲解

3.8.4　使用__name__运行程序

程序设计语言在运行时，一般提供了程序的入口，如 C、C++、Java 和 C#等语言，它们要么采用 main()函数，要么采用 Main()方法作为整个软件和程序的入口。但 Python 没有这样的程序入口，所以当将运行 Python 程序的命令交给解释器时，将按照顺序一行一行地执行代码。由于 Python 可以非常灵活地使用外部的模块和包，一个 Python 文件可以作为脚本直接执行，这个文件还可以使用 import 语句导入其他 Python 文件中被调用执行。如何保证程序始终执行当前文件，并按开发者的设计逻辑正常开展程序的运行，是一个非常关键的问题。

Python 提供了"if __name__ == '__main__'"语句的解决方案。这里的__name__是一个内置的特殊变量，用于定位和显示当前模块的名称，而__main__是顶层代码执行环境的名字。当一个模块从标准输入、脚本或者解释器提示行中被读取时，模块的__name__属性被设置成__main__。也就是说，如果源文件是作为主程序执行的，解释器就会设置变量"__name__"的值为"__main__"。如果这个文件是从另一个模块导入的，那么__name__ 将被设置为模块的名称。因此，可以使用它来检查当前脚本是作为程序的入口还是作为模块运行的。

下面在 PyCharm 中新建两个文件 file1 和 file2，其中将 file 模块导入 file2 中。程序清单 3.5 是 file1.py 的代码。

程序清单 3.5　file1.py

```
1.  """ 演示程序运行入口  """
2.  print("模块 file1 的__name__ = %s" % __name__)
3.
4.
5.  def file1_output():
6.      print("执行模块 file1 中的函数 file1_output()。")
7.
8.
9.  if __name__ == "__main__":
10.     file1_output()
11.     print("模块 file1 直接运行...")
12. else:
13.     file1_output()
14.     print("模块 file1 被导入...")
```

直接运行程序清单 3.5，输出结果如下：

模块 file1 的 `__name__` = `__main__`
执行模块 file1 中的函数 file1_output()。
模块 file1 直接运行...

因为是直接运行，所以 `__name__` 等于 `__main__`，即为程序的入口。
程序清单 3.6 是 file2.py 的代码。

程序清单 3.6　file2.py

```
1.  """ 演示程序运行入口 """
2.  import file1          #导入模块 file1
3.
4.  print("模块 file2 的__name__ = %s" % __name__)
5.
6.
7.  def file2_output():
8.      file1.file1_output()
9.      print("执行模块 file2 中的函数 file2_output()。")
10.
11.
12. if __name__ == "__main__":
13.     file2_output()
14.     print("模块 file2 直接运行...")
15. else:
16.     file2_output()
17.     print("模块 file2 被导入...")
```

直接运行程序清单 3.6，输出结果如下：

模块 file1 的 `__name__` = file1
执行模块 file1 中的函数 file1_output()。
模块 file1 被导入...
模块 file2 的 `__name__` = `__main__`
执行模块 file1 中的函数 file1_output()。
执行模块 file2 中的函数 file2_output()。
模块 file2 直接运行...

从上面的输出结果可以看到，导入的模块 file1 的 `__name__` 等于模块名 file1，而不再是 `__main__`。当前直接运行的模块 file2 的 `__name__` 等于模块名 `__main__`，即为程序的入口。

通过上面两个程序的分析，可以得出使用 "if `__name__` == '`__main__`'"，可以保证当前运行的模块始终处于程序的入口，其他导入的模块作为程序的一部分，达到了其他编程语言使用 main()函数或 Main()方法的程序只有一个入口的效果。

3.9　Python 函数进一步探讨

Python 中的函数相比于其他编程语言，还有一些独具特色的函数，如嵌套函数、高阶函数和函数生成器等。本节将围绕这些进行探讨。

3.9.1　嵌套函数

Python 允许在函数里面再定义函数，称为嵌套函数(nested function)。

下面的示例定义了一个问候的函数 greeting()，在这个函数中又定义了说问候语的函数 get_greeting()，代码如下：

```
>>> def greeting(name, message):
        # 定义一个嵌套函数
        def get_greeting():
            return name + ": " + message
        print("嗨，你好！" + get_greeting())

>>> greeting('赵小龙', '今天上午干什么？')
嗨，你好！赵小龙: 今天上午干什么？
```

在上面的代码中，定义了一个最外面的函数(外部函数)greeting()，在这个外部函数的里面又定义了 get_greeting()(内部函数)。从执行的结果可以看到，在外部函数中能调用内部函数，内部函数 get_greeting()可以访问外部函数 greeting()的两个参数 name 和 message，但不能修改它们。从外部函数和内部函数的业务逻辑来看，内部函数相当于是外部函数的一个小助手。

在外部函数的外面能否访问内部函数呢？下面尝试在 greeting()函数的外部调用内部函数，代码如下：

```
>>> get_greeting()
Traceback (most recent call last):
  File "<pyshell#14>", line 1, in <module>
    get_greeting()
NameError: name 'get_greeting' is not defined
```

在上面的代码中，当尝试从 greeting()函数的外面调用 get_greeting()函数时，发生了异常错误，提示为：NameError: name 'get_greeting' is not defined，说明不能调用内部函数，这样内部函数实现了对数据的封装和隐藏，这也是有嵌套函数的主要原因。总之，使用嵌套函数可以实现外部函数访问内部函数，但在嵌套函数之外，是不能访问内部函数的，实现了数据的封装。

3.9.2　高阶函数

高阶函数(higher-order function)是指接收函数为参数或者把函数作为结果返回的函数。具体来说，满足下面两个条件之一的，即可称之为高阶函数。

➢　把一个函数名当作一个实参，传给另外一个函数。

➢　返回值中包含函数名(不修改函数的调用方式)。

下面是一个高阶函数的示例，代码如下：

```
>>> # 将函数作为另一个函数的参数
>>> def sum(n,func):
        total = 0
```

```
        for num in range(1,n+1):
            total += func(num)
        return total

>>> def square(x):
    return x*x

>>> print(sum(3,square))
14
```

上面的代码中定义了两个函数 sum()和 square()，第 1 个函数是求和，第 2 个函数是计算数的平方。在调用 sum(3,square)函数时，将函数名称 square 作为 sum()函数的参数传给func，并参与求和的计算过程。这里 sum()就是高阶函数。

高阶函数还可以是把函数作为结果返回给函数，示例代码如下：

```
>>> from random import choice
>>> def make_laugh_func():
        def get_laugh():
            laughter = choice(('哈哈','嘎嘎','嘻嘻'))
            return laughter
        return get_laugh

>>> laugh = make_laugh_func()
>>> print(laugh())
嘻嘻
>>> print(laugh())
嘻嘻
>>> print(laugh())
嘻嘻
```

上面代码中，函数 make_laugh_func()作为结果返回给 laugh，实际上让 laugh 指向了make_laugh_func()函数，经过赋值语句之后，变量名 laugh 也是函数，因而打印时直接调用 laugh()函数输出结果。

Python 内置了若干高阶函数，主要有 map、filter、reduce 和 zip。下面分别简介如下。

1. map()

高阶函数 map()已经是内置函数，主要用于求一个序列或者多个序列进行函数映射之后的值，其语法形式如下：

```
map(function,iterable1,iterable2)
```

其中，function 中的参数值可以是一个，也可以是多个；后面的 iterable 代表 function运算中的参数值，有几个参数值就传入几个 iterable。示例代码如下：

```
>>> x = [2,4,6,8,10]
>>> y = [1,3,5,7,9]
>>> def sum(x,y):
        return x * y +2

>>> my_list = list(map(sum,x,y))
```

```
>>> my_list
[4, 14, 32, 58, 92]
>>> y1 = [1,3,5]
>>> my_list1 = list(map(sum,x,y1))
>>>
>>> my_list1
[4, 14, 32]
```

上面代码中创建了两个列表 x 和 y，经过 map 映射计算，使用 list()函数将 map 映射的值转换为两个列表 my_list 和 my_list1。在使用 map()函数时，如果传入的序列长度不一，依据最短的序列计算。

2. filter()

高阶函数 filter()也是内置函数，主要的功能是过滤掉序列中不符合函数条件的元素，其语法形式如下：

```
filter(function,sequence)
```

其中，function 可以是匿名函数或者自定义函数，它会对后面的 sequence 序列的每个元素判定是否符合函数条件，返回 True 或者 False，只留下 True 的元素；sequence 可以是列表、元组或者字符串。

下面的示例输出列表中的偶数，代码如下：

```
>>> x = [1,2,3,4,5,6,7,8,9]
>>> y = filter(lambda x:x%2 ==0,x)
>>> y
<filter object at 0x0000020F01F21108>
>>> print(list(y))
[2, 4, 6, 8]
```

3. zip()

高阶函数 zip()也是内置函数，主要用于将可迭代对象作为参数，将对象中对应的元素打包成一个个元组，然后返回由这些元组组成的对象。其语法形式如下：

```
zip(iterable1,iterable2,…)
```

其中，iterable 表示一个或多个可迭代对象，如字符串、列表、元组和字典，其返回的是一个对象，如果想要得到列表，可以用 list()函数进行转换。

下面的示例定义了两个列表，使用 zip()函数将两个列表中对应的元素打包成一个个元组，然后返回由这些元组组成的列表，代码如下：

```
>>> x = [1,2,3,4,5,6,7,8,9]
>>> y = [10,20,30,40,50,60]
>>> my_list = list(zip(x,y))
>>> my_list
[(1, 10), (2, 20), (3, 30), (4, 40), (5, 50), (6, 60)]
```

两个列表中的元素个数不一致，以最短的列表 y 的长度输出。

在 Python 新的版本中，由于引入了后面要介绍的列表推导式等，可以替代 map、filter

这两个函数的功能，而且更易于阅读，因而 map 和 filter 的使用也变得没有那么重要了。

3.9.3　生成器函数

Python 中提供了一个 yield 语句或 yield 表达式，两者从语义上是等效的。该表达式一般只能在函数定义的内部使用，在一个函数体内使用 yield 表达式会使这个函数变成一个生成器，常称为生成器函数。

当一个生成器函数被调用的时候，生成器函数开始执行。执行到第一个 yield 表达式，yield 语句会挂起函数的执行，并将一个值返回给调用者，但是会保留足够的状态，使函数能够在中断的地方继续执行。当恢复时，函数会在最后一次运行 yield 之后立即继续执行。这允许它的代码随着时间的推移生成一系列值，而不是立即计算它们，然后像列表一样将它们发送回来。

下面用一个非常简单的示例来说明生成器函数，代码如下：

```
>>> def generator_func():
        yield 1
        yield 2
        yield 3


>>> for value in generator_func():
        print("生成器产生的值: ",value)


生成器产生的值:  1
生成器产生的值:  2
生成器产生的值:  3
```

上面的代码定义了一个简单的函数 generator_func()，放置了 3 个 yield 表达式。由于函数内部存在 yield 语句，所以这个简单的函数是一个生成器函数，是一个可迭代的对象。使用 for 循环进行迭代，逐项地读取这个可迭代对象。

当调用这个生成器函数时，执行 yield 1 表达式，该函数挂起，将值"1"返回给调用者，打印输出 1，此时，函数所处的状态都被保留下来，具体包括局部变量的当前绑定、指令指针、内部求值栈和任何异常处理的状态，其目的是使函数能够在挂起中断的地方恢复继续执行。

再次调用这个生成器函数，执行时从 yield 1 的下一个语句继续执行，也就是执行 yield 2，将值"2"返回给调用者，打印输出 2。

继续调用这个生成器函数，执行到最后一个 yield 3，打印输出 3，直到没有可以执行的语句为止。

生成器函数虽然仍按函数的流程执行，但每执行到一个 yield 语句就会中断，并返回一个迭代值，下次执行时从 yield 的下一个语句继续执行。看起来就好像一个函数在正常执行的过程中被 yield 中断了数次，每次中断都会通过 yield 语句返回当前的迭代值。

生成器函数的整个执行过程会经过中断挂起、返回调用者、保留和恢复中断时的状态等几个过程，直至执行到最后一个 yield 3，打印输出 3，此时通过这个生成器函数生成了

1、2、3 的数字，这就是整个生成器函数执行的过程。

从整个执行的过程看，yield 语句与 return 有点类似，都能将指定的值返回给它的调用者，但 return 语句将值返回调用者后，程序就执行完成，而 yield 与 return 不同，它会让函数经历中断挂起、返回、保留和恢复等几个过程，然后生成一系列的值。这就是生成器函数的本质和特点。

生成器函数的优势是显而易见的。当把一个函数改写为一个生成器函数时就获得了迭代的能力；另外，当想创建或遍历一个序列，但又不想在内存中存储整个序列时，使用 yield 表达式构成的生成器函数，不仅代码简洁，而且执行效率高。

程序清单 3.7 定义了生成器函数 infinite_sequence()生成 0~5000 的序列，使用生成器函数的 next()函数产生数字序列，调用生成器函数打印输出 0~5000 的序列。

程序清单 3.7　sequence.py

```
1.    """ 无限或有限序列的生成器 """
2.
3.
4.    def sequence():
5.        """ 定义产生无限或有限序列的生成器函数 """
6.        num = 0
7.        while True:
8.            if num >= 5000:
9.                break
10.           yield num          # 生成器语句
11.           num += 1
12.
13.
14.   if __name__ == '__main__':
15.       # 调用生成器函数
16.       gen = sequence()
17.
18.       # 演示生成器函数 next()生成数字
19.       print("生成器函数 next()的输出结果：")
20.       print(next(gen))
21.       print(next(gen))
22.       print(next(gen))
23.       print(next(gen))
24.
25.       # 调用生成器函数，生成数字序列
26.       print("调用遍历生成器函数生成 0~5000 的序列")
27.       for i in sequence():
28.           print(i, end=" ")
```

程序清单 3.7 说明如下。

第 8、9 行：当数字大于等于 5000 时，终止循环。若去掉这一条件，就会产生无限序列。

第 10 行：yield 语句，返回数字 num。

第 16 行：将生成器函数的返回值赋值给 gen。严格地说生成器返回的是一个生成器对象，读者使用 print(type(gen))查看 gen 的类型显示为：<class 'generator'>。class 是类，

generator 是对象。在 Python 中，一切皆为对象。第 4 章会专门介绍类和对象的知识。

第 20~23 行：调用 next(gen)函数，将生成器的对象 gen 以参数形式传入 next()函数中，并通过 print()函数打印输出，每调用一次 next()生成一个数字。

直接运行程序清单 3.7，输出结果如下：

生成器函数 next() 的输出结果：
0
1
2
3
调用遍历生成器函数生成 0~5000 的序列
0 1 2 3 4 5 6 7 8 9 10 11 12 13 14 15 16 17 18 19 20 21 22 23 24 25 26…

下面利用上面生成器函数生成的序列，并判断这些序列中哪些是回文数。回文数的定义是：设 n 是一任意自然数。若将 n 的各位数字反向排列所得自然数 n1 与 n 相等，则称 n 为回文数。例如，若 n=1234321，则称 n 为回文数；但若 n=1234567，则 n 不是回文数。另外，所有能被 10 整除的都不是回文数。

程序清单 3.8 定义了判断回文数的函数 is_palindrome()，并用于判断程序清单 3.7 中所生成的序列中哪些是回文数，最后输出这些回文数。

程序清单 3.8　palindrome.py

```
1.  """ 判断生成的数字序列是否是回文数 """
2.  from sequence import sequence  # 导入无限或有限序列的生成器
3.
4.
5.  def is_palindrome(num):
6.      """ 判断回文数 """
7.      # 不包括 0 的所有能被 10 整除的都不是回文数
8.      if num // 10 == 0:
9.          return False
10.     temp = num
11.     reversed_num = 0
12.
13.     while temp != 0:
14.         # 获得反转数，比如：8765，反转数 5678
15.         reversed_num = reversed_num * 10 + temp % 10
16.         temp = temp // 10
17.
18.     # num 与上面获得的 num 的反转数进行比较，判断是否是回文数
19.     if num == reversed_num:
20.         return num
21.     else:
22.         return False
23.
24.
25. if __name__ == '__main__':
26.     # 调用 sequence 模块的生成序列的生成器函数 sequence
27.     for i in sequence():
28.         pal = is_palindrome(i)
```

```
29.        if pal:
30.            print(pal, end=" ")
```

运行程序清单 3.8，输出结果(部分)如下：

```
11 22 33 44 55 66 77 88 99 101 111 121 131 141 151 161 171 181 191 202 212
222 232 242 …
```

3.10　应用举例：使用函数设计程序

Python 支持函数模块化编程，也支持面向对象的编程，选择比较灵活。当程序不是很复杂时，采用函数模块化编程的方式会更加灵活。

本节将使用函数和模块化的思想完成数的所有质因数、斐波那契数列、汉诺塔问题和模拟登录系统等编程实践的任务。

3.10.1　数的所有质因数

质因数分解定理指出：每一个大于 1 的整数都能分解成质因数乘积的形式，并且如果把质因数按照由小到大的顺序排列在一起，相同的因数的积写成幂的形式，那么这种分解方法是唯一的。

扫码观看视频讲解

给定一个数字 n，根据以上定理，编写一个函数输出 n 的所有质因数因子。例如，如果输入数是 12，那么输出应该是：2 2 3。如果输入数是 315，那么输出应该是：3 3 5 7。

下面给出求解一个数 n 的所有质因数的算法或步骤。

(1) 判断 n 是否为偶数。当 n 能被 2 整除时，说明其为偶数，打印第 1 个质因数 2，并将 n 除以 2，得到 n 的值后继续判断 n 是否为偶数。在第一步之后，所有剩余的素数因子必须是奇数。

(2) 对奇数 n 的处理。经过上面判断 n 是否为偶数的处理后，n 肯定为奇数。现在的问题就是查找奇数的质因数，这里需要了解素数和合数的有关性质。两个素数因子的差必须至少是 2，每个合数至少有一个质因数小于或等于其平方根。所谓合数是指如果一个整数 n>1 且不是素数，则称之为合数。例如，39 是一个合数，因为它包含三个因子(1*3*39)。根据这些数的性质，就可以利用 for 循环求出奇数的可能因子，比如：

```
for i in range(3, int(math.sqrt(n)) + 1, 2):
    while n % i == 0:
        print(i, end = ' ')
        n = int(n / i)
```

(3) 如果 n 是质数并且大于 2，那么 n 经过以上两步处理后不会变成 1。如果 n 大于 2，就输出 n。

程序清单 3.9 是求 n 的所有素数因子的代码实现。

程序清单 3.9　prime_factors.py

```
1. """ 数的所有质因数 """
2. import math
```

```
3.
4.
5.   def prime_factors(n):
6.       """ 打印给定数字 n 的所有质数因子的函数 """
7.       # 判断是否为偶数，查找偶数的质因数
8.       while n % 2 == 0:
9.           print(2,end=' ')
10.          n = int(n / 2)
11.
12.      # 查找奇数的质因数
13.      for i in range(3, int(math.sqrt(n)) + 1, 2):
14.          while n % i == 0:
15.              print(i,end=' ')
16.              n = int(n / i)
17.
18.      # 打印比 2 大的质数
19.      if n > 2:
20.          print(n)
21.
22.
23.  if __name__ == '__main__':
24.      n = int(input("请输入一个数："))
25.      prime_factors(n)
```

运行程序清单 3.9，结果如下：

请输入一个数：315
3 3 5 7

3.10.2 斐波那契数列

斐波那契数列(Fibonacci sequence)以意大利数学家列昂纳多·斐波那契(Leonardoda Fibonacci)命名。因其在研究兔子繁殖时而引入，故又称为"兔子数列"。斐波那契数列的前两项等于 1，从第三项起，每一项是其前两项之和，即：1、2、3、5、8、13、21、34、…。

在数学上，斐波那契数列可以用递推公式表示，具体如下：

$$\begin{cases} F_1 = F_2 = 1 \\ F_n = F_{n-1} + F_{n-2}, n = 3, 4, 5 \cdots \end{cases}$$

根据以上递推公式，求前 n 个数的斐波那契数列的计算过程分析如下。

输入一个数 n。如果其大于 2，则按公式 $F_n = F_{n-1} + F_{n-2}$ 进行递归运算，实际上就是前面讲授递归时的递推和回归，根据这个公式从未知到已知，直至当 n 等于 1 时，此时斐波那契数均为 1，即 $F_1 = F_2 = 1$。

按照上面的分析，程序清单 3.10 使用递归实现求前 n 项的斐波那契数列。

程序清单 3.10 fibonacci.py

```
1.  """ 斐波那契数列(Fibonacci sequence) """
2.
```

```
3.
4.    def fibonacci(n):
5.        """ 使用递归实现斐波那契数列 """
6.        if n <= 1:
7.            return n
8.        else:
9.            return fibonacci(n - 1) + fibonacci(n - 2)
10.
11.
12.   if __name__ == '__main__':
13.       n = int(input("请输入一个正整数: "))
14.
15.       # 检查输入数据 n 是否有效
16.       if n <= 0:
17.           print("请输入一个正整数！")
18.       else:
19.           print("斐波那契数列:")
20.           for i in range(1,n):
21.               print(fibonacci(i), end=' ')
```

运行程序清单 3.10，按提示输入正整数，运行结果如下：

请输入一个正整数: 12
斐波那契数列:
1 1 2 3 5 8 13 21 34 55 89

3.10.3　汉诺塔问题

汉诺塔(Tower of Hanoi)源于印度传说，大梵天创造世界时造了三根金刚石柱子，其中一根柱子自底向上叠着 64 片黄金圆盘。大梵天命令婆罗门把圆盘从下面开始按大小顺序重新摆放在另一根柱子上，并且规定在小圆盘上不能放大圆盘，在三根柱子之间一次只能移动一个圆盘。图 3.4 是汉诺塔问题的示意图，三根柱子为 A、B 和 C，柱子 A 上堆叠从大到小的 64 个圆盘。

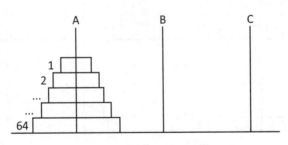

图 3.4　汉诺塔柱子与圆盘

图 3.4 中，婆罗门的工作是把圆盘从第一个柱子 A 移到第三个柱子 C 上。中间的柱子 B 可以用作临时的支架。此外，婆罗门在移动圆盘时必须遵守这些规则。

➤　一次只能移动一个圆盘。

➤　大的圆盘不能放置在小的圆盘上。

➤　除了正在移动中的圆盘，其他的圆盘必须放置在柱子上。

有关研究计算表明,如果移动一个圆盘需要 1 秒钟的话,等到 64 个圆盘全部重新摆在一起,大约需要 5800 亿年,而太阳及其行星形成于 50 亿年前,其寿命约为 100 亿年,因而当婆罗门还未将汉诺塔的任务完成时,恐怕世界末日就到来了。

要使用计算机完成汉诺塔的任务,需要弄清楚汉诺塔移动过程中的规律,也就是常说的算法。下面从最简单的情况开始分析。

假设柱子 A 只有一个圆盘即 $n = 1$ 的情况,此时直接将圆盘移至 C 即可,不需要经过中间柱子 B。这个移动过程用伪代码描述如下: A -> C。

假设柱子 A 有两个圆盘即 $n = 2$ 的情况,那么在一开始移动的时候,需要借助 B 柱作为过渡的柱子,移动过程如下。

➢ A 柱最上面的那个小圆盘移至 B 柱,A -> B。

➢ A 柱底下的圆盘移至 C 柱,A -> C。

➢ 将 B 柱的圆盘移至 C 柱,B -> C。

假设柱子 A 有三个圆盘即 $n = 3$ 的情况,那么在一开始移动的时候,需要借助 B 柱作为过渡的柱子,当 $n = 3$ 的时候,那么从上到下依次摆放着从小到大的三个圆盘,根据题目的限制条件:在小圆盘上不能放大圆盘,而且把圆盘从 A 柱移至 C 柱后,C 柱圆盘的摆放情况和刚开始 A 柱一模一样。所以,我们每次移至 C 柱的圆盘(移至 C 柱后不再移到其他柱子上去),必须是从大到小的,即一开始的时候,应该想办法把最大的圆盘移至 C 柱,然后想办法将第二大的圆盘移至 C 柱,重复这样的过程,直到所有的圆盘都按照原来 A 柱摆放的样子移动到了 C 柱。三个圆盘移动完成总共需要 7 个步骤,如图 3.5 所示。

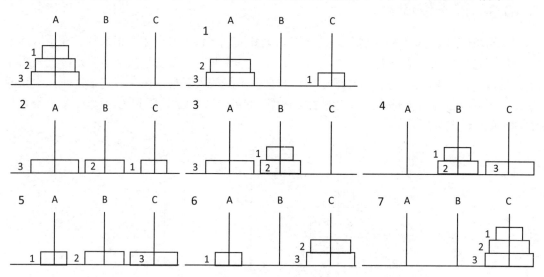

图 3.5 移动三个圆盘的步骤

程序清单 3.11 实现了汉诺塔有 3 个圆盘移动的过程。

程序清单 3.11 tower_hanoi.py

```
1.  """ 汉诺塔问题 """
2.
3.
```

```
4.  def tower_hanoi(n, from_peg, to_peg, temp_peg):
5.      if n == 1:
6.          print("移动圆盘,从: ", from_peg, "->", to_peg)
7.          return
8.
9.      tower_hanoi(n - 1, from_peg, temp_peg, to_peg)
10.     print("移动圆盘,从: ", from_peg, "->", to_peg)
11.     tower_hanoi(n - 1, temp_peg, to_peg, from_peg)
12.
13.
14. if __name__ == '__main__':
15.     n = 3
16.     from_peg = "柱子A"
17.     temp_peg = "柱子B"
18.     to_peg = "柱子C"
19.
20.     tower_hanoi(n, from_peg, to_peg, temp_peg)
21.     print("所有圆盘移动完成! ")
```

运行程序清单 3.11,结果如下:

```
移动圆盘,从:  柱子A -> 柱子C
移动圆盘,从:  柱子A -> 柱子B
移动圆盘,从:  柱子C -> 柱子B
移动圆盘,从:  柱子A -> 柱子C
移动圆盘,从:  柱子B -> 柱子A
移动圆盘,从:  柱子B -> 柱子C
移动圆盘,从:  柱子A -> 柱子C
所有圆盘移动完成!
```

3.10.4 模拟登录系统

登录注册是软件系统中用户经常使用的功能,下面使用 Python 语言实现基于控制台运行的包含注册、登录和退出的模拟登录系统。在设计这个模拟登录系统时,定义一个模拟登录界面的函数 display_menu(),相当于菜单导航。这个导航包含注册、登录和退出三个选项,其中注册和登录的功能分别由定义的注册函数 register()和登录函数 login()实现。

根据以上分析,程序清单 3.12 实现了非常简易的模拟登录系统。

程序清单 3.12 login.py

```
1.  def display_menu():
2.      print('菜单导航')
3.      print('1. 注册')
4.      print('2. 登录')
5.      print('3. 退出')
6.      while True:
7.          choice = input('请输入您要选择的菜单项:')
8.          if choice == '1':
9.              register()
10.         elif choice == "2":
```

```
11.            login()
12.        elif choice == "3":
13.            break
14.        else:
15.            print("指令错误!")
16.
17.
18. def register():
19.     global username
20.     username = input('请输入注册时的用户名:')
21.     global password
22.     password = input('请输入注册时的密码:')
23.     print("注册成功! ")
24.
25.
26. def login():
27.     username1 = input("请输入用户名:")
28.     password1 = input("请输入密码:")
29.     if username1 == username and password1 == password:
30.         print("登录成功!")
31.     else:
32.         print("用户名或密码错误,请重新输入")
33.
34.
35. if __name__ == '__main__':
36.     display_menu()
```

程序清单 3.12 说明如下。

第 1~15 行:定义显示菜单的函数 display_menu(),完成菜单导航的功能。第 2~5 行使用 print()函数在屏幕上显示操作选项:1.注册、2.登录和 3.退出,这些在屏幕上显示的操作选项常称为菜单,其中前面的数字用于后面判断进入这些菜单的条件标识。第 6 行让 while 循环始终处于运行状态,等待用户的选择,只有当用户输入数字 3 时,才退出整个循环。第 7 行接收从键盘输入的数据。第 8~15 行使用 if-elif-else 条件语句执行用户选择的操作,用户输入数字 1、2 或 3,分别调用注册函数 register()、登录函数 login()或跳出循环。如果输入其他数据,则提示错误。

第 18~23 行:定义注册函数 register()完成注册功能。该函数设置了两个全局变量,保存输入的用户名和密码,用于作为登录条件的依据。

第 26~32 行:定义登录函数 login(),用于判断用户登录。将用户登录输入的用户名和密码与注册时保存的用户名和密码这两个全局变量进行比较,如果相同,提示登录成功;否则,登录失败。

第 35、36 行:调用函数 display_menu(),执行整个程序。

运行程序清单 3.12,结果如下:

菜单导航
1. 注册
2. 登录
3. 退出

```
请输入您要选择的菜单项:1
请输入注册时的用户名:admin
请输入注册时的密码:123456
注册成功!
请输入您要选择的菜单项:2
请输入用户名:admin
请输入密码:123456
登录成功!
请输入您要选择的菜单项:
```

上面的运行结果说明：当输入 1，进行注册，将输入的用户名"admin"和密码"123456"保存。根据提示，输入 2，进行登录，输入的用户名和密码与注册中的用户名和密码一致，提示登录成功。

这个模拟登录程序尽管非常简单，但还有需要完善的地方。比如，只能保存一个用户名和一个密码、未处理不注册先执行登录时出现的异常。这些留给同学们在学习第 6 章中的列表和第 7 章中的异常处理等知识后完成。

本 章 小 结

函数是组织好的，可重复使用的，用来实现单一或相关联功能的代码段，能实现应用的模块化和提高代码的重复利用率。函数分为内置函数、自定义函数。内置函数是 Python 标准库里的函数(由 Python 语言自身携带)，用户自定义函数由用户自己设计。

函数的定义使用关键字 def，其第一行被称作函数头(header)，其余部分被称作函数体(body)。函数头必须以冒号结尾，而函数体必须缩进。函数有带参数和不带参数的函数，也有不需要返回值和需要返回值的函数。不带表达式的 return 相当于返回 None。

函数的调用是指执行函数的定义。函数的定义是功能性的描述，是可以完成的功能。而函数调用是执行函数，让函数完成所具有的功能。函数定义和调用之间的关系就好比汽车和开汽车之间的关系。一台汽车具有能够行驶的所有功能，但不开，永远是静止不动的，不会有任何行为。只有人发动汽车之后，汽车行驶的功能才能发挥出来。调用函数就类似于发动汽车。函数的定义和调用之间还会发生值的传递和值的返回。

Python 除了支持这种常规的位置参数传递的形式之外，还支持关键字参数、默认值参数和可变参数等传递形式，使得传递的形式更加灵活。

在程序中定义一个变量时，这个变量是有作用范围的，变量的作用范围被称为它的作用域。换句话说，变量的作用域指的是程序代码能够访问该变量的区域，如果超过该区域，将无法访问该变量。根据定义变量的位置和有效范围，可以将变量分为局部变量和全局变量。

递归函数就是调用自己本身的函数。匿名函数不具有函数名称，而是使用 lambda 关键字进行定义的。因此，匿名函数也称为 lambda 函数。

Python 语言的标准库(Standard Library)除了包含 Python 语言"核心"中的一部分数据类型如数字和列表之外，主要由内置函数和一系列的模块组成。

模块是一个由变量、函数和类等组成的文件，其文件的扩展名通常是.py。根据模块的提供者不同，可以将模块分为标准库中的模块、第三方模块(也称为第三方库)和用户自己编写的模块。

模块有利于多人开发，使代码更加易于维护，可提高代码的复用率，模块化编程有助于解决函数名和变量名冲突的问题。

测 试 题

一、单项选择题

1. 下列选项中，关于函数作用的描述正确的是(　　)。
   A. 提高代码执行速度　　　　　　　B. 增强代码可读性
   C. 降低编程复杂度　　　　　　　　D. 复用代码

2. 如果函数内部没有使用 return 语句，函数将返回(　　)。
   A. 0　　　　　　　　　　　　　　B. None 对象
   C. 一个任意整数　　　　　　　　　D. 错误

3. 下列代码的输出是(　　)。

```
>>> def greet person(*name):
        print('Hello', name)


>>> greet person('Frodo', 'Sauron')
```

   A. Hello Frodo
      Hello Sauron
   B. Hello ('Frodo', 'Sauron')
   C. Hello Frodo
   D. Syntax Error! greetPerson() can take only one argument.

4. 递归函数是(　　)。
   A. 调用程序中所有函数的函数　　　　　　B. 一个调用自身的函数
   C. 调用程序中除自身之外的所有函数的函数　　D. Python 中不存在递归函数

5. 下列程序的输出是(　　)。

```
result = lambda x: x * x
print(result(5))
```

   A. lambda x: x*x　　　B. 10　　　　　　C. 25　　　　　　D. 5*5

6. 下列程序的输出是(　　)。

```
>>> def foo(x):
    if (x==1):
        return 1
    else:
        return x + foo(x-1)


>>> print(foo(4))
```

A. 10   B. 24   C. 7   D. 1

7.　关于实参与形参，下列选项描述错误的是(　　)。

    A. 可以给每个形参指定默认值。如果在调用函数时，给形参提供了实参，则将使用指定的实参值；如果没有，那么将使用默认值

    B. 位置实参与参数顺序无关

    C. 关键字实参是指使用形参的名字确定输入的参数值。这样在调用函数时就不用考虑实参顺序，而且还可以清楚地指出实参各个值的用途

    D. 使用关键字实参时，必须准确地指出定义中的形参名

8.　给出如下代码：

```
>>> def func(a,b):
        c=a**2+b
        b=a
        return c

>>> a = 10
>>> b = 100
>>> c = func(a,b) + a
```

    下列选项中错误的是(　　)。

    A. 执行该函数后，变量 a 的值为 10

    B. 执行该函数后，变量 b 的值为 100

    C. 执行该函数后，变量 c 的值为 200

    D. 执行该函数后，变量 c 的值为 210

二、判断题

1.　函数能实现代码的重用或复用。　　　　　　　　　　　　　　　　　(　　)

2.　定义 Python 函数时，如果函数中没有 return 语句，则默认返回值是 None。(　　)

3.　形参位于函数定义中，实参处于函数调用中。　　　　　　　　　　　(　　)

4.　在 Python 中，函数可以返回多个值。　　　　　　　　　　　　　　(　　)

5.　在函数调用中不能同时具有关键字参数和非关键字参数。　　　　　　(　　)

6.　一个函数中的语句可以访问另一个函数中的局部变量。　　　　　　　(　　)

7.　在函数内部，既可以使用 global 引用函数外部定义的全局变量，也可以使用 global 直接定义全局变量。　　　　　　　　　　　　　　　　　　　　　(　　)

8.　匿名函数不具有函数名称，而是使用 lambda 关键字进行定义的。　　(　　)

9.　递归函数就是调用自己本身的函数。执行效率非常高。　　　　　　　(　　)

10.　在 Python 中，一个.py 文件称为一个模块，模块就是一个包含 Python 代码的文件，它给合理组织程序实现模块化编程带来了好处。　　　　　　　　　　(　　)

三、填空题

1.　在 Python 中定义函数的关键字是_____。

2.　在函数内部可以通过关键字_____来定义全局变量。

3. 在 random 模块中，_____函数返回一个范围在 0.0 到 1.0 的随机浮点数。

4. 时间 time 模块是 Python 标准库中的_____。

5. 如果函数中没有 return 语句或者 return 语句不带任何返回值，那么该函数的返回值为_____。

6. Python 中将在函数里面再定义函数称为_____。

7. 假设需要打印数学模块中定义的 pi 常数。完成这个任务的代码是：

_____

_____

8. 根据定义变量的位置和有效范围，可以将变量分为_____和_____。

四、编程题

1. 使用函数编程实现"第 2 章 编程题"中的第 1～12 题。

2. 编写一个 Python 函数来找出三个数字的最大值。

3. 编写一个 Python 函数来计算一个数字(非负整数)的阶乘。函数接受数字作为参数。

4. 编写函数分别实现如下功能。

➤ 随机生成 10 个学生的成绩。

➤ 判断这 10 个学生成绩的等级(成绩等级：90 分以上为 A、80～90 分为 B、70～79 分为 C、60～69 分为 D、60 分以下为 E)。

5. 参照"2.9.3 数的平均值、最大值、最小值和方差"小节的内容，编写求最大值、最小值和平均值的函数，将它们放入模块文件中，然后编写一个运行程序导入该模块文件，求数的最大值、最小值和平均值。

第4章 面向对象的程序设计

使用函数编程，可以进行"功能分解"，将用户需要解决的问题先分解成较小的任务，再将这些较小的任务分解为更小的任务，这个过程可持续下去，直至将程序分解为易于理解和控制的模块，最后将这些功能模块编写成一个一个的函数。这种解决问题的方式的特点是自顶向下、先整体后局部和先大后小，注重的是事物的发展过程和顺序，体现了"分而治之"的思想，这样的程序设计方法常称为模块化编程，其程序设计的思想称为面向过程的编程。

随着现代软件越来越复杂，面向过程程序设计的方法在维护、复用和扩展性方面都遇到了挑战，另一种面向对象程序设计的方法应运而生。这种面向对象程序设计的核心概念是类和对象，不再是程序的逻辑顺序，程序由一系列对象组成。对象是类的实例化。类是对现实世界的抽象。它将对象作为程序的基本单元，将程序和数据封装其中，以提高软件的重用性、灵活性和扩展性。

本章将较为系统地讲解面向对象程序设计的思想以及如何使用面向对象的思想来进行程序设计。首先从分析对象入手，建立类的概念，讲解 Python 如何定义类，如何根据类创建对象，然后介绍如何访问类的属性和调用类的方法，类的三大特征：继承、封装和多态的概念与实现，包的概念，以及包、模块和类在程序中如何组织，最后使用面向对象程序设计的思想完成模拟 ATM 柜员机的编程任务。

4.1 类的定义和创建对象

本节先从现实世界中的对象入手，提出类的概念，然后介绍在 Python 中如何定义类和创建对象，最后对类的实例化过程进行分析。

4.1.1 对象和类

从哲学的范畴来说，对象是客观存在的，代表了现实世界中可以明确标识的一个实体，例如，一个圆、一个小男孩、一件衣服和一张桌子等。

扫码观看视频讲解

一个对象区别于另一个对象，是因为它们都有自己的名称，比如，圆和学生之所以是不同的对象，因为其名称不同，这是显而易见的，而这个名称就是对象的标识，具有唯一性。除此之外，同样是圆，半径为 1 的圆和半径为 10 的圆，是两个不同的圆；一个人之所以区别于另一个人，是因为他们具有不同的特征，如相貌、身高和性别等。这些半径、相貌和身高等描述了对象的静态特征或状态，称为对象的属性。

通过半径可以计算圆的面积和周长，学生正在听课、在跑步……这些和对象的属性相比，属于对象动态的行为或动作。

从上面的分析可知，一个对象具有独特的标识、属性和行为。

类从哲学上来说，是一种抽象，是对一类对象的抽象，比如，一个圆、两个圆、三个圆……将这些具有相同属性(半径)和行为(求面积和求周长)的一类圆抽象出来形成一个圆形类，这个类描述了圆所具有的属性和行为；一个学生、两个学生、三个学生直至 n 个学生，将这些具有相同属性和行为的一类学生抽象出来形成一个学生类，它描述了学生这个类具有的属性和行为。因此，类就是具有相同属性和行为的一类对象，是对象的抽象，类常常比喻成模板、蓝图或合约。

从认知规律来看，先有对象，然后才是类，这就是面向对象程序设计最基本的思想。在类中，对象的行为用方法进行描述，方法与函数类似，前面学到的有关函数的知识都适用于方法，它们之间最主要的差别在于调用方式。

4.1.2 如何定义类

在 Python 中，使用面向对象编程时，需要根据解决的问题分析抽象出类，进行类的设计，然后定义类。在类的定义中，使用 class 关键字创建一个新类，class 之后为类的名称并以冒号结尾，换行缩进定义类包括的属性和方法，其语法规则如下：

```
class ClassName:
    """
    类的定义
    """
    < statement - 1 >
    < statement - N >
```

上面语法规则的含义说明如下。

➤ ClassName：类的名称，简称类名。根据 PEP8 的约定，在 Python 中，类名的首字母大写，如果是多个单词，各单词的首字母都需要大写，也就是采用"驼峰式命名法"。

➤ """ 类的定义 """：文档字符串，用三引号括起，相当于注释，用于描述这个类的功能。Python 使用它们来生成程序中有关类的说明文档。

➤ <statement-1><statement-N>：类体，包含属性和方法，如果类还没有设计好，可用 pass 语句代替。

根据上面的语法规则，为圆定义 Circle 类，程序清单 4.1 演示了创建 Circle 类的过程。

程序清单 4.1　circle01.py

```
1.  from math import pi
2.
3.  class Circle:
4.      """
5.      定义了一个圆的类
6.      """
7.
8.      def __init__(self, r):
9.          self.radius = r
10.
```

```
11.        def get_perimeter(self):
12.            return 2 * pi * self.radius
13.
14.        def get_area(self):
15.            return pi * self.radius ** 2
```

程序清单 4.1 说明如下。

第 3 行：定义了一个名为 Circle 的类，"class"是定义类的关键字，"Circle"是类的名称。

第 8、9 行：定义了一个用于初始化的_ _init_ _()方法，这个_ _init_ _()方法是一个特殊的方法，有的书籍称为构造方法。其作用是当创建对象时，用于初始化对象，即当调用 Circle 类创建新实例时，Python 都会自动运行它。

_ _init_ _()方法的命名也比较特殊，开头和末尾各有两个下划线，这是一种约定，旨在避免 Python 中的默认方法与普通方法发生名称冲突。方法_ _init_ _()包含两个形参：self 和 r，其中形参 self 必不可少，必须位于其他形参的前面。这里 self 是一个指向实例本身的引用，让实例能够访问类中的属性和方法。关于 self 参数的进一步分析将在 4.1.7 小节中介绍。

第 11~12、14~15 行：Circle 类分别定义了求周长和面积的两个方法：get_perimeter() 和 get_area ()，它们都只有一个形参 self，代表当前的实例，也就是创建的对象。

程序清单 4.1 中所定义的类与函数的定义一样，只是定义了类所具有的功能，还不能执行。只有对类进行实例化后，才起作用。

4.1.3 如何创建对象即类的实例化

类是模板或蓝图，比如，只要设计一份个人简历模板，那么很多人就可以根据这份简历模板制作自己的个人简历。同样的道理，根据前面定义的 Circle 类就可以创建半径为 1、10 或 100 的圆，这个过程就称为创建对象，也称为类的实例化。一个对象即是一个实例，其语法如下：

扫码观看视频讲解

```
instance = ClassName()
```

上面赋值语句的右边是类名，后面跟小括号，可以有参数，采用类似函数调用的表示法，调用 ClassName 实现类的实例化操作，经过这一调用操作即完成了对象的创建，也就是类的实例化。调用完成后返回一个创建的对象，然后通过赋值语句将右边对象的引用地址赋值给左边的变量 instance，这样该变量就指向了创建的对象。

程序清单 4.2 是创建一个半径为 1 的圆对象的代码。

程序清单 4.2 circle01.py

```
1.  from math import pi
2.
3.
4.  class Circle:
5.      """ 定义了一个圆的类 """
6.      # 省略程序清单 4.1 中 Circle 类定义的方法
7.
```

```
8.
9.    if __name__ == '__main__':
10.       circle1 = Circle(1)
11.       area = circle1.get_area()
12.       perimeter = circle1.get_perimeter()
13.       print("半径为", circle1.radius, "的圆面积: ", round(area, 2))
14.       print("半径为", circle1.radius, "的圆周长: ", round(perimeter, 2))
```

程序清单 4.2 说明如下。

第 10 行: 类的实例化。Circle(1)是一种类似函数调用的表示法, 调用前面定义的圆形类 Circle, 根据类的定义进行实例化操作, 在内存中创建该类的对象, 调用 Circle 类的初始化方法__init__(), 传入半径为 1 的参数值, 初始化刚才创建的对象, 这样就创建了一个半径为 1 的圆对象或实例; 接着将该对象的引用地址赋值给左边的变量 circle1, circle1 指向了刚创建的圆对象。通过分析可知, 第 10 行代码执行后, 完成了两件事情: 一个是创建类的对象, Python 对开发者隐藏封装了具体创建对象的调用过程; 另一件事件就是通过__init__()方法初始化对象。关于类的实例化过程的进一步分析将在 4.1.6 小节中介绍。

第 11、12 行: 调用类中求面积 get_area()和周长 get_perimeter()的方法, 并分别返回变量 area 和 perimeter。在 Python 中, 一旦创建对象成功, 就可以使用对象调用类中的方法, 其语法形式是采用实例加点号, 然后是方法, 如 circle1.get_area()和 circle1.get_perimeter(), 其中 circle1 是指向实例对象的变量, 常简称为实例, 点号后面是类中的方法。

第 13、14 行: 分别输出半径为 1 的圆的面积和周长, 其中 circle1.radius 是对类中属性的访问, 和方法调用一样, 也采用点号的形式。函数 round()用于数字的四舍五入, 保留两位小数。

创建对象成功之后, 就可以访问类中的属性和调用类中的方法。

运行程序清单 4.2, 输出结果如下:

```
半径为 1 的圆面积: 3.14
半径为 1 的圆周长: 6.28
```

上面创建了半径为 1 的圆, 可按需求根据类创建任意数量的实例, 程序清单 4.3 演示了创建任意半径值的圆, 比如, 半径等于 10、100 的圆等。

程序清单 4.3 circle02.py

```
1.    """
2.    计算圆的面积和周长
3.    循环输入, 输入 q 退出循环
4.    """
5.    from math import pi
6.
7.    class Circle:
8.        """
9.        定义了一个圆的类
10.       """
11.
12.       def __init__(self, r):
13.           self.radius = r
14.
```

```
15.        def get_perimeter(self):
16.            return 2 * pi * self.radius
17.
18.        def get_area(self):
19.            return pi * self.radius ** 2
20.
21.
22. if __name__ == '__main__':
23.     while True:
24.         # 输入半径的值，返回字符串
25.         q = input("请输入圆的半径: ")
26.
27.         if q == 'q':
28.             print("退出程序! ")
29.             break
30.         try:
31.             # 当输入的半径值是非字符 q 的字母时，捕获异常
32.             radius = float(q)
33.             if radius < 0:
34.                 print("请输入一个正数! ")
35.             else:
36.                 circle = Circle(radius)
37.                 area = circle.get_area()
38.                 perimeter = circle.get_perimeter()
39.                 print("半径为", circle.radius, "的圆其面积 area = ",
                        round(area, 2))
40.                 print("半径为", circle.radius, "的圆其周长 perimeter= ",
                        round(perimeter, 2))
41.         except ValueError:
42.             print("请输入正数，如要退出，请输入 q! ")
```

在这个代码中，通过输入不同半径的值，就可以创建不同的圆，并输出其面积和周长。运行程序清单 4.3，输入输出结果如下：

```
请输入圆的半径: 1
半径为 1.0 的圆其面积 area =  3.14
半径为 1.0 的圆其周长 perimeter=  6.28
请输入圆的半径: 10
半径为 10.0 的圆其面积 area =  314.16
半径为 10.0 的圆其周长 perimeter=  62.83
请输入圆的半径: 100
半径为 100.0 的圆其面积 area =  31415.93
半径为 100.0 的圆其周长 perimeter=  628.32
```

4.1.4 属性

扫码观看视频讲解

类包含属性，一旦实例化对象之后，就可以访问对象的属性。属性是类的静态特征。根据不同的问题域，属性还可称为字段、数据域。另外，属性的值是用变量来存储的，因此也常把属性称为变量。按照属性是处于类级还是对象级，可将变量分为类变量和实例变量。

由于属性在类中定义，一般不允许从外部直接访问属性，这也是面向对象语言数据封装所要求的。Python 通过编码规范而不是语言机制来实现属性的访问权限，它规定了对变量命名的公约，约定带单下划线和双下划线的变量是非公共和私有属性，不应该被直接访问。

1. 实例变量与类变量

类变量属于整个类所有，实例变量属于某个实例所有。由于它们的所有权和级别不同，因此访问实例变量和类变量的方法也有区别。

实例变量由于属于某个对象或实例所有，因此在访问和使用它们时，需要明确给出其实例，即包含该变量的实例，其访问的形式采用点号表示法，点号前面是实例，点号后面是实例变量，具体语法形式如下：

```
instance.variable
```

其中，实例 instance 的后面是点号，点号后面是实例变量 variable。

在程序清单 4.1 和 4.2 所对应的 circle01.py 文件中，radius 是实例变量，要访问这个实例变量，就采用了点号表示法，比如，程序清单 4.2 中第 13 行和第 14 行中的 circle1.radius。这种点号表示法在 Python 中很常用，在这里的含义是，Python 先找到实例 circle1，再查找与这个实例相关联的实例变量 radius。

类变量与实例变量不同，它不属于某个具体的对象或实例，而是与类关联的变量，可供类的所有实例共享和访问，类变量一般用于保存类级别的数据，可使用类名加点号来访问类变量。

下面的示例演示了类变量和实例变量，代码如下：

```
>>> class Car:
        wheels = 4    # 类变量
        def __init__(self,name):
            self.name = name    # 实例变量

>>> Car.wheels
4
>>> h6 = Car("哈弗 H6")
>>> h6.wheels
4
>>> Car.wheels = 6
>>> Car.wheels
6
>>> h6.wheels
6
>>> j6p = Car("解放牌卡车 J6P 6X4 牵引车")
>>> j6p.wheels
6
>>> j6p.wheels =8
>>> j6p.wheels
8
>>> Car.wheels
6
```

上面的代码中，在类 Car 中定义了类变量 wheels 和实例变量 name，其中类变量 wheels 的初始值为 4。

访问类变量可以采用如下两种形式。

第一种形式是：类名.类变量，如 Car.wheels，修改类变量的值也是采用 Car.wheels = 6。

第二种形式是：实例.类变量，如 h6.wheels，j6p.wheels。

在上面的代码中，试图采用 j6p.wheels =8 来修改类变量的值，但后面 Car.wheels 显示的值还是 6，这说明修改类变量并没有成功，其原因是 j6p.wheels =8 只是实例 j6p 创建了另一个实例变量 wheels，所以一般访问或修改类变量都采用类名.类变量的形式。

实例变量是 self.name，前面的 self 指明了是当前对象，代表卡车 Car 类的一个实例。

2. 属性的可访问性：使用 get 访问器和 set 修改器

Python 没有像其他面向对象的语言那样提供私有或保护等修饰符来限制变量的访问，而是采用单下划线或双下划线定义变量为非公共实例变量或私有实例变量，这不是一种语言机制，而是一种编码约定。

Python 使用单下划线定义一个非公共的实例变量。下面的示例代码定义了一个卡车类，将实例变量价格命名为带单下划线的变量，即_price，然后实例化一个卡车对象，具体代码如下：

```
>>> class Car:
        def __init__(self,name,price):
            self.name = name
            self._price = price


>>> my_car = Car("福克斯",10)
>>> print(f"小汽车的报价是：{my_car._price}.")
小汽车的报价是：10.
>>> my_car._price = 90
>>> my_car._price
90
```

上面的示例说明尽管价格变量采用了单下划线来定义，但还是能够直接访问和修改变量_price 的值。这充分说明采用单下划线仅仅是一种编码约定。

Python 使用双下划线定义变量来隐藏属性，类似于私有变量。修改 Car 类，将价格变量定义为双下划线，即 __price，然后实例化一个对象，并直接访问价格这个变量 __price，代码及运行结果如下：

```
>>> class Car:
        def __init__(self,name,price):
            self.name = name
            self.__price = price

>>> my_car = Car("福克斯",10)
>>> print(f"小汽车的报价是：{my_car.__price}")
Traceback (most recent call last):
  File "<pyshell#6>", line 1, in <module>
```

```
print(f"小汽车的报价是：{my_car.__price}")
AttributeError: 'Car' object has no attribute '__price'
```

在以上示例代码中，当尝试用 my_car.__price 直接访问变量时，出现了异常错误，提示 Car 类中没有__price 属性，这是为什么呢？

这是因为当 Python 看到具有双下划线的属性时，会将__price 这个属性的原始名称修改为_Car__price，具体是：类名的前面加上一个下划线，类名的后面是带双下划线的变量。由于 Python 解释器对名称进行了更改，因而直接访问带双下划线的变量时肯定就不存在了，如果访问更改后的名称，是可以的，示例代码如下：

```
>>> print(f"小汽车的报价是：{my_car._Car__price}")
小汽车的报价是：10
```

这样直接访问并不是一种很直观的方法，也是编程实践要杜绝的。

为了给这些变量提供一个访问的接口，可以为变量定义 get 访问器和 set 修改器两个方法，通过这两个方法来访问和修改该变量的值。程序清单 4.4 演示了这两个方法的使用。

程序清单 4.4　get_set_demo.py

```
1.   """ 演示 get 访问器和 set 修改器的使用 """
2.
3.
4.   class Car:
5.       """ 定义一个小汽车类 """
6.       def __init__(self, name, price, year):
7.           self.name = name
8.           self.__price = price      # 采用双下划线定义 price 为私有变量
9.           self.year = year
10.
11.      def get_price(self):
12.          """ 定义一个 get 方法，能访问变量 price """
13.          return self.__price
14.
15.      def set_price(self, price):
16.          """ 定义一个 set 方法，能修改变量 price 的值 """
17.          self.__price = price
18.
19.
20.  if __name__ == '__main__':
21.      my_car = Car("长城哈弗 H6", 13.6, 2020)   # 实例化对象
22.      # 访问属性
23.      print(f"汽车的报价是：{my_car.get_price()}")
24.      # 修改属性的值
25.      my_car.set_price(13)
26.      print(f"汽车的报价是：{my_car.get_price()}")
```

程序清单 4.4 说明如下。

第 11 ~ 13 行：定义了一个访问器 get_price，向外部提供了访问私有变量__price 的接口。

第 15 ~ 17 行：定义了一个修改器 set_price，向外部提供了修改私有变量__price 的

接口。

第 21 行：实例化一个对象或创建实例 my_car。

第 23 行：使用 my_car.get_price()访问私有变量_ _price，采用了点号表示法。

第 25 行：使用 my_car.set_price(13)修改私有变量_ _price 的值为 13。

运行程序清单 4.4，结果如下：

```
汽车的报价是：13.6 万元
汽车的报价是：13 万元
```

3. 属性的可访问性：使用 Python 装饰器@property

Python 提供了一个内置装饰器@property，用于为某些方法提供"特殊"功能，使它们在定义类中的属性时充当 getter、setter 或 deleters。因此，可以使用这个内置装饰器@property 对属性进行访问。这里主要介绍使用@property 访问、修改和删除方法的属性。

程序清单 4.5 演示了使用@property 装饰器访问_ _price 变量的过程。

程序清单 4.5 property_demo.py

```python
1.  """ 演示使用装饰器@property 访问带双下划线的变量 """
2.
3.
4.  class Car:
5.      def __init__(self, name, price, year):
6.          self.name = name
7.          self.__price = price     # 采用双下划线定义 price 为私有变量
8.          self.year = year
9.
10.     @property
11.     def price(self):
12.         """ 通过配置装饰器，提供访问变量 price 的方法 """
13.         return self.__price
14.
15.     @price.setter
16.     def price(self, price):
17.         """ 通过配置装饰器，提供修改变量 price 的方法 """
18.         self.__price = price
19.
20.     @price.deleter
21.     def price(self):
22.         """ 通过配置装饰器，提供删除属性 price 的方法 """
23.         del self.__price
24.
25.
26. if __name__ == '__main__':
27.     my_car = Car("长城哈弗 H6", 13.6, 2020)  # 实例化对象
28.     # 访问属性
29.     print(f"汽车的报价是：{my_car.price}万元")
30.     # 修改属性的值
31.     my_car.price = 13
32.     print(f"汽车的报价是：{my_car.price}万元")
```

```
33.     # 删除属性
34.     del my_car.price
35.     print("属性__price:",my_car.price)
```

程序清单 4.5 说明如下。

第 10 行：使用了装饰器@property，将对属性的访问转换为对应的方法，相当于为属性提供了 get 访问器，在后面访问该属性时，直接使用实例加点号加该属性，如第 29 行的 my_car.price。

第 15 行：配置装饰器@属性名.setter，属性名是前面@property 定义 get 方法时指定的属性名，必须一致。"setter"用于指定该装饰器是 set 装饰器，固定用"setter"。第 16~18 行是被@属性名.setter 装饰的方法，该方法的作用是修改属性的值，例如，第 31 行：my_car.price = 13，将属性 price 的值修改为 13。

第 20 行：配置装饰器@属性名.deleter。第 21~23 行是被@属性名.deleter 装饰的方法，该方法的作用是删除属性值。属性名同样必须是前面 get 方法定义的属性名，deleter 是固定不变的，其作用就是在外部调用"del 属性名"时，执行删除操作，如 del my_car.price 语句，执行删除属性的操作。

装饰器@property、@.setter 和@.deleter 实现了对属性的访问、修改和删除，与程序清单 4.4 相比，不需要用户使用 get 和 set 等不同的方法，而直接使用属性名进行操作，如第 29、32 和 34 行，都使用的是 my_car.price。

运行程序清单 4.5，结果如下：

```
Traceback (most recent call last):
  File "F:/booksrcbychapters/chapter04/property_demo.py", line 35, in
<module>
    print("属性__price:",my_car.price)
  File "F:/booksrcbychapters/chapter04/property_demo.py", line 13, in
price
    return self.__price
AttributeError: 'Car' object has no attribute '_Car__price'
汽车的报价是：13.6 万元
汽车的报价是：13 万元
```

输出的汽车报价与程序清单 4.4 一样，不同的是出现了异常错误，该错误是因为第 34 行已经删除了 price 变量，但第 35 行还尝试输出该变量导致的。

前面用不同的示例演示了属性的可访问性，从中可以发现：在 Python 中，并没有提供私有变量的语言机制，而是采用编码规范，也就是编写 Python 代码应遵循的规范：以单个下划线开头的变量或方法应被视为非公开的 API，因此不用特别声明，外部的调用者也不应该去访问以单下划线开头的变量或方法，因为类的设计者也遵循这个规范，默认外部的调用者不会访问这种变量；当 Python 看到双下划线变量时，它会在内部更改变量名，达到隐藏的目的，但仍然不会使数据无法访问。

4.1.5 方法

方法是类的行为特征，在 Python 中，方法和函数几乎完全一致，主要区别是它们调用的方式不同，还有方法位于 class 语句的主体中，在类中定义。

根据方法的使用不同，可以将其分为：实例方法、类方法和静态方法。

实例方法(Instance Method)是在类中定义的用于获取实例数据的方法。该方法的第一个参数必须是实例对象，其参数名称一般约定为"self"，通过它来传递属性和方法。调用实例方法必须指明其所属的实例对象。实际上，在本章前面程序类中定义的方法，都是实例方法，其第一个参数都是 self，调用这些实例方法，采用点号表示法如：实例.实例方法。

类方法(Class Method)顾名思义就是指定一个类的方法为类方法，从语法形式上来说，类方法需要使用装饰器@classmethod 修饰，且该方法的第一个参数必须是当前类对象，其参数名称一般约定为"cls"，通过它来传递属性和方法。调用类方法可以使用实例对象和类对象。

静态方法(Static Method)是使用装饰器@staticmethod 的方法。方法的参数随意，没有"self"和"cls"参数，但是方法体中不能使用类或实例的任何属性和方法；静态方法的调用可以使用实例对象或类对象。静态方法是以某种方式与类相关的方法，但不需要访问任何类特定的数据。不需要使用 self，不需要实例化一个实例。

下面设计了一个学生类。为了在类中统计创建实例对象的数量，定义了一个类方法 count()。

程序清单 4.6 演示了类方法和静态方法的使用。

程序清单 4.6　student.py

```
1.   """ 定义一个学生类，演示类方法和静态方法的使用 """
2.
3.
4.   class Student:
5.       """ 定义一个学生类 """
6.       count_object = 0  # 统计创建的对象，类变量
7.
8.       def __init__(self, id, name, age, major, gender):
9.           self.id = id                    # 学号
10.          self.name = name                # 姓名
11.          self.age = age                  # 年龄
12.          self.major = major             # 专业
13.          self.gender = gender           # 性别
14.          Student.count_object += 1      # 每实例化一个对象就加 1
15.
16.      def listening(self, name):
17.          """ 定义一个听课的实例方法 """
18.          print(name, "正在听课...")
19.
20.      @classmethod
21.      def count(cls):
22.          """ 定义一个类方法 """
23.          return cls.count_object
24.
25.      @staticmethod
26.      def average_age(num, sum):
27.          """ 定义静态方法 """
28.          return sum / num
```

```
29.
30.
31.   if __name__ == '__main__':
32.       # 创建类对象
33.       s1 = Student("20160101001", "张雨琪", 19, "计算机科学与技术", "女")
34.       s1.listening(s1.name)   # 使用实例 s1 调用实例方法 listening
35.       print(s1.count())   # 使用实例 s1 调用类方法
36.       print(Student.count())   # 使用类 Student 调用类方法
37.
38.       s2 = Student("20160101002", "李经纶", 20, "计算机科学与技术", "男")
39.       print(s2.count())
40.
41.       num = Student.count()
42.       sum = s1.age + s2.age
43.       print("学生平均年龄是: ",Student.average_age(num, sum))   #调用静态方法
```

程序清单 4.6 说明如下。

第 16~18 行: 定义了一个实例方法 listening(), 其中第一个参数是 self。

第 20~23 行: 定义了一个类方法 count(), 其中第一个参数是 cls。

第 25~28 行: 定义了一个求学生平均年龄的静态方法 average_age(), 不需要 self 和 cls 参数。

运行程序清单 4.6, 结果如下:

```
张雨琪 正在听课...
1
1
2
学生平均年龄是: 19.5
```

从运行的结果可以看出, 类方法的调用可以使用实例对象, 也可以使用类, 程序清单 4.6 中的第 35 行(print(s1.count()))和第 36 行(print(Student.count()))的数据结果都是 1, 前者使用实例 s1 调用类方法, 后者使用类 Student 调用类方法。

关于实例方法、静态方法和类方法归纳如下。

➢　实例方法: 最常见的方法类型, 能够访问每个实例的数据。

➢　类方法: 可以访问类中有限的方法。可以修改类的特定细节。

➢　静态方法: 不能访问类中的任何其他内容。完全独立的代码。

4.1.6　类的实例化过程的进一步分析

前面已经学习了类的实例化, 为了进一步了解类的实例化, 下面通过两个示例分析创建对象或类实例化的过程。

第 1 个示例定义了一个空的 Circle 类, 代码如下:

```
>>> class Circle():
        pass


>>> circle = Circle()   # 类的实例化
>>> print(circle)
```

```
<__main__.Circle object at 0x0000000002E336D8>
>>> type(circle)
<class '__main__.Circle'>
>>> dir(Circle)
['__class__', '__delattr__', '__dict__', '__dir__', '__doc__',
'__eq__', '__format__', '__ge__', '__getattribute__', '__gt__',
'__hash__', '__init__', '__init_subclass__', '__le__', '__lt__',
'__module__', '__ne__', '__new__', '__reduce__', '__reduce_ex__',
'__repr__', '__setattr__', '__sizeof__', '__str__', '__subclasshook__',
'__weakref__']
```

上面代码定义了一个空的 Circle 类，然后使用语句 circle = Circle()实例化对象，输出结果显示：<__main__.Circle object at 0x0000000002E336D8>，这个信息说明创建了圆对象，后面一长串十六进制数是对象所在的内存地址。在计算机中，通常使用十六进制数表示内存地址。这个结果显示尽管是一个空类，但经过类的实例化后，依然在内存空间创建了一个对象。后面用内置函数 type()和 dir()都印证创建了圆对象。

这说明创建对象并不是由__init__()方法实现的，事实上，在 Python 中，创建对象或者类的实例化即构造方法是由__new__(cls)方法完成的，__new__(cls)创建新的内存空间，只不过 Python 向用户隐藏了调用__new__的过程。

下面使用第 2 个示例来验证上面所说的。对上面的空 Circle 类重新定义，重写__new__()让其调用__new__(cls)方法，然后再调用初始化方法__init__()，代码如下：

```
>>> class Circle():
        def __init__(self):
            print("1.调用初始化方法__init__()")
        def __new__(cls):
            print("2.调用构造方法__new__()创建对象或实例化")
            return object.__new__(cls)


>>> circle = Circle()
2.调用构造方法__new__()创建对象或实例化
1.调用初始化方法__init__()
>>> circle
<__main__.Circle object at 0x0000028CF1F64188>
>>> type(circle)
<class '__main__.Circle'>
```

上面定义的 Circle 类不再是一个空类，定义了两个方法__init__()和__new__()，并将__init__()方法放在__new__()方法之前。在__new__()方法中，调用了父类 object 的__new__()方法，object 是所有 Python 类的父类。执行 circle = Circle()语句，从输出的结果可以看出：尽管在代码中有意将__init__()方法放在了__new__()方法之前，但结果说明是先执行__new__()方法，然后再执行__init__()方法，后面的输出结果也和上面的一样显示创建了圆对象。

通过上面的分析，创建对象或类的实例化真正的构造方法是__new__()，Python 向用户隐藏了调用__new__的过程。整个实例化的过程是：当执行函数式调用类名如 circle = Circle()语句时，会调用隐藏的构造方法__new__()，创建一个对象，然后调用__init__()

方法对类进行初始化，一个对象不初始化是毫无用处的。比如，一个圆不给半径赋值，就不能计算圆的面积和周长，毫无用处。而初始化工作是由＿＿init＿＿()方法来完成的。

以上分析了创建对象的过程，现在对示例中 circle = Circle()这条语句的作用也就更加清楚：一旦执行这条语句，就会完成如下任务。

首先调用＿＿new＿＿(cls)方法创建对象，这个过程是隐藏的。

然后初始化对象。

最后使用这个对象。

4.1.7　对 self 参数的进一步分析

在类中定义方法时，方法的第 1 个参数一般都是 self，它代表了当前调用的对象，即实例。

下面通过实例分析需要这个 self 参数的原因。

在面向对象的编程中，定义一个类，然后需要实例化，而之所以需要实例化，其目的就是访问实例或对象中的属性和调用其方法，要做到这一点，就必须明确是哪个实例或对象，这样才能保证访问实例属性和调用方法的唯一性和正确性，为此，在 Python 中，规定使用单词 self 代表当前调用的实例对象。当然，可以不用 self 这个单词，用其他的比如 this 等代替 self 也是没问题的，但按照 Python 约定俗成的原则，还是使用 self，这有点像其他面向对象语言所用的 this，也是指向调用对象本身。方法中有 self 这个参数，就能确定当前的实例，变量和方法前加上 self 就知道访问的是当前对象的属性，调用的是当前对象的方法。

如果没有用到 self，那么所使用的变量和方法，实际上不是实例中的变量和方法，而是访问了其他部分的变量和方法，甚至会由于没有合适的实例变量，而导致后续无法访问的错误，比如：

```
>>> class Person:
        def __init__(self,name,age,gender):
            self.name = name
            age = age
            self.gender = gender
        def say(self):
            print("我的名字是: %s"%self.name)
            print("我的年龄为: %s"%age)


>>> person = Person("赵子龙",22,"男")
>>> person.say()
我的名字是: 赵子龙
Traceback (most recent call last):
  File "<pyshell#19>", line 1, in <module>
    person.say()
  File "<pyshell#15>", line 8, in say
    print("我的年龄为: %s"%age)
NameError: name 'age' is not defined
```

从上述代码可见，由于在类的初始化方法 __init__()中，没有在年龄 age 前面加上 self，运行代码时出现异常：NameError: name 'age' is not defined，提示 age 这个变量没有定义，其原因就是没有指明这个 age 属于哪个实例。因此在变量 age 的前面要加上 self，这样 age 就是当前对象的实例变量。总之，当出现：NameError: name 'age' is not defined 或 AttributeError: 'Person' object has no attribute 'age'等异常错误提示时，一般都是因为在定义或使用变量或属性时，没有加上 self 指明属于某个实例所导致的。

4.2 继 承

继承是面向对象程序设计语言的特征之一，Python 作为一种面向对象的语言，也具有继承的机制，而且与其他面向对象的语言如 Java、C++相比较，更简单灵活。

本节将首先介绍继承的概念，然后学习 Python 实现继承的语法和多重继承等知识，最后通过几何图形类和交通工具类来进一步了解使用继承进行面向对象的程序设计。

4.2.1 继承的概念

继承存在于现实世界中，是对事物之间纵向关系的一种描述。人类社会，通过爷爷、父亲和儿子这一代又一代繁衍生息，推动人类社会进步和发展；中国五千年的历史文化，就是一部继承和发展创新的历史；还有人们对飞行世界的认识和探索，发明了飞机、火箭和飞船这些飞行器，造福人类；诸如此类，不胜枚举。它们都无不说明继承在事物发展中的重要性。

面向对象程序设计是一种认识世界、解决问题的方法，也需要模拟现实世界的继承以解决类与类之间的这种关联继承关系。

以人类繁衍来说，通过对客观对象的分析抽象并设计成类，将一个个有名有姓的爷爷抽象形成爷爷类，爷爷类派生出父亲类，父亲类派生出儿子类，儿子类继承了父亲类的相貌特征和姓氏，还会在父亲类的基础上有自己的特征，父亲类继承了爷爷类的相貌特征和姓氏，并在爷爷类的基础上有自己的特征。

又如飞行器，飞行器派生出飞机、火箭和飞船，而后面的飞机、火箭和飞船一般比飞行器具有更多的功能。

再如几何图形，通过几何图形可以派生出圆、矩形和三角形，而圆、矩形和三角形比几何图形更具体、更明确。

通过上面的分析可知，面向对象中的继承，实际上就是从已经存在的类中派生出新的类。派生出来的类继承了已经存在的类的属性和方法，还可以扩展自己的属性和方法。这两个类之间具有一种纵向的层次关系。

为了更明确地表达这种继承的层次关系，在面向对象的语言中，提出了父类和子类的概念，将派生出来的类称为子类(child class)，已经存在的类就称为父类(parent class)。父类也称为超类(superclass)、基类(base class)，子类也称为次类(subclass)、扩展类(extended class)和派生类(derived class)。

在面向对象的程序设计中，继承让类与类之间产生了联系，提高了代码的复用。

4.2.2　继承的语法

在 Python 中，继承的定义与前面类的定义一样，使用了关键字 class，然后是类的名称，不同的是在类的名称后面是圆括号，圆括号中指明其继承的父类名称，语法规则如下：

```
class DerivedClassName(BaseClassName):
    <statement-1>
    .
    .
    .
    <statement-N>
```

其中，DerivedClassName 是派生类(子类)所取的名称，圆括号中的 BaseClassName 称为基类，也就是父类。

在这里，需要特别说明的是：在 Python 中，所有的类都直接或间接地继承 Object 类，也就是说 Object 类是所有类的父类或基类，在前面所定义的类中，都默认继承这个 Object 类，只是省略没写。

程序清单 4.7 中定义了一个父类 Father 和一个子类 Son，后者继承前者，并增加了年龄属性 age 和方法 work()。

程序清单 4.7　inheritance01.py

```
1.  """继承的实例"""
2.
3.  class Father:
4.      """ 定义父类Father """
5.
6.      def __init__(self, name):
7.          self.surname = '苏' #姓氏
8.          self.book = '诗经'
9.          self.name = name
10.
11.     def get_surname(self):
12.         return self.surname
13.
14.     def get_book(self):
15.         return self.book
16.
17.     def read(self):
18.         print("{a}正在读{b}：死生契阔，与子成说。执子之手，与子偕老。".
format(a=self.surname + self.name, b=self.book))
19.
20.
21. class Son(Father):
22.     """ 定义儿子类，继承父类Father """
23.
24.     def __init__(self, name, age):
25.         super().__init__(name) #调用父类的初始化方法
26.         self.name = name
```

```
27.          self.age = age
28.
29.      def work(self):
30.          print("{a}正在写《Python 程序设计》的书。".format
(a=self.get_surname() + self.name))
31.
32.
33. if __name__ == '__main__':
34.      son1 = Son('经纶', 20)
35.      son1.work()
36.      son1.read()
```

程序清单 4.7 说明如下。

第 3~18 行：定义了父类 Father。它包含四个方法，分别是__init__()、get_surname()、get_book()和 read()。在__init__()中定义了三个实例变量，即 self.surname(姓氏)、self.book 和 self.name。其中，self.name 的值来自实参 name；实例方法 get_surname()和 get_book()分别向类的外部提供访问变量 self.surname 和 self.book 的方法；最后一个实例方法 read()打印输出正在阅读诗经。

第 21~30 行：定义了一个子类，即 Son 儿子类，它继承于前面的父类 Father，包含两个方法：__init__()和 work()。

在方法__init__()中，第 25 行是指调用父类的初始化方法__init__()，使用 super()这个特殊的函数，用于将父类和子类关联起来，由于父类也称为超类(superclass)，因而取名 super，其作用就是调用超类的初始化方法__init__()，对超类进行初始化，让实例包含父类的所有属性；第 26、27 行是子类新增的两个实例变量，其值来源于形参 name 和 age。

实例方法 work()是子类新增的一个方法。第 30 行使用 self.get_surname()方法访问父类的属性，这是因为子类继承了父类，就能访问父类的属性和调用父类的方法。

第 33~36 行：实例化对象并调用父类和子类的方法。第 34 行创建 son1 对象，也就是实例化。第 35 行使用实例调用子类的方法 work()，第 36 行使用实例调用父类的方法 read()。

程序清单 4.7 的运行结果如下：

苏经纶正在写《Python 程序设计》的书。
苏经纶正在读诗经：死生契阔，与子成说。执子之手，与子偕老。

通过以上分析可以知道，一旦两个类构成继承关系，那么子类就拥有了父类公共的属性和方法，就能访问父类的属性和调用父类的方法。

子类可以增加自己的属性和方法。

还可以使用 super()这个特殊的函数调用父类的初始化方法，对父类进行初始化。

4.2.3 重写父类的方法

实际上，还可以对父类的方法进行重写，使用 super()对父类的方法进行调用。下面对程序清单 4.7 进行改写，来演示重写父类方法和使用 super()对父类方法进行调用，其代码如程序清单 4.8 所示。

程序清单 4.8　inheritance02.py

```
1.  """继承的实例"""
2.
3.  class Father:
4.      """ 定义父类 Father """
5.
6.      def __init__(self, name):
7.          self.surname = '苏'  #姓氏
8.          self.book = '诗经'
9.          self.name = name
10.
11.     def get_surname(self):
12.         return self.surname
13.
14.     def get_book(self):
15.         return self.book
16.
17.     def read(self):
18.         print("{a}正在读{b}：死生契阔，与子成说。执子之手，与子偕老。".format
(a=self.surname + self.name, b=self.book))
19.
20.
21. class Son(Father):
22.     """ 定义儿子类，继承父类 Father """
23.
24.     def __init__(self, name, age):
25.         super().__init__(name)  #调用父类的初始化方法
26.         self.name = name
27.         self.age = age
28.         super().read()    #调用父类的实例方法
29.
30.     def work(self):
31.         super().read()    #调用父类的实例方法
32.         print("{a}正在写《Python 程序设计》的书。".format
(a=self.get_surname() + self.name))
33.
34.     def read(self):
35.         """重写父类的方法"""
36.
37.         print("{a}正在读{b}：关关雎鸠，在河之洲，窈窕淑女，君子好逑。".format
(a=self.get_surname() + self.name, b=self.get_book()))
38.
39.
40. if __name__ == '__main__':
41.     son1 = Son('经纶', 20)
42.     son1.work()
43.     son1.read()
```

程序清单 4.8 与程序清单 4.7 几乎一样，只加了很少的代码，下面对增加的代码进行说明。

第 28、31 行：使用 super()函数调用父类的实例方法 read()，运行结果输出的前两行正是父类 read()方法输出的结果。

第 34~37 行：在子类 Son 中对父类方法 read()进行了重写。

程序清单 4.8 的运行结果如下：

苏经纶正在读诗经：死生契阔，与子成说。执子之手，与子偕老。
苏经纶正在读诗经：死生契阔，与子成说。执子之手，与子偕老。
苏经纶正在写《Python 程序设计》的书。
苏经纶正在读诗经：关关雎鸠，在河之洲，窈窕淑女，君子好逑。

在 Python 中，对父类方法的重写比较灵活。如果父类方法的功能不能完全满足子类的需求，那么在子类中就可以重写一个与父类同名的方法，子类的实例调用这个方法时，将不会考虑父类中的这个方法，而是调用在子类中定义的这个方法。使用继承时，可让子类保留从父类那里继承而来的精华，并剔除不需要的"糟粕"。

4.2.4 用于继承机制的两个内置函数

Python 有两个内置函数可用于继承机制，分别是 isinstance()和 issubclass()。

内置函数 isinstance()用于判断对象是否是一个已知的类型，类似内置函数 type()。但 type()不会认为子类是一种父类类型，不考虑继承关系。而内置函数 isinstance() 会认为子类是一种父类类型，考虑继承关系。内置函数 isinstance()的语法如下：

```
isinstance(object, classinfo)
```

其中，参数 object 为实例对象，参数 classinfo 是直接或间接类名、基本类型或者由它们组成的元组。如果 object 参数是 classinfo 参数的一个实例，则返回 True；否则返回 False。

内置函数 isinstance()的示例代码如下：

```
>>> class A:
        pass

>>> class B(A):
        pass

>>> isinstance(A(), A)    # 实例 A()是否属于类 A
True
>>> isinstance(B(), A)    # 实例 B()是否属于父类 A
True
>>> type(B()) == A        # 不考虑继承关系
False
```

内置函数 issubclass()用于判断参数 class 是否是类型参数 classinfo 的子类。其语法形式如下：

```
issubclass(class, classinfo)
```

其中，参数 class 是一个类，另一个参数 classinfo 也是类。如果 class 是 classinfo 的子类，则返回 True，否则返回 False。

内置函数 issubclass()的示例代码如下:

```
>>> class A:
        pass

>>> class B(A):
        pass

>>> print(issubclass(B,A))    # 类之间的判断，而不是实例
True
```

4.2.5　多重继承

前面介绍的子类只有一个父类，实际上有时候子类可能继承多个父类，这称为多重继承。Python 支持多重继承，其语法格式如下:

```
class DerivedClassName(BaseClassName1, BaseClassName2):
    <statement-1>
    ⋮
    <statement-N>
```

其含义是创建了一个子类 DerivedClassName，它同时继承了 BaseClassName1 和 BaseClassName2 这两个父类。

程序清单 4.9 演示了多重继承的实现过程。

程序清单 4.9　mutiple_inheritance.py

```
1.   """多重继承"""
2.
3.   class Student:
4.       """定义学生类"""
5.
6.       def __init__(self, no, name):
7.           self.name = name
8.           self.no = no
9.
10.      def display(self):
11.          print("学生的信息是: {a}, {b}。".format(a=self.no, b=self.name))
12.
13.
14.  class Test:
15.      """定义一个考试类"""
16.
17.      def __init__(self, score1, score2):
18.          self.score1 = score1
19.          self.score2 = score2
20.
21.      def display(self):
22.           print("学生的考试分数是: {a}, {b}。".format(a=self.score1,
b=self.score2))
23.
```

```
24.
25. class Total(Test, Student):
26.     """定义一个总分类，继承学生类和考试分数类"""
27.
28.     def __init__(self):
29.         Student.__init__(self, "20160302002", "王小雅")
30.         Test.__init__(self, 85, 90)
31.         self.total_ = self.score1 + self.score2
32.
33.     def display(self):
34.         Student.display(self)
35.         Test.display(self)
36.         print("学生的总分是: {a}。".format(a=self.total_))
37.
38.
39. if __name__ == '__main__':
40.     s = Total()
41.     s.display()
```

多重继承尽管可以解决一些子类有多个父类的问题，但由于会导致类设计的复杂性，因而除非万不得已，一般还是尽量少用。

4.3 多态与封装

前面学习了面向对象的特征之一：继承，本节将继续介绍 Python 面向对象程序设计的另外两个特征：多态与封装。

4.3.1 多态

多态正如字面所解释的含义一样是指事物的"多种形态"，就像一棵树上的树枝一样，摇曳多姿。用面向对象的语言来定义的话，多态实际上就是同一个操作，作用于不同的对象，会产生不同的结果。

在前面的编程中，已经不知不觉用到了多态。

下面的示例演示了加法函数实现的多态。

```
>>> def add(x,y):
        return x + y

>>> add(5,4)
9
>>> add('中华','人民共和国')
'中华人民共和国'
```

上面代码中加法的函数可以实现两个数相加，无论是数字，还是字符串，以及其他数据类型，只要它们这些参数是支持加法的对象，都能相加。同一个加法函数的操作，作用的对象不同，其结果也就不同。

一些内置函数也具有多态的机制，如 len()函数，示例如下：

```
>>> print(len("Python"))
6
>>> print(len([1,2,3]))
3
```

以上代码分别使用 len()函数对字符串和列表操作,获得它们的长度。这也是多态的表现。

在程序清单 4.8 中,子类对方法 read()的重写,也是多态。

下面再举一个实例,来演示继承下的多态。该实例是一个模拟交通车辆的类。将交通车辆设计为父类,再将小汽车、卡车和自行车设计为子类,然后通过继承、方法重写和输出演示多态的实现过程。程序清单 4.10 是该实例的实现代码。

程序清单 4.10　polymorphic_demo.py

```python
1.  """ 多态的示例 """
2.
3.
4.  class LandVehicle:
5.      """定义车辆类"""
6.      def __init__(self, num_of_wheels, colour, owner):
7.          self.num_of_wheels = num_of_wheels
8.          self.colour = colour
9.          self.owner = owner
10.
11.     def driving(self):
12.         return '正在行驶......'
13.
14.
15. class Car(LandVehicle):
16.     """ 定义小汽车类,继承车辆类 """
17.     def __init__(self, colour, owner):
18.         super().__init__(4, colour, owner)
19.
20.     def driving(self):
21.         return "{a}正在行驶......".format(a=self.owner)
22.
23.
24. class Lorry(LandVehicle):
25.     """ 定义卡车类,继承车辆类 """
26.     def __init__(self, num_of_wheels, colour, owner, cargo):
27.         super().__init__(4, colour, owner)
28.         self.cargo = cargo
29.
30.     def driving(self):
31.         return "{a} 满 载 {b} 正 在 行 驶 ......".format(a=self.owner,
    b=self.cargo)
32.
33.
34. class Bicycle(LandVehicle):
35.     """ 定义自行车类,继承车辆类 """
```

```
36.     def __init__(self, colour, owner):
37.         super().__init__(2, colour, owner)
38.
39.     def driving(self):
40.         return "我骑着{a}来看你......".format(a=self.owner)
41.
42.
43. if __name__ == '__main__':
44.     my_car = Car('青川蓝', '红旗 H5')
45.     my_lorry = Lorry(10, '红色', '一汽解放 J7 重卡', '水果')
46.     my_bike = Bicycle('绿色', '凤凰山地车')
47.
48.     for v in (my_car, my_lorry, my_bike):
49.         print(v.driving())
```

运行结果如下:

红旗 H5 正在行驶......
一汽解放 J7 重卡满载水果正在行驶......
我骑着凤凰山地车来看你......

输出结果表明不同的对象(红旗 H5、一汽解放 J7 重卡和凤凰山地车),调用 driving()方法,其结果是不同的。

上面的示例和实例中,有些多态是没有继承关系的,有些是有严格的继承关系。在有些面向对象的语言中,继承是实现多态的条件之一,但 Python 的多态是比较灵活的,可以在没有继承情况下实现多态,也可以在有继承的前提下实现多态。其原因是 Python 的多态表现出一种"鸭子类型(duck typing)"。

"鸭子类型"这个概念最早来源于美国印第安纳州的诗人詹姆斯·惠特科姆·莱利(James Whitcomb Riley)的诗句:

当看到一只鸟走起来像鸭子、游起来像鸭子、叫起来也像鸭子,那么这只鸟就可以被称为鸭子(When I see a bird that walks like a duck and swims like a duck and quacks like a duck, I call that bird a duck)。

后来将鸭子类型应用于程序设计语言。在鸭子类型中,它不关注对象的类型,而是关注对象具有的行为(方法)以及它是如何使用的。比如,在前面的例子中,只关注方法的使用,不会去考虑是否存在继承关系。

4.3.2　封装

封装从字面上很好理解,就是将东西包起来。生活中的例子比比皆是,把信放在信封中,把要快递的东西包装起来寄走,电脑的主板、CPU、电源和内存组装后放入机箱,等等。为了能使用电脑,在机箱背后留出键盘、鼠标和网线的接口。面向对象语言的封装就类似于电脑的机箱,指的是将对象的状态信息隐藏在对象内部,不允许外部直接访问对象内部信息,而是通过该类提供的方法来实现对内部信息的操作和访问。所以程序设计语言中封装的含义,实际上,是把该隐藏的隐藏起来,该暴露的暴露出来。

Python 中的封装不像 C++和 Java 等面向对象语言那样,用很明确的关键字标明哪些是私有、公有的属性,更多的只是一种约定,但 Python 的封装无处不在,前面介绍的嵌套函数、构造方法__new__()、单下划线或双下划线标明的可保护和私有的属性等。关于这些前面已经进行了介绍。

4.4 包、模块与类的组织

前面编写的 Python 程序都不是很复杂，还不会遇到如何组织模块和类的问题。随着 Python 项目越来越大，功能也会更复杂，模块文件会越来越多，为了管理好这些模块文件，需要建立一个命名空间，Python 借鉴其他面向对象语言的优点，引入了包的概念。

本节将介绍包的概念，以及在项目中如何组织包、模块和类。

4.4.1 包与模块

在 Python 中，每个 Python 文件都是一个模块，两个 Python 文件就是两个模块，三个 Python 文件就是三个模块，依次类推。每个 Python 文件中，封装了功能类似的函数、类和执行语句，可以有多个

扫码观看视频讲解

函数和类，比如，前面介绍的 math 模块里面有将近 44 个函数和常量。当使用 math 模块中的相关函数时，不需要再重新编写函数，只需要使用 import 关键字导入该模块即可。因此，模块提供了代码重用的解决方案，是对文件内部的组织和管理。

随着项目越来越大，模块也越来越多，如果不根据名称、功能和作用将这些模块随意放在一起，那么使用、查找和维护这些模块都会变得十分不便甚至困难，因此如何管理好模块，在项目中就显得非常重要。在 Python 中，引入了包(package)的概念来对模块进行管理。

包实际上是一个特殊的文件夹，用于对多个 Python 文件/模块进行层次级的管理。这里之所以说它是一个特殊的文件夹，是因为这个特殊的文件夹与普通的文件夹相比，有一个名称为__init__.py 的特殊文件，这个文件可以是空的。只有具有这个特殊文件的文件夹才是一个包。

包按目录根据模块的功能对模块进行管理，能够避免模块名冲突，包是模块的集合，包可以嵌套包，就像文件目录一样。图 4.1 所示为项目中包和模块的结构示意图。

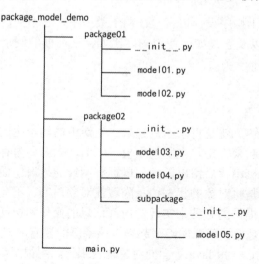

图 4.1 项目中包和模块的结构示意图

在图 4.1 中，项目 package_model_demo 包含两个包和模块 main.py。两个包分别是 package01 和 package02。package01 包含一个__init__.py 文件、两个模块文件 model01.py 和 model02.py；package02 不仅和 package01 一样包含一个__init__.py 文件、model03.py 和 model04.py 两个模块文件，而且还包含一个子包 subpackage，该子包有一个__init__.py 文件和 model05.py 模块文件。

图 4.1 中的每个包中都有一个__init__.py 文件，用来标识文件夹是一个 package，该文件可以为空，什么都不写，也可以不为空，存放程序用到的公共属性和模块。

4.4.2　包的创建与导入

创建一个包与新建一个文件夹一样，可以在 Python 项目中新建一个文件夹，然后在文件夹中增加一个空的__init__.py 文件，这个新建的文件夹就是一个包。在 IDE 编程环境中，有专门新建包的菜单。下面以 PyCharm 开发环境演示图 4.1 所示项目中包的创建过程。

打开 PyCharm 软件，创建一个新项目 package_module_demo，然后在该项目上单击右键，打开如图 4.2 所示的快捷菜单。

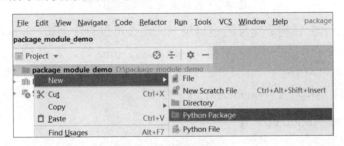

图 4.2　右键快捷菜单

在图 4.2 中选择 New->Python Package 命令新建一个包，命名为 package01，即完成了一个包的创建过程。包名通常为小写，避免使用下划线。

以此类推，再创建包 package02。在创建包的过程中，PyCharm 会自动创建一个空的__init__.py 文件。

创建模块的过程前面已经讲解过，在图 4.2 中，选择 New->Python File 命令即可新建模块文件。分别选择项目名称、package01 包、package02 包和 subpackage 子包，创建 main.py、module01.py 与 module02.py、module03.py 与 module04.py、module05.py 模块文件。创建完成的包和模块结构如图 4.3 所示。

Python 的 package 以及 package 中的__init__.py 共同决定 package 中的 module 如何被外界访问。由于模块可能会被一个包封装，而一个包又可能会被另外一个更大的包封装，因此在导入模块中所需要的函数、类和变量时，需要提供模块所在的绝对路径。

在 Python 中，包的导入是使用 import 与路径名一起实现的。路径名可以采用绝对路径，它是由点号连接包名、子包名和模块名组成的字符串，指明模块所在的包名，如：

最顶层的包名.子包名.模块名

使用 import 与路径名进行包导入常用的形式如下：

```
import 包名.模块名
import 包名.模块名 as 模块的别名
from 包名.模块名 import 函数、变量或类
from 包名.模块名 import 函数、变量或类 as 别名
from 包名.模块名 import *    # 星号标识模块中所有的函数、变量或类
```

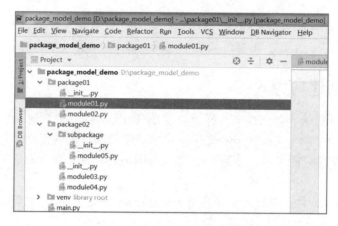

图 4.3   包和模块结构示意图

有时候，模块名就在搜索路径的根目录下，那么可以直接采用"import 模块名"的方式导入，比如 Python 内置的一些标准模块，os、sys、time 等。

下面完善图 4.3 中模块文件的代码，以演示包和模块的导入过程。

程序清单 4.11 是模块文件 module01.py 的代码。

程序清单 4.11   module01.py

```
1.  def read():
2.      print("我正在读《黄鹤楼》：黄鹤一去不复返，白云千载空悠悠。")
```

程序清单 4.11 中的模块文件 module01.py 位于 package01 中，定义了一个 read()函数。

程序清单 4.12 是模块文件 module02.py 的代码。

程序清单 4.12   module02.py

```
1.  class Student:
2.      def __init__(self,name):
3.          self.name = name
4.
5.      def read(self, name):
6.          print("{a} 正在读李商隐《登乐游原》：夕阳无限好，只是近黄昏。".
format(a=self.name))
```

程序清单 4.12 中的模块文件 module02.py 位于 package01 中，定义了 Student 类，其中定义一个 read()方法。

程序清单 4.13 是模块文件 module03.py 的代码。

程序清单 4.13   module03.py

```
1.  def read():
2.      print("我正在读孟郊《游子吟》：谁言寸草心，报得三春晖。")
```

程序清单 4.13 中的模块文件 module03.py 位于 package02 中，定义了一个 read()函数。

程序清单 4.14 是模块文件 module04.py 的代码。

程序清单 4.14　module04.py

```
1.   class Poet:
2.       def __init__(self,name):
3.           self.name = name
4.
5.       def read(self, name):
6.           print("{a}正在读李白《望庐山瀑布》:飞流直下三千尺，疑是银河落九天。".
format(a=self.name))
```

程序清单 4.14 中的模块文件 module04.py 位于 package02 中，定义了诗人 Poet 类，其中定义了一个 read()方法。

程序清单 4.15 是主模块文件 main.py 的代码。

程序清单 4.15　main.py

```
1.   import package01.module01
2.   import package01.module02 as m02
3.
4.   from package02.module03 import read
5.   from package02.module04 import Poet
6.
7.   if __name__ == '__main__':
8.       package01.module01.read()
9.
10.      stu1 = m02.Student("赵小蓝")
11.      stu1.read(stu1.name)
12.
13.      read()
14.
15.      poet = Poet("张小云")
16.      poet.read(stu1.name)
```

程序清单 4.15 是一个运行程序，需要用到上面模块中的函数和类，分别使用了 import 语句进行导入，其中的代码说明如下。

第 1 行：使用 import 语句导入包 package01 下的模块文件 module01.py。由于导入了该模块，所以第 8 行才能使用该模块文件中的 read()函数。

第 2 行：使用 import 语句导入包 package01 下的模块文件 module02.py，并给该模块取了一个别名 m02，这样在第 10 行使用该模块文件下的类时，就可以采用别名 m02.Student("赵小蓝") 来引用模块文件 module02.py 中的类。

第 4 行：使用 from 和 import 语句导入包 package02 下的模块文件 module03.py，并指定了导入的函数 read()，这样在第 13 行就可直接使用该方法。

第 5 行：使用 from 和 import 语句导入包 package02 下的模块文件 module04.py，并指定了导入的类 Poet，这样在第 15 行就可直接使用 Poet 类。

4.5　标准库常用模块的介绍与使用(二)

第 3 章介绍了 Python 标准库中的 math、random 和 time 几个常用模块，本节将继续介绍该标准库中的 datetime 模块和日志 logging 模块。

4.5.1　日期时间 datetime 模块

日期时间 datetime 模块是对时间 time 模块的高级封装，解决了 time 模块在平台和时间范围方面的局限性，使用非常广泛。

日期时间 datetime 模块提供了 datetime、date、time、timedelta、tzinfo 和 timezone 等六个类，用于日期和时间的处理。下面主要介绍 datetime 类的使用。

datetime 类是日期 date 类和时间 time 类的组合，包括 date 与 time 的所有信息。其构造方法如下：

```
datetime.datetime(year, month, day, hour=0, minute=0, second=0,
microsecond=0, tzinfo=None)
```

datetime 类的一些方法和属性的使用如下：

```
>>> import datetime                      # 导入 datetime 模块
>>> dt = datetime.datetime(2020,12,11)       # 使用构造方法创建日期时间对象
>>> print(dt)
2020-12-11 00:00:00
>>> print("年 =", dt.year,"月 =", dt.month,"日 =", dt.day)    # dt 对象的属性年月日
年 = 2020 月 = 12 日 = 11
>>> day = datetime.datetime.now()     # 类方法 now()，当前本地时间的 datetime 对象
>>> print(day)
2020-12-11 15:34:19.057489
>>> day = datetime.datetime.today()     # 类方法 today()，当前本地时间的 datetime 对象
>>> print(day)
2020-12-11 15:34:45.190610
```

datetime 类还提供了实例方法 strftime()格式化日期，示例代码如下：

```
>>> import datetime                      # 导入 datetime 模块
>>> day = datetime.datetime.today()
>>> t = day.strftime("%Y/%m/%d, %H:%M:%S")    # 使用实例方法 strftime 格式化日期
>>> print(t)
2020/12/11, 15:51:21
>>> t1 = day.strftime("%Y/%m/%d")              # 使用实例方法 strftime 格式化日期
>>> print(t1)
2020/12/11
```

实例方法 strftime()不仅适用于 datetime 类，也可以用于 date 和 time 类。其格式选项取值如表 3.5 所示。

更多关于时间模块的知识，请访问官网：https://docs.python.org/3.8/library/datetime.html#time-objects。

4.5.2 日志 logging 模块

在程序开发的过程中，经常会使用 print()函数调试和验证变量或一段代码输出的结果是否正确，不仅如此，通过这样的调试还能了解程序的运行情况，这其实就是一种最简单的日志记录行为。实际上，软件开发所说的日志就是对软件执行时所发生事件的一种记录和追踪的方式，通过日志，软件开发和维护人员能了解软件运行的状态，一旦出现问题，能进行溯源工作，发现问题、解决问题。这就像在私家车上安装行车记录仪一样。

Python 标准库提供了 logging 模块专门用于日志的管理，包括输出运行日志，设置输出日志的等级、日志保存路径、日志文件回滚等，相比 print()函数功能更加强大。

下面将从日志级别、日志核心类和函数、处理日志的一般流程来介绍日志模块。

1. 日志级别与日志输出

日志 logging 模块根据程序执行过程中所发生的事件级别或严重性，设定了日志级别，如表 4.1 所示。

表 4.1 中提供的日志级别，是需要开发者根据业务需求进行日志级别设置的，其目的是告诉日志模块，日志将输出所设置级别以上的所有事件。比如，如果将日志级别设置为 INFO，则它将包括 INFO、WARNING、ERROR 和 CRITICAL，但不包括 DEBUG 调试消息。默认的级别是 WARNING，意味着只会追踪该级别及以上的事件，除非更改日志配置。

表 4.1　日志级别(以严重性递增)

级　别	含义	何时使用
DEBUG	调试	细节信息，仅当诊断问题时适用
INFO	信息	确认程序按预期运行
WARNING	警告	表明有已经或即将发生的意外(如磁盘空间不足)。程序仍按预期进行
ERROR	错误	由于严重的问题，程序的某些功能已经不能正常执行
CRITICAL	严重	严重的错误，表明程序已不能继续执行

对日志所追踪事件能够以不同形式输出处理。最简单的方式是输出到控制台，另一种常用的方式是写入磁盘文件。尤其是对于运行中的程序，常采用后一种形式。

下面的示例演示了将日志信息输出到控制台，代码如下：

```
>>> import logging        # 导入日志模块
>>> log = logging.getLogger("权限管理")
>>> type(log)
<class 'logging.Logger'>
>>> log.warning("这是一条警告信息,用于日志测试")
这是一条警告信息,用于日志测试
>>> log.info("这是一条日志信息,用于日志测试")
>>> log.error("这是一条错误信息,用于日志测试")
这是一条错误信息,用于日志测试
```

以上代码首先使用 import 语句导入日志模块 logging，然后通过该模块的模块级函数 getLogger()调用 Logger 类相关联的 getLogger()方法创建一个日志对象 log，使用 type()函数查看 log 的数据类型，也验证了 log 是一个 Logger 日志对象。

创建了日志对象 log 后，就可以使用 Logger 类提供的与日志级别相关的方法输出日志信息。使用 log.warning()方法输出了警告信息，由于默认设置的级别是 warning，所以使用 log.info()输出不了日志信息，但是使用 log.error()可以输出日志信息。

2. 日志模块的核心类及其日志处理一般流程

除了上面提到的日志 Logger 类之外，日志模块 logging 还提供了处理 Handler、过滤 Filter 和格式化 Formatter 这三个类。这四个类构成了日志模块 logging 的核心类，用于日志的处理。

日志 Logger 类也称为日志器，是日志模块 logging 最重要的一个类，主要功能是为日志记录创建日志对象，调用该日志对象的方法传入日志模板和信息，来生成一条条日志记录 LogRecord。该日志对象可以通过 logging.getLogger(name)获取 logger 对象，如果不指定 name，则返回 root 对象，多次使用相同的 name 调用 getLogger 方法返回同一个 Logger 对象。

处理 Handler 类也称为处理器，是一个用于处理日志记录的类，它将日志记录 LogRecord 输出到指定的位置显示和存储。比如，上面将日志输出到控制台显示或输出到一个日志文件进行存储。一个日志对象 Logger 可以通过 addHandler()方法添加 0 到多个 Handler，每个 Handler 又可以定义不同的日志级别，以实现日志分级过滤显示。Handle 类是 StreamHandler、FileHandler、SMTPHandler、HTTPHandler 等子类的基类。

子类 logging.StreamHandler 可以将日志输出到控制台，其示例如下：

```
sh = logging.StreamHandler()
```

其中，StreamHandler()为构造方法，其参数是一个标准输出文件对象，默认一般是指标准的输出设备显示器，实际上就是控制台。该语句创建了输出到控制台的对象 StreamHandler。

创建该对象后，就可以调用该对象设置格式的方法 setFormatter()设置格式。格式设置之后，使用 addHandler()方法将上面的处理器 sh 添加到日志对象 Logger 中，最后输出日志，示例代码如下：

```
>>> sh = logging.StreamHandler()              # 创建输出到控制台 sh 对象
>>> fmt = '%(asctime)s - %(pathname)s[line:%(lineno)d] -
%(levelname)s: %(message)s'
>>> format_str = logging.Formatter(fmt)       # 设置日志格式
>>> sh.setFormatter(format_str)               # 设置 sh 日志显示的格式
>>> log = logging.getLogger()                 # 创建日志对象 log
>>> log.addHandler(sh)                        # 将处理器 sh 添加到此 log 对象
>>> log.warning('日志输出到控制台测试')
2020-12-10 22:43:34,294 - <pyshell#33>[line:1] - WARNING:日志输出到控制台测试
```

子类 logging.FileHandler 可以将日志输出到文件，其示例如下：

```
sh = logging.FileHandler(filename[,mode])
```

其中，filename 是文件名，必须指定一个文件名。mode 是指日志文件的写入方式，有两种：一种是 w，代表覆盖原来文件的内容，写入新的日志信息；还有一种是 a，代表追

加写入，默认的方式是 a。创建写入文件的处理器 sh 之后，输出日志文件与子类 StreamHandler 类似。

过滤 Filter 类，也称为过滤器，用于决定日志记录是否保存和发送到 Handler。比如：日志记录是否全部或部分发送；是只保存某个级别的日志，或只保存包含某个关键字的日志等，这其实就是过滤过程，这个过滤过程就是 Filter 类要处理的事情。

格式 Formatter 类，也称为格式化器，是一个用于处理日志记录输出格式的类。生成的日志记录 LogRecord 是对象，要将其保存为日志文本，就需要有一个格式化的过程，这个过程就由 Formatter 类来完成，返回的是日志字符串，然后传回给 Handler 来处理。表 4.2 是 Formatter 类常用的格式。

表 4.2　Formatter 类常用的格式

格　式	含　义
%(name)s	Logger 的名字
%(levelno)s	数字形式的日志级别
%(levelname)s	文本形式的日志级别
%(pathname)s	调用日志输出函数的模块的完整路径名，可能没有
%(filename)s	调用日志输出函数的模块的文件名
%(module)s	调用日志输出函数的模块名
%(lineno)d	调用日志输出函数的语句所在的代码行
%(asctime)s	字符串形式的当前时间。默认格式是 "2003-07-08 16:49:45,896"。逗号后面的是毫秒
%(message)s	用户输出的消息

日志模块 logging 处理的流程主要就是由这四个核心类来完成的。

日志器创建日志对象 Logger；格式化器和过滤器分别创建 Formatter 和 Filter 对象，Formatter 对象设置格式，Filter 对象进行过滤条件设置；处理器创建 Handler 对象，给 Handler 对象设置 formatter 格式和 filter 过滤条件；将设置好的 Handler 对象添加到对应的日志对象 Logger 上；最后使用 Logger 对象输出日志记录。

日志器需要通过处理器将日志信息输出到目标位置，如控制台、文件和网络等；不同的处理器可以将日志输出到不同的位置；日志器可以设置多个处理器，将同一条日志记录输出到不同的位置；每个处理器都可以设置自己的过滤器实现日志过滤，从而只保留感兴趣的日志；每个处理器都可以设置自己的格式器，实现同一条日志以不同的格式输出到不同的地方。

总之，日志器是入口，处理器通过过滤器和格式器对要输出的日志内容做过滤和格式化等处理操作，处理器需要添加到指定的日志器，这样才能按格式和过滤条件输出日志。

程序清单 4.16 使用子类 StreamHandler 和 FileHandler 将日志文件输出到控制台和文件中。该程序清单中定义了一个日志类 Logger，包含初始化方法 __init__()、输出到控制台的方法 out_stream() 和输出到文件的方法 out_file(self) 等。

程序清单 4.16   log_demo.py

```
1.   """ 日志 loggin 实例 """
2.   import logging
3.   import datetime
4.
5.
6.   class Logger:
7.       """ 自定义一个日志类 logger """
8.       def __init__(self, name='日志'):
9.           # 设置日志输出格式
10.          self.fmt = '%(asctime)s - %(pathname)s[line:%(lineno)d] -
%(levelname)s: %(message)s'
11.
12.          # 设置日志文件以日期为名称
13.          self.filename = datetime.datetime.today().strftime('%Y-%m-%d')
14.
15.          # 创建一个日志对象
16.          self.logger = logging.getLogger(name)
17.
18.          # 设置日志格式
19.          self.format_str = logging.Formatter(self.fmt)
20.
21.          # 设置日志级别
22.          self.logger.setLevel(logging.DEBUG)
23.
24.          # 调用输出到控制台和文件的方法
25.          self.out_stream()
26.          self.out_file()
27.
28.      def out_stream(self):
29.          """ 定义输出到控制台的方法 """
30.          sh = logging.StreamHandler()             # 控制台输出
31.          sh.setFormatter(self.format_str)         # 设置显示的格式
32.          self.logger.addHandler(sh)               # 把对象加到 logger 里
33.
34.      def out_file(self):
35.          """ 定义输出到文件的方法 """
36.          # 用于向一个文件输出日志信息,默认'a'是追加, 'w'是覆盖
37.          fh = logging.FileHandler('%s.log' % self.filename, 'a')
38.          fh.setFormatter(self.format_str)         # 设置文件写入的格式
39.          self.logger.addHandler(fh)               # 把对象加到 logger 里
40.
41.      def debug(self, msg):
42.          self.logger.debug(msg)
43.
44.      def info(self, msg):
45.          self.logger.info(msg)
46.
47.      def warning(self, msg):
48.          self.logger.warning(msg)
```

```
49.
50.    def error(self, msg):
51.        self.logger.error(msg)
52.
53.
54. if __name__ == '__main__':
55.    log = Logger()
56.    log.debug('调试')
57.    log.info('info信息')
58.    log.warning('警告')
59.    log.error('错误')
```

运行程序清单 4.16，输出的日志结果如下：

```
2020-12-10 23:19:16,261 -
D:/booksrcbychapters/chapter04/log_demo.py[line:42] - DEBUG: 调试
2020-12-10 23:19:16,261 -
D:/booksrcbychapters/chapter04/log_demo.py[line:45] - INFO: info信息
2020-12-10 23:19:16,261 -
D:/booksrcbychapters/chapter04/log_demo.py[line:48] - WARNING: 警告
2020-12-10 23:19:16,261 -
D:/booksrcbychapters/chapter04/log_demo.py[line:51] - ERROR: 错误
```

除了在控制台上输出日志信息外，还在当前目录下创建一个以日期为文件名称的日志文件。

更多关于日志的知识，请访问官网：https://docs.python.org/3.8/library/logging.html；另外，Python 提供了关于日志实现的源代码，这也是学习面向对象程序设计的蓝本，其官网地址是：https://github.com/python/cpython/tree/3.8/Lib/logging。

4.6 应用举例：ATM 柜员机的模拟

ATM 柜员机(Automatic Teller Machine，ATM)也称为自动取款机，是指银行为方便用户取款在不同地点设置一种小型机器，客户在该机器上插入银行卡就能完成提款、存款和转账等银行柜台服务。

本节将使用面向对象程序设计的方法，实现模拟 ATM 柜员机，完成提款、存款和转账等操作。

4.6.1 模拟 ATM 柜员机的功能设计

银行的 ATM 柜员机业务流程非常复杂。不仅要考虑业务流程，还要考虑数据的安全性以及用户的体验感。模拟的 ATM 柜员机仅仅是实现真实柜员机很小的一部分功能，主要包括：在控制台上模拟登录、查询余额、存款和取款等业务。具体要模拟完成的功能如下。

扫码观看视频讲解

➢   模拟账号登录；
➢   查询账户余额；
➢   存款；

> 取款。

银行的 ATM 柜员机的银行卡账号、密码、存款与取款交易都保存在数据库中，由于目前还没有学习数据库编程方面的知识，所以关于模拟 ATM 柜员机中的银行卡的账号、密码等需要设计一个数据结构来保存。

在这里，ATM 柜员机与银行卡业务的侧重点是不同的。银行卡主要记录了卡的信息，如卡号(card_id)、密码(password)和余额(balance)，而 ATM 柜员机除了存储有银行卡的信息之外，还负责业务操作，如登录(login)、取款(withdraw)、存款(deposit)、查询余额(check_balance)和操作日期(date)等。用面向对象的设计思想来看，ATM 柜员机实际上是银行卡的扩展，可以使用继承来实现银行卡与 ATM 柜员机之间的关联，银行卡作为 ATM 柜员机的父类，而 ATM 柜员机作为银行卡的子类。图 4.4 使用 UML 类图描述了银行卡 Card 类、ATM 柜员机 ATM 类及其之间的继承关系。

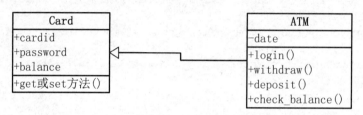

图 4.4　描述 Card 类、ATM 类及其之间继承关系的 UML 类图

4.6.2　ATM 银行柜员机的实现

根据上面的分析与设计，本小节将完成 ATM 柜员机的代码实现。首先完成银行卡 Card 类的实现，然后完成 ATM 类的实现，最后编写一个测试运行程序。

扫码观看视频讲解

1. 银行卡 Card 类的实现

银行卡 Card 类有三个属性，分别是：卡号(card_id)、密码(password)和余额(balance)，并分别提供这三个属性的 get 和 set 方法，为子类提供访问和修改属性的接口。程序清单 4.17 是整个银行卡 Card 类的代码。

程序清单 4.17　card.py

```
1.   class Card:
2.       """
3.       定义一个银行卡类，也称为账号类。银行卡信息：卡号，密码，余额
4.       """
5.
6.       def __init__(self, cardid, password, balance):
7.           self.cardid = cardid
8.           self.password = password
9.           self.balance = balance
10.
11.      def get_cardid(self):
12.          return self.cardid
```

```
13.
14.     def set_cardid(self, cardid):
15.         self.cardid = cardid
16.
17.     def get_password(self):
18.         return self.password
19.
20.     def set_password(self, password):
21.         self.password = password
22.
23.     def get_balance(self):
24.         return self.balance
25.
26.     def set_balance(self, balance):
27.         self.balance = balance
```

2. ATM 类的实现

ATM 类继承于 Card 类，拥有父类 Card 的公共属性和方法，为了记录 ATM 业务操作的日期，增加了一个属性日期 date，另外根据 UML 类图，ATM 的主要业务操作有登录、取款、存款和查询余额，因此，分别设计了相应的登录(login)、取款(withdraw)、存款(deposit)和查询余额(check_balance)方法。程序清单 4.18 是 ATM 类实现的代码。

程序清单 4.18   atm.py

```
1.  from model.card import Card
2.  import os, time
3.
4.  class ATM(Card):
5.      """
6.      ATM类，从业务分析上继承于银行卡类，增加了登录、存取款等业务操作
7.      """
8.
9.      def __init__(self,cardid, password, balance,date):
10.         super().__init__(cardid, password, balance)
11.         self.date = date
12.
13.     def get_date(self):
14.         return self.date
15.
16.     def set_date(self, date):
17.         self.date = date
18.
19.     def withdraw(self, amount):
20.         """取款"""
21.
22.         m = self.get_balance()
23.         m -= amount
24.         self.set_balance(m)
25.         return m
26.
```

```
27.        def deposit(self, amount):
28.            """存款"""
29.
30.            m = self.get_balance()
31.            m += amount
32.            self.set_balance(m)
33.            return m
34.
35.        def check_balance(self):
36.            mm = self.get_balance()
37.            return mm
38.
39.        def __str__(self):
40.            return "ATM 柜员机的操作信息如下：卡号：{0}；余额：{1}；日期：{2}。".format
(self.cardid,self.balance,self.date)
41.
42.        def login(self,cardid, password):
43.            print("\n 欢迎访问模拟的简易 ATM 柜员机\n")
44.            option = (input("1.登录 \n2.退出\n"))
45.            if option == "1":
46.                if cardid == self.cardid and password == self.password:
47.                    print("登录成功!")
48.                    ATM.menu(self)
49.                    return
50.                else:
51.                    print("登录不成功：输入卡号或密码错误!")
52.            elif option == "2":
53.                self.quit()
54.
55.        def quit(self):
56.            exit()
57.
58.        def menu(self):
59.            print('*************************************************')
60.            print('*        1.取款                     2.存款        *')
61.            print('*        3.查询                     4.退出        *')
62.            print('*************************************************')
63.            while True:
64.                choise = input('请根据菜单选项，输入相应的数字:').strip()
65.                if choise == '1':  # 取款
66.                    m2 = int(input('请输入取款额度:'))
67.                    self.withdraw(m2)
68.                    print("本次操作为取款。\n",self)
69.                    print('*************************************************')
70.                elif choise == '2':  # 存款
71.                    m3 = int(input('请输入存款额度:'))
72.                    self.deposit(m3)
73.                    print("本次操作为存款。\n", self)
74.                    print('*************************************************')
75.                elif choise == '3':  # 查询余额
76.                    y = self.get_balance()
```

```
77.                print("该卡余额为：",y)
78.                print("本次操作为查询余额。\n", self)
79.                print('*********************************')
80.          elif choise == '4':  # 退出
81.                exit()
82.          else:
83.                ATM.menu()
```

3. 测试和运行程序的实现

为了让程序运行，编写了测试和运行程序，代码如程序清单 4.19。

程序清单 4.19 main.py

```
1.   from model.atm import ATM
2.   import time
3.
4.
5.   if __name__ == '__main__':
6.       date = time.strftime("%Y-%m-%d %H:%M:%S", time.localtime())
7.       atm1 = ATM("10010101","123456",100,date)
8.
9.       cardid = input("请输入卡号：")
10.      password = input("请输入密码：")
11.
12.      # 调用登录方法
13.      atm1.login(cardid,password)
```

运行程序清单 4.19，操作结果如下：

```
请输入卡号：10010101
请输入密码：123456
```

欢迎访问模拟的简易 ATM 柜员机

```
1.登录
2.退出
1
登录成功！
*********************************************
*      1.取款              2.存款        *
*      3.查询              4.退出        *
*********************************************
请根据菜单选项，输入相应的数字：1
请输入取款额度:10
本次操作为取款。
  ATM 柜员机的操作信息如下：卡号：10010101；余额：90；日期：2019-12-15 19:15:05。
*********************************************
请根据菜单选项，输入相应的数字：2
请输入存款额度:1000
本次操作为存款。
  ATM 柜员机的操作信息如下：卡号：10010101；余额：1090；日期：2019-12-15 19:15:05。
*********************************************
```

请根据菜单选项，输入相应的数字：3
该卡余额为： 1090
本次操作为查询余额。
 ATM 柜员机的操作信息如下：卡号：10010101；余额：1090；日期：2019-12-15 19:15:05。
****
请根据菜单选项，输入相应的数字：4

本 章 小 结

对象和类：对象是客观存在的，代表了现实世界中可以明确标识的一个实体。一个对象具有独特的标识、属性和行为。具有相同属性和行为的一类对象，就称为类。类可以说就是模板、蓝图或合约，类是对象的抽象。从认知规律来看，先有对象，然后才是类，这就是面向对象的思想。

类的定义与实例化：使用 class 关键字定义一个类，使用语法：instance = ClassName() 对类进行实例化，也就是创建对象，实例即对象。

类的属性与方法：使用属性在类中存储信息，使用方法来实现类具有的行为。方法的定义与函数的定义一样，使用关键字 def 进行定义，它们之间的主要区别是方法属于类和对象所有，而函数不是。属性一般用变量进行存储，有实例变量、静态变量。

__init__()方法和 self 参数：使用__new__(cls)方法创建对象，对象的初始化工作由__init__()方法完成。self 参数，指向当前的实例。

继承：从已经存在的类中派生出新的类。Python 支持多重继承。

多态与封装：多态实际上就是同一个操作，作用于不同的对象，会产生不同的结果。Python 的多态比较灵活，可以在没有继承的情况下实现多态，也可以在有继承的前提下实现多态。原因是 Python 的多态表现出一种"鸭子类型(duck typing)"。Python 提供了用单下划线或双下划线来标识非公共和私有的属性。

包和模块：每个 Python 文件就是一个模块。模块提供了代码重用的解决方案，是对文件内部的组织和管理。包实际上是一个特殊的文件夹，用于对多个 Python 文件/模块进行层次级的管理。包必须包含名称为__init__.py 的特殊文件。

测 试 题

一、单项选择题

1. 下列关于面向过程和面向对象程序设计的描述，不正确的是(   )。
   A. 面向过程和面向对象都是解决问题的一种方法
   B. 面向过程是基于面向对象的
   C. 面向过程强调的是解决问题的步骤
   D. 面向对象强调的是解决问题的对象
2. 下列关于类和对象关系的描述，不正确的是(   )。
   A. 对象是类的实例

B. 对象是客观存在，类是对象的抽象

C. 类是对象的模板，一个类仅能生成一个对象

D. 类是对象的模板、蓝图或合同

3. 下列关键字中，用于类定义的关键字是(　　)。

A. def　　　　　　B. return　　　　　　C. class　　　　　　D. pass

4. 在类中定义 __init__() 方法，其作用是(　　)。

A. 创建对象　　　B. 创建实例　　　C. 初始化对象　　　D. 初始化类

5. 在类的定义中，用于表示类的当前实例的变量名是(　　)。

A. this　　　　　　B. me　　　　　　C. self　　　　　　D. other

6. 下列关于类变量或实例变量的描述，不正确的是(　　)。

A. 实例变量是对于每个实例都独有的数据

B. 实例变量和类变量存储的都是所有实例独有的数据

C. 类变量存储的是该类所有实例共享的数据

D. 类变量是该类所有实例共享的属性

7. 下列叙述中，不正确的是(　　)。

A. 类的实例方法必须创建对象后才可以调用

B. 类的实例方法必须创建对象前才可以调用

C. 类的类方法可以用对象和类名来调用

D. 一旦实例化对象即可访问对象的属性

8. 下列关于 Python 类继承的描述错误的是(　　)。

A. 继承表示两个类或多个类之间的父子关系

B. 继承表示两个类或多个类之间的兄弟关系

C. 子类继承了基类的所有公有数据属性和方法

D. 通过编写子类的代码可以扩充子类的功能

9. 下列选项关于 Python 中 super() 的描述正确的是(　　)。

A. 当前对象　　　　　　　　B. 子类的初始化方法

C. 调用父类的方法　　　　　　D. 调用当前对象的方法

10. 以下关于 Python 模块和包的说法错误的是(　　)。

A. 一个 xx.py 就是一个模块

B. 任何一个普通的 xx.py 文件可以作为模块导入

C. 包就是一个普通文件夹

D. 包是模块的集合，包可以嵌套包，就像文件目录一样

二、判断题

1. 类从哲学上来说，是一种抽象，是对一类对象的抽象。对象是类的实例。(　　)

2. 通过类可以创建对象，且只能创建一个对象实例。(　　)

3. 在面向对象程序设计中，函数和方法是完全一样的，都必须为所有参数进行传值。(　　)

4. 定义类时所有实例方法的第一个参数用来表示对象本身，在类的外部通过对象名调用实例方法时不需要为该参数传值。(　　)

5. Python 中没有严格意义上的私有变量。 （ ）

6. 创建类的对象时，系统会自动调用构造方法进行初始化。 （ ）

7. 类方法与静态方法属于实例。 （ ）

8. Python 只能实现单一继承，即一个子类只能有一个直接父类。 （ ）

9. 使用 super() 这个特殊的函数调用父类的初始化方法，对父类进行初始化。 （ ）

三、填空题

1. 对象是_____的实例。

2. 类包含属性和方法，一旦创建对象，就可以访问对象的_____和调用其_____。

3. 类中方法的定义与函数的一样，使用了关键字_____，其主要区别是_____，方法在类中定义，由_____调用，而函数一般都是_____。

4. 面向对象的程序设计具有三大特征，它们分别是: _____、_____和_____。

5. 子类可能继承多个父类，这称为_____。

6. 包的作用是_____。

四、编程题

1. 参考程序清单 4.3 中 Circle 类的实例，编写一个名为 Rectangle 的矩形类。该类包括:

➢ 两个名为 width 和 heigh 的属性。

➢ 初始化方法__init__()。

➢ 求面积和周长的方法 get_area() 和 get_perimeter()。

编写一个测试运行程序，对矩形类进行实例化，输入矩形的宽和高，并输出矩形的周长和面积。注: 实现循环输入，按 q 键退出程序。

2. 编写一个学生课程与成绩的类 StudentScore，这个类包括:

➢ 学生的学号 id、姓名 name、课程 course、成绩 score。

➢ 一个显示学生学号、姓名、课程和成绩的方法 display_score()。

编写一个测试运行程序，输入学生的学号、姓名、课程和成绩，并显示该学生的学号、姓名、课程以及成绩。

3. 设计并实现一个名为 Account 的银行账号类，它包括:

➢ 账号 id: 字符串类型、私有数据。

➢ 账户余额 balance: 浮点数据、私有数据。

➢ 当前利率 annual_interest_rate: 浮点类型、私有数据(默认值为 0)。假设所有的账户都有相同的利率。

➢ 账号创建日期 date_created: Date 类型，存储账户的开户日期。

➢ id、balance 和 annual_interest_rate 的访问器和修改器。

➢ date_created 的访问器。

➢ 一个名为 get_monthly_interest_rate() 的方法返回月利率。

➢ 一个名为 withdraw 的方法从账户提取金额。

➢ 一个名为 deposit 的方法向账户存金额。

编写一个测试运行程序，创建一个账户 ID 为 01122、余额为 300000 人民币、年利率为 1.95%的 Account 对象。使用 withdraw 方法取款 2500 人民币，使用 deposit 方法存款 3000 人民币，然后打印余额、月利息以及这个账户的开户日期。

4. 根据下面的要求，定义类并进行实例化。

(1) 创建 Person 类，属性有姓名、年龄、性别，创建一个方法 person_info()用于打印个人的信息。

(2) 创建 Student 类，继承上面的 Person 类，属性有学院 college、班级 class，重写父类 person_info 方法，调用父类方法打印个人信息，将学生的学院、班级信息也打印出来。

(3) 创建 Teacher 类，继承上面的 Person 类，属性有学院 college、专业 professional，重写父类 person_info 方法，调用父类方法打印个人信息，将老师的学院、专业信息也打印出来。创建 teach 方法，返回信息为"今天讲了如何用面向对象的思想进行程序设计"。

(4) 创建三个学生对象，分别打印其详细信息

(5) 创建一个老师对象，打印其详细信息

(6) 给类 Teacher 增加一个讲课内容的方法。

(7) 给 Student 类增加一个正在听课的方法，并显示老师讲课的内容。

5. 请定义一个交通工具(Vehicle)的类，其中有：

➢ 属性：速度(speed)，体积(size)等。

➢ 方法：移动 move()，设置速度 set speed()，设置体积 set size()，加速 speed up()，减速 speed down()等。

编写测试程序，实例化一个交通工具对象，通过方法给它初始化 speed 和 size 的值，并打印出来。另外，调用加速，减速的方法对速度进行改变。

6. 设计一个表示学生的类，里面有学生的学号、姓名，还要有三项成绩：数学成绩、Python 成绩、计算机网络成绩，要求可以求总分、平均分、最高分、最低分，并且可以输出一个学生的完整信息。设计要求如下：

➢ 所有的属性必须封装，设置为私有数据。

➢ 所有的属性必须通过 get 访问器和 set 修改器进行访问和修改。

➢ 求总分、平均分、最高分、最低分的方法。

➢ 设计一个输出显示学生信息和成绩的方法，如学生的学号、姓名，数学成绩、Python 成绩、计算机网络成绩。

7. 为二次方程式 $ax^2 + bx + c = 0$ 设计一个名为 QuadraticEquation 的类。这个类包括：

➢ 私有数据 a、b 和 c 表示方程式的三个系数。

➢ 一个包含参数为 a、b 和 c 的初始化方法。

➢ a、b、c 的三个 get 方法。

➢ 一个名为 get_discriminant()的方法返回判别式，即 $b^2 - 4ac$。

➢ 以下面的公式设计 get_root1()和 get_root2()两个方法，返回二次方程式的两个根。

$$r_1 = \frac{-b + \sqrt{b^2 - 4ac}}{2a}, \qquad r_2 = \frac{-b - \sqrt{b^2 - 4ac}}{2a}$$

这些方法只有在判别式为非负数时才有用。如果判别式为负，这些方法返回 0。

编写一个测试程序，由用户输入 a、b 和 c 的值，然后显示判别式的结果。如果判别式为正数，显示两个根；如果判别式为 0，显示一个根；否则显示"这个方程无根"。

第5章 字符串与正则表达式

前面章节已经学习了有关字符串的知识，比如定义字符串、使用转义字符以及用字符串保存数据。由于字符串在编程实践中应用非常广泛，Python 提供了丰富的操作符、函数和方法处理字符串，因此，本章继续介绍字符串的基本操作和格式化输出。

正则表达式是专门用于字符串检索、查找和匹配的语法规则，它不隶属于任何一门编程语言，但大多数编程语言都支持正则表达式，Python 语言也不例外。本章也将在 5.3 节简要介绍正则表达式的语法和 Python 提供的用于处理正则表达式的 re 模块。

5.1 字符串的基本操作

本节将介绍字符串的基本操作，主要包括：

➢ 字符串索引。
➢ 字符串切片。
➢ 字符串遍历。
➢ 字符串运算符。
➢ 使用内置函数处理字符串。
➢ 使用内置方法处理字符串。

5.1.1 字符串索引

通常在编程语言中，可以使用数字或键值直接访问有序序列中的元素，这个过程称为索引。在 Python 中，字符串是字符数据的有序序列，因此可以用这种方式进行索引。字符串索引的语法形式为

```
string_name[integer]
```

其中，string_name 为字符串变量名称，其后面接方括号[]，方括号中是整数数字下标，标识了字符串元素所处的位置，也就是索引，可以根据这个索引下标数字来访问字符串中的单个字符元素。

字符串索引下标数字从左到右以零开始，即第 1 个元素的索引为 0，接下来第 2 个为 1，以此类推，最后一个字符的索引是字符串长度减去 1。

字符串索引下标数字还可以从右到左以负数采用倒排计数，即最后一个元素对应的下标数字为-1，倒数第 2 个元素的下标数字为-2，以此类推，第 1 个元素的下标数字是字符串长度的相反数。

图 5.1 是字符串 tolighthouse 的索引示意图，显示了索引为正数和负数的情况。

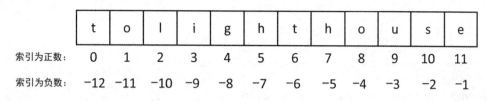

t	o	l	i	g	h	t	h	o	u	s	e

索引为正数: 0 1 2 3 4 5 6 7 8 9 10 11

索引为负数: -12 -11 -10 -9 -8 -7 -6 -5 -4 -3 -2 -1

图 5.1　字符串的索引

在图 5.1 中，一旦创建了字符串 tolighthouse，其索引的下标数字也就确定了，第 1 个元素 t 对应的下标为 0，第 2 个元素 o 的下标为 1，以此类推，最后一个元素 e 的下标是 11，整个字符串的长度是 12，字符串的长度减去 1 也是最后一个元素的下标。有了字符串下标索引，就可以使用该索引访问字符串的元素，比如：

下面使用交互式模式演示字符串索引的使用。

```
>>> >>> s = "tolighthouse"
>>> s[0]    # 索引为 0，指向第 1 个元素
't'
>>> s[1]    # 索引为 1，指向第 2 个元素
'o'
>>> len(s)  # 使用内置函数 len()获得字符串长度
12
>>> s[len(s) - 1]   # 索引为 len(s) - 1，指向最后元素
'e'
```

上面代码中使用了内置函数 len()来获取字符串的长度。Python 提供了很多内置函数来处理字符串，后面将陆续加以介绍。

字符串一定要避免使用超出索引下标数字范围的数字，比如，字符串 tolighthouse 的下标数字范围是 0 ～ 11，那么使用不在此范围内的数字，都会出现索引超界异常(IndexError)。比如：

```
>>> s[11]
'e'
>>> s[12]
Traceback (most recent call last):
  File "<pyshell#15>", line 1, in <module>
    s[12]
IndexError: string index out of range
```

图 5.1 中显示了字符串索引也可以是负数。在这种情况下，索引从字符串的末尾向左进行：-1 表示最后一个字符，-2 表示倒数第 2 个字符，以此类推，字符串 tolighthouse 的下标数字的范围是(倒数)：-12 ～ -1，不在此范围内的数字也会出现索引超界异常(IndexError)，比如：

```
>>> s = "tolighthouse"
>>> s[-1]            # 索引从字符串的末尾向左进行，其范围：-12 ～ -1
'e'
>>> s[-2]
's'
>>> s[-12]
```

```
't'
>>> s[-13]              # 索引超界异常
Traceback (most recent call last):
  File "<pyshell#5>", line 1, in <module>
    s[-13]
IndexError: string index out of range
```

从上面可以看出：对于任何非空字符串 s，s[0]与 s[-len(s)]都返回字符串的第 1 个元素，s[len(s)-1]和 s[-1]都返回最后一个元素。对于空字符串，没有任何有意义的索引。

5.1.2　字符串切片

字符串切片(slice)顾名思义就是从一个字符串中提取子字符串的操作，这个子字符串就是切片，其语法形式如下：

string_name[start:end:step]

扫码观看视频讲解

其中，字符串 string_name 的后面使用一对方括号[]，该方括号包含 3 个可选参数，分别是：起始索引 start、终止索引 end 以及步长 step，它们之间用冒号(:)分隔。执行这个切片表达式后，返回的字符串是从 start 开始且包含 start，以 end 结束，但不包含 end，步长为 step 值的子字符串，实际上取值构成了一个前闭后开的区间[start，end)。

下面是字符串切片操作的一些示例。

1. [:]的形式

字符串切片不包含上面语法形式中的三个参数，方括号中只有一个冒号，此时切片是整个字符串，示例代码如下：

```
>>> s = "tolighthouse"
>>> s[:]
'tolighthouse'
```

从上面可以看出切片 s[:]返回的是原始字符串的整体，它不是一个复制，而是对原始字符串的引用。下面的代码可以验证这一点：

```
>>> s = "tolighthouse"
>>> id(s)
48834800
>>> id(s[:])
48834800
>>> s is s[:]
True
```

从上面的结果可知：s 与 s[:]两个字符串对象的内存地址相同，用 is 操作符判断其返回值为 True，这说明它们都指向同一个内存地址，s[:]省略两个索引后，返回值是原始字符串的整体，而不是一个复制，是对原始字符串 s 的引用，也指向 s。

2. [start:]的形式

字符串切片可以只指定起始索引，即切片的起始位置从指定的 start 值开始并包含 start，end 的默认值为 len(s)，默认步长为 1，比如：

```
s = "tolighthouse"
>>> s[0:]   # 切片从 0 开始，包含 0，默认步长为 1，所以切片是整个字符串
'tolighthouse'
>>> s[1:]   # 切片从 1 开始，包含 1，默认步长为 1
'olighthouse'
>>> s[2:]   # 切片从 2 开始，包含 2，默认步长为 1
'lighthouse'
>>> s[len(s) -1 :]   # 切片从 len(s) -1 开始，包含 len(s) -1，默认步长为 1
'e'
```

从上面可知：在 s[n:]中省略了结束位置和步长，则切片将从第 1 个索引扩展到字符串的末尾。

3. [:end]的形式

可以只指定终止索引 end 来进行切片，此时，切片的默认起始位置为 0，终止索引为 end 值，但不包含 end 值，默认步长为 1，比如：

```
>>> s = "tolighthouse"
>>> s[:0]   # 切片默认从 0 开始，终止为 0，但不包含 0，默认步长为 1，所以切片为空
''
>>> s[:1]   # 切片默认从 0 开始，终止为 1，但不包含 1，默认步长为 1
't'
>>> s[:2]   # 切片默认从 0 开始，终止为 2，但不包含 2，默认步长为 1
'to'
>>> s[:len(s)]   # 切片默认从 0 开始，终止为 len(s)，但不包含 len(s)，默认步长为 1
'tolighthouse'
```

如果省略第 1 个索引，即起始索引，则切片将从字符串的第 1 个元素开始，即起始索引值为 0，因此，s[:m]与 s[0:m]等价。

4. [start:end]的形式

[start:end]的表达式返回从位置 start 开始，直到但不包括位置 end 的子字符串，比如：

```
>>> s = "lighthouse"
>>> s[0:1]   # 切片从 0 开始，包含 0，终止于 1，但不包含 1，默认步长为 1
'l'
>>> s[0:2]   # 切片从 0 开始，包含 0，终止于 2，但不包含 2，默认步长为 1
'li'
>>> s[5:7]   # 切片从 5 开始，包含 5，终止于 7，但不包含 7，默认步长为 1
'ho'
>>> s[5:9]   # 切片从 5 开始，包含 5，终止于 9，但不包含 9，默认步长为 1
'hous'
>>> s[5:10]   # 切片从 5 开始，包含 5，终止于 10，但不包含 10，默认步长为 1
'house'
```

类似地，如果像在 s[n:]中那样省略第 2 个索引，则切片将从第 1 个索引扩展到字符串的末尾。使用 s[n:]替代 s[n:len(s)]的写法，会使代码显得更简洁。比如：

```
>>> s = 'foobar'
```

```
>>> s[2:]
'obar'
>>> s[2:len(s)]
'obar'
```

对于任意字符串 s 和任意整数 n(0≤n≤len(s))， s[:n] + s[n:]等于 s：

```
>>> s = 'foobar'

>>> s[:4] + s[4:]
'foobar'
>>> s[:4] + s[4:] == s
True
```

如果切片中的第 1 个索引大于或等于第 2 个索引，Python 将返回一个空字符串，比如：

```
>>> s = "lighthouse"
>>> s[2:2]
''
>>> s[4:2]
''
```

5. [start:end:step]的形式

在字符串切片中指定一个步长 step 后，会以这个步长进行切片，比如：

```
>>> s = "tolighthouse"
>>> s[0:6:2]     # 切片从 0 开始，包含 0，终止于 6，但不包含 6，默认步长为 2
'tlg'
>>> s[2:10:3]    # 切片从 2 开始，包含 2，终止于 10，但不包含 10，默认步长为 3
'lho'
```

对于字符串"tolighthouse"，切片 0:6:2 从第 1 个字符开始，到 end 索引值为 6 结束，不包含 6，步长值为 2，即每隔 2 个字符进行切片。类似地，2:10:3 指定以 start 索引值 2 开始，到 end 索引值为 10 结束，步长值为 3，即每隔 3 个字符进行切片。

对于[start:end:step]，还有几种特殊的形式，省略第 1 个或第 2 个参数索引，只给出步长，示例代码如下：

```
>>> s = '12345' * 5
>>> s
'12345123451234512345'
>>> s[::5]
'11111'
>>> s[4::5]
'55555'
```

6. 索引为负数

负数也可用于切片，比如：

```
>>> s = "tolighthouse"
>>> s[-6:-3]
'tho'
```

```
>>> s[-6:-10]
''
```

以上步长为 1，所以尽管起始索引都为负数，但切片方向还是从左到右进行的，所以切片 s[-6:-10]的值为空。

步长 step 也可以为负数，此时，切片方向将从右向左遍历字符串，起始的第 1 个索引应该大于结束的第 2 个索引，比如：

```
>>> s = "tolighthouse"
>>> s[-6:-11:-3]
'ti'
```

从上面可知：-6:-11:-3 表示从 s[-6]元素开始，从右向左后退 3，直到元素 s[-11]但不包括该元素，所以值为 ti。

当后退一步时，如果省略了第 1 个和第 2 个索引，默认值将以一种直观的方式反转。第 1 个索引默认值位于字符串的末尾，第 2 个索引默认值位于开头，比如：

```
>>> s = "tolighthouse"
>>> s[::-1]
'esuohthgilot'
```

切片 s[::-1]实现了字符串的反转。

切片这样实现字符串反转的特点可用于判断回文串。所谓回文串是指一个正读和反读都一样的字符串，比如'level'或者'noon'等等就是回文串。单独一个字符，比如'a'，也可以认为是回文串。

通过回文串的定义，可以先把字符串取反(即反着读)，然后判断是否相等，从而判断是否是回文串，示例代码如下：

```
>>> def is_palindrome(s:str):
        if s == s[::-1]:
            return True
        else:
            return False


>>> is_palindrome('abdba')
True
```

由于切片操作的语法简单灵活，能快速方便地从字符串中提取某个范围的元素形成子字符串，因而使用比较广泛，另外，切片适用于所有的序列，如字符串、列表等。

5.1.3　字符串遍历

遍历字符串是字符串最常用的操作。通过对字符串进行遍历，从头开始读取，依次访问每个字符，直至字符串的结尾。可以使用 for 循环和内置函数 range()对字符串进行遍历，比如：

扫码观看视频讲解

```
>>> s = "纸上得来终觉浅，绝知此事要躬行。"
>>> for i in s:                 # 使用 for 循环遍历字符串 s
```

```
        print(i,end=' ')                    # 输出字符串中的每个元素
```

纸 上 得 来 终 觉 浅 ， 绝 知 此 事 要 躬 行 。
```
>>> for index in range(len(s)):          # 内置函数 range()和 len()遍历字符串 s
        print(s[index],end=' ')          # 使用索引输出字符串中的每个元素
```

纸 上 得 来 终 觉 浅 ， 绝 知 此 事 要 躬 行 。

内置函数 range()的参数是字符串 s 的长度，它由另一个内置函数 len()获得字符串长度后传入，也是遍历字符串每次迭代的条件：只要字符串索引值小于字符串 s 的长度，循环就会一直迭代下去。

5.1.4　字符串运算符

一些运算符可以用于字符串运算，主要有如下几个。

➢ 　加号+：连接左右两端的字符串。
➢ 　星号*：重复输出字符串。
➢ 　in：判断左端的字符是否在右端的序列中。
➢ 　not in：判断左端的字符是否不在右端的序列中。
➢ 　r/R ：在字符串开头使用，使转义字符失效。

扫码观看视频讲解

下面分别介绍。

1. +运算符

加号+运算符可用于连接字符串。它返回一个由连接在一起的操作数组成的字符串，如下所示：

```
>>> str1 = "宽容"
>>> str2 = "真诚"
>>> str3 = "公正"
>>> str1 + str2 + str3
'宽容真诚公正'
```

2. *操作符

星号*操作符创建字符串的多个副本。假如 str1 是一个字符串，n 是一个整数，下面任何一个表达式都返回一个字符串，该字符串由 n 个 str1 的串联副本组成：

```
>>> str1 = "宽容"
>>> str1 * 3
'宽容宽容宽容'
>>> 3 * str1
'宽容宽容宽容'
```

乘法中的操作数 n 如 3 必须是整数。

3. 成员操作符 in 和 not in

Python 还提供了一个可以与字符串一起使用的成员操作符：in 和 not in。如果第 1 个

操作数包含在第 2 个操作数中，in 操作符返回 True，否则返回 False，比如：

```
>>> s = 'foo'

>>> s in 'That\'s food for thought.'
True
>>> s in 'That\'s good for now.'
False

>>> 'z' not in 'abc'
True
>>> 'z' not in 'xyz'
False
```

4. r/R

在 Python 的字符串前面加上"r"或"R"，是告诉解释器该字符串是一个原始字符串。原始字符串是 Python 中一类比较特殊的字符串，以大写字母 R 或者小写字母 r 开始，其中转义字符不再有效。比如：

```
>>> print("abcdef\n")
abcdef

>>> print(r"abcdef\n")
abcdef\n
```

上面示例表示以 r 开始的字符串中的转义字符\n 换行符失效，原样输出。

5. 字符串相等的比较

判断两个字符串是否相等是字符串比较中最常用的操作。比如，系统登录时都要判断输入的用户名和密码是否与数据库中的用户名和密码相等，这里的用户名和密码一般都是字符串。

在 Python 中，比较字符串是否相同主要使用：==和 is 运算符。

使用==来比较两个字符串内的 value 值是否相同，比如：

```
>>> username = 'admin'
>>> username1 = 'solo'
>>> if username == username1:        # 判断两个字符串值是否相同
    print("用户名相同！")
else:
    print('用户名不相同！')


用户名不相同！
```

使用 is 是比较两个字符串的 id 值对象的地址是否相同，比如：

```
>>> username = 'admin'
>>> username1 = 'admin'
>>> username is username1
True
```

```
>>> id(username)
46545528
>>> id(username1)
46545528
```

假如 username 和 username1 的值都是"admin-admin"，下面使用 is 判断是否相等，代码如下：

```
>>> username = 'admin-admin'
>>> username1 = 'admin-admin'
>>> id(username)
48777392
>>> id(username1)
48795568
>>> username == username1
True
>>> username is username1
False
```

上面的代码显示 username 和 username1 的 id 值分别是 48777392 和 48795568，显然它们是两个不同的对象，但两个变量用==判断时，结果是 True，表示它们的值是相等的，而用 is 判断，结果是 False，是不相等的。在这个示例的最上面的一个示例中，当 username 和 username1 的值都是"admin"时，用==或 is 判断，它们的结果都是 True。

上面的情况是因为字符串驻留机制导致的。在 Python 中，对于短字符串，将其赋值给多个不同的对象时，内存中只有一个副本，多个对象共享该副本。而长字符串不遵守驻留机制。

因为这种机制的存在，所以在比较字符串值是否相等时，推荐使用"=="运算符。

5.1.5 使用内置函数处理字符串

Python 提供了用于处理字符串的内置函数，比如：使用内置函数 len()获得字符串长度，确定索引和切片的取值范围，以及作为遍历字符串的循环迭代条件。

下面再介绍几个内置函数的使用。

1. 使用内置函数 len()判断字符串是否为空

编程过程中，经常会遇到判断字符串是否为空的情形，根据空字符串的特点，可以使用 len(s) ==0 来判断字符串是否为空，比如：

```
>>> str = ''
>>> if len(str) == 0:
    print('字符串 str 为空!')
else:
    print('字符串 str 不为空! ')


字符串 str 为空!
```

2. 使用内置函数 chr()和 ord()将字符和数字相互转换

内置函数 chr(n)返回一个整数 n 对应的 Unicode 编码的字符。内置函数 ord()与 chr()是一对功能相反的函数。前者用来返回单个字符的 Unicode 码。两个内置函数的实例代码如下。

整数 n 的值可以是十进制或十六进制形式的数字，其范围为 0 ~ 1114111(十六进制为0x10FFFF)。如果 n 超过这个范围，会触发 ValueError 异常。示例代码如下：

```
>>> chr(97)
'a'
>>> ord('a')
97
```

3. 使用内置函数 str(obj)返回对象的字符串表示形式

内置函数 str(obj) 返回对象 obj 的字符串表示形式，如：

```
>>> s = str(12345)
>>> type(s)
<class 'str'>
>>> s
'12345'
>>> print(s)
12345
```

由于 Python 中一切皆为对象，所以可以将列表、元组和字典等都转换为字符串的表现形式。

4. 使用内置函数 bytes()将字符串转换为字节对象

内置函数 bytes()返回一个新的字节对象，该对象是一个 0 ≤ x < 256 区间内的整数不可变序列，其语法形式如下：

```
bytes([source[, encoding[, errors]]])
```

其中，参数 source 可以是整数、字符串或可迭代类型等，encoding 是编码类型，默认为 UTF-8。下面的代码将一个字符串转换为一个字节对象，代码如下：

```
>>> s = "到灯塔去"
>>> bytes(s,'utf-8')
b'\xe5\x88\xb0\xe7\x81\xaf\xe5\xa1\x94\xe5\x8e\xbb'
```

5.1.6 使用内置方法处理字符串

在 Python 中处理字符串操作，不仅可以使用内置函数，还可以使用内置方法。方法属于对象，因而使用内置方法处理字符串对象，就是通过字符串对象调用方法，其调用的语法形式如下：

```
string_name.method(arguments)
```

其中，string_name 是引用字符串对象的变量，method 是调用方法的名称，arguments

是传递到方法的参数。

下面按照处理字符串的功能分类来介绍一些常用方法的使用。

1. 字符串中字母大小写转换

实现字符串字母大小写转换的方法主要有以下三个。

➢ 内置方法 upper()与 lower()：前者将字符串的所有小写字符转换为大写字符，后者将字符串的所有大写字符转换为小写字符。

➢ 内置方法 capitalize()：实现字符串首字母大写，返回字符串的一个副本，其中第 1 个字符转换为大写字符，所有其他字符转换为小写字符。

➢ 内置方法 swapcase()：将字符串中的大写字符改为小写字符，小写字符改为大写字符。

下面是这个方法的示例代码。

```
>>> str1 = 'Hello World'
>>> str1.upper()
'HELLO WORLD'
>>> str1.lower()
'hello world'

>>> s = 'foO BaR BAZ quX'
>>> s.capitalize()
'Foo bar baz qux'

>>> str1 = 'Hello World'
>>> str1.swapcase()
'hELLO wORLD'
```

2. 字符串内容判断

字符串内容的判断是指确定字符串中是否包含要找的内容。如果存在，则返回 True；反之，则返回 False。比如，判断字符串是否包含数字、是否包含大小写字母等。表 5.1 提供了一些字符串内容判断的方法。

表 5.1　字符串内容判断的方法

内置方法	含 义
startswith()	判断字符串是否以指定参数开始，返回 True 或 False
endswith()	判断字符串是否以指定参数结束，返回 True 或 False
isupper()	如果字符串中的字母均为大写，则返回 True，否则返回 False
islower()	如果字符串中的字母均为小写，则返回 True，否则返回 False
isalpha()	如果字符串中只包含字母，则返回 True，否则返回 False
isdigit()	如果字符串中只包含数字，则返回 True，否则返回 False
isspace()	如果字符串中只包含空格，则返回 True，否则返回 False

下面介绍其中几个方法的使用。

假如有一个字符串为 str，判断字符串 str 是否以给定的字符或字符串开始或结束，就可以使用内置方法 startswith()和 endswith()，比如：

```
>>> str = "Be just to all, but trust not all"
>>> str.startswith('Be')
True
>>> str.startswith('be')
False
>>> str.startswith( 'j', 3, 3 )
False
>>> str.startswith( 'j', 3, 4)
True
```

从上面可知：第 1 个方法 startswith()，其参数是"Be"，结果为 True；第 2 个参数是"be"，结果是 False。这说明方法 startswith()是区别大小写的。该方法还可以指定字符串检测的起始位置和结束位置，但不包含结束位置，比如，str.startswith('j', 3, 3)中的 3 就是起始位置，3 也是结束位置，结果为 False，说明指定搜索范围是不包含结束位置的。

根据 endswith()方法的功能，可以通过判断扩展名来确定文件是否存在，比如：

```
>>> file = input("请输入文件名(带扩展名): ")
请输入文件名(带扩展名): test.py
>>> if file.endswith('.py'):
        print('存在该扩展名的文件')
else:
        print('不存在该扩展名的文件')
```

存在该扩展名的文件

如果要统计字符串中的字符、数字、英文单词和空格等出现的次数，可以使用 isdigit()、isalpha()和 isalnum()等方法来实现。

程序清单 5.1 实现了统计字符串中字符、数字、英文单词和空格等出现次数的功能。

程序清单 5.1 count.py

```
1.   """ 统计字符串中字符、数字、英文单词和空格等出现的次数 """
2.
3.
4.   def count(str):
5.     num_number = upper_number = lower_number = char_number = space_number = other_number = 0
6.     for i in str:
7.         if i.isalpha():                    # 判断英文字符
8.             char_number += 1
9.             if i.islower():                # 判断是否存在小写字母
10.                lower_number += 1
11.            elif i.isupper():              # 判断是否存在大写字母
12.                upper_number += 1
13.        elif i.isdigit():                  # 判断数字
14.            num_number += 1
15.        elif i.isspace():                  # 判断空格
16.            space_number += 1
```

```
17.        else:                                    # 其他字符
18.            other_number += 1
19.
20.    print("英文字符有:", char_number)
21.    print("数字字符有:", num_number)
22.    print("空格有:", space_number)
23.    print("大写字母有", upper_number)
24.    print("小写字母有:", lower_number)
25.    print("其他字符有:", other_number)
26.
27.
28. if __name__ == '__main__':
29.    str = input("请输入字符串: ")
30.    count(str)
```

运行程序清单5.1，结果如下：

```
请输入字符串: abcd    123456!@ABC
英文字符有: 7
数字字符有: 6
空格有: 3
大写字母有 3
小写字母有: 4
其他字符有: 2
```

3. 字符串的查找

编程中，经常需要在字符串中查找子字符串。表5.2列出了查找字符串的一些方法。

表5.2　查找字符串的方法

内置方法	含　义
find()	查找字符串中是否包含子字符串。如果查找不到子字符串，则返回-1
index()	查找字符串中是否包含子字符串。如果查找不到子字符串，则会抛出异常

内置方法 find()查找字符串中是否包含子字符串，如果包含子字符串则返回开始的索引值，否则返回-1。其语法形式如下：

```
str.find(str, beg=0, end=len(string))
```

其中，参数 str 是指定检索的字符串，beg 是开始的索引，默认为 0，end 是结束的索引，默认为字符串的长度。方法 find()使用的示例代码如下：

```
>>> str = "众里寻他千百度，蓦然回首，那人却在，灯火阑珊处。"
>>> str.find('百度')    # 查找指定字符串“百度”是否在字符串 str 中
5                        # 查找成功返回以字符“百”开始的索引值，即：5
>>> str.find('千里')    # 查找指定字符串“千里”是否在字符串 str 中
-1                       # 查找失败，返回-1
```

内置方法 index()与 find()相似。唯一的区别是，如果没有找到查找的字符串，find()返回-1，而 index()方法则抛出异常，比如：

```
>>> str = "众里寻他千百度，蓦然回首，那人却在，灯火阑珊处。"
>>> str.index('百度')
5
>>> str.index('千里')
Traceback (most recent call last):
  File "<pyshell#73>", line 1, in <module>
    str.index('千里')
ValueError: substring not found
```

4. 修改和替换字符串

字符串是不可变的数据类型，这意味着它们不能被修改。比如，下面的代码中将字符 a 赋值给字符串 s 的第 3 个元素 s[2]，试图修改该元素的值：

```
>>> s = "tolighthouse"
>>> s[2] = 'a'
Traceback (most recent call last):
  File "<pyshell#75>", line 1, in <module>
    s[2] = 'a'
TypeError: 'str' object does not support item assignment
```

但执行 s[2]='a'后，发生了异常，提示说明字符串是不能被修改的。

尽管字符串是不能被修改的，但字符串提供的一些方法却可以修改和替换字符串并返回它们自己修改后的副本。这些方法有：

- replace()：替换字符串中的值。
- strip()：默认删除字符串前后的空格，若加上参数，则改为删除字符串前后的该参数。
- lstrip()：去掉字符串前面的空格，若加上参数，则改为删除字符串前的该参数。
- rstrip()：删除字符串末尾的空格，若加上参数，则改为删除字符串后的该参数。

内置方法 replace()经常用于替换字符串中的元素，其语法形式如下：

```
replace(old,new[,count])
```

其中，将字符串中的所有 old 用 new 替换，若使用 count 可选参数，则替换次数不超过 count 次，示例代码如下：

```
>>> str7 = 'xxHxexlxxlxo Wxxxxorld'
>>> str7.replace('x', '')
'Hello World'
>>> str7.replace('x', 'A')
'AAHAeAlAAlAo WAAAAorld'
>>> str7.replace('x', 'A', 1)
'AxHxexlxxlxo Wxxxxorld'
```

下面是 strip()、lstrip()和 rstrip()的示例代码：

```
>>> s = "  tolighthouse  "
>>> s.strip()                 # 删除字符串两边的空格
'tolighthouse'
>>> s.lstrip()                # 删除字符串左边的空格
```

```
'tolighthouse   '
>>> s.rstrip()                          # 删除字符串右边的空格
'   tolighthouse'
```

上面的方法还可以传入参数，以 strip()方法为例，传入字符 t，代码如下：

```
>>> s = "tolighthouse"
>>> s.strip('t')                        # 按指定的字符 t，删除字符串左边的字符
'olighthouse'
```

执行 s.strip('t')后，将删除字符串左边的元素"t"。

5. 合并和分隔字符串

软件开发中常常需要合并和分隔字符串，内置方法 join()和 split()可以实现字符串的合并和分隔。

内置方法 join()以字符串作为分隔符，插入方法参数中的每个字符之间，以此分隔符将参数中的字符串连接起来，返回一个连接的字符串，该方法的语法形式如下：

```
string_name.join(iterable)
```

其中：string_name 是用于连接字符串的分隔符，也是字符串，可以根据连接的需要指定特定的分隔符，iterable 为可迭代的对象，如列表、元组、字符串、字典和集合等。示例代码如下：

```
>>> str1 = '-'        # 字符串为分隔符"-"
>>> str2 = 'Hello World!'
>>> str1.join(str2)
'H-e-l-l-o- -W-o-r-l-d-!'    # 将分隔符"-"插入字符串 str2 中的每个字符之间
>>> str1 = "aa"       # 字符串"aa"作为分隔符
>>> str1.join(str2)
'Haaeaalaalaaoaa aaWaaoaaraalaadaa!'    # 将"aa"插入字符串 str2 中的每个字符之间
```

内置方法 split()正好与 join()方法的作用相反，用于将字符串拆分，返回分割后的字符串列表。该方法的语法形式如下：

```
string_name. split(sep, num)
```

其中：string_name 是要分隔的字符串，该方法中的第 1 个参数为分隔符，即分割字符串，包括空格、换行(\n)、制表符(\t)等，默认为空字符，第 2 个参数 num 为分割次数。默认为-1，即分隔所有。

```
>>> my_string = 'One two three four'    # 字符串中的每个单词以空格分开
>>> my_list = my_string.split()         # 默认以空格分隔
>>> my_list
['One', 'two', 'three', 'four']
>>> my_string = '8-2017-JX13-001-0003'
>>> my_list = str.split('-')            # 分隔所有
>>> my_list
['8', '2017', 'JX13', '001', '0003']
>>> my_list = str.split('-',1)          # 只分隔 1 次
>>> my_list
['8', '2017-JX13-001-0003']
```

```
>>> my_list = str.split('-',2)          # 分隔2次
>>> my_list
['8', '2017', 'JX13-001-0003']
```

6. 使用 count()方法统计字符串中字符出现的次数

内置方法 count()可用于统计字符串中某个字符出现的次数，其语法形式如下：

```
string_name.count(sub, start= 0,end=len(string))
```

其中：参数 sub 是搜索的子字符串，参数 start 为字符串开始搜索的位置，默认为第 1 个字符，第 1 个字符的索引值为 0，参数 end 为字符串中结束搜索的位置，默认为字符串的最后一个位置。

下面是统计字符串中某个字符的代码：

```
>>> str8 = 'AxxBxxC'
>>> str8.count('xx')
2
```

5.2 字符串的格式化输出

前面已经学习过字符串的格式化输出，比如，使用转义字符换行符\n 横排输出诗词、在 print()函数中使用制表符\t 输出按列对齐的字符串。

本节将继续深入探讨字符串的格式化输出，进一步学习使用操作符%、format()方法和 f-string 三种形式来格式化输出字符串。

5.2.1 使用操作符%格式化输出

Python 和 C 语言一样，可以使用操作符%格式化输出字符串，其语法形式如下：

扫码观看视频讲解

```
format % values
```

其中，format 是一个字符串，%称为字符串格式化操作符(string formatting operator)。在字符串 format 中，包含由两个或多个字符组成的%转换限定符(conversion specification)。上面语法形式的含义是 format 中的%转换限定符将被 values 中的数据所替代，并按照%转换限定符的格式输出数据。

format 中的%转换限定符是按相应顺序组成的，其语法形式如下：

```
%[key][flags][width][.precision][length type]conversion type
```

其中，各个参数的含义如下。

➢ %：必填项。标志转换限定符的开始。

➢ key：映射键值，可选项，由小括号中的字符序列组成，如(key_name)。示例如下：

```
>>> print('%(language)s ' % {'language': "Python, Java"})
Python, Java
```

> ➢ flags：转换标志，可选项。取值可以有：+，-，' '或 0 等。+表示右对齐。-表示左对齐。' '为一个空格，表示在正数的左侧填充一个空格，从而与负数对齐。0 表示使用 0 填充。
> ➢ width：最小字段宽度(Minimum field width)，可选项。
> ➢ .precision：精度，可选项，以字符点"."开始，后面的数字表示精确到第几位。
> ➢ length type：修饰符长度，可选项。
> ➢ conversion type：转换类型，可选项。其取值如表 5.3 所示。

表 5.3 转换类型取值表

格式字符	说　明	格式字符	说　明
%s	字符串(采用 str()显示)	%r	字符串
%c	单个字符	%o	八进制数
%d 或者%i	十进制数	%e	指数(基底为 e)
%x	十六进制数	%E	指数(基底为 E)
%f 或者%F	浮点数	%%	字符

下面通过一些示例来演示%格式化字符串的使用。

假设变量用户名的值为"系统管理员"，现在打印输出用户名，及其问候语。使用%格式化输出字符串的代码如下：

```
>>> username = '系统管理员'
>>> '%s:你好! '% username
'系统管理员:你好! '
```

这里使用%s 格式说明符告诉 Python 以字符串 username 的值替换它，即系统管理员。

采用%输出包含学号、姓名和 Python 成绩的表头，代码如下：

```
>> print('|%+10s|%+10s|%+10s'%('学号','姓名','Python 成绩'))
|        学号|        姓名|  Python 成绩
>>> print('|%10s|%10s|%10s'%('学号','姓名','Python 成绩'))
|        学号|        姓名|  Python 成绩
>>> print('|%-10s|%-10s|%-10s'%('学号','姓名','Python 成绩'))
|学号        |姓名        |Python 成绩
```

其中，加号+用来表示右对齐，减号-用来表示左对齐，省略则默认为右对齐。后面的数字 10 是指字符串所占的宽度。输出函数 print()中的最后一个百分号%的后面是元组，元组中包含的三个字符串与前面的 3 个%s 一一对应。关于元组的知识将在第 6 章介绍。

还可以使用 0 来进行充填，比如：

```
>>> print('%05d|%05d|%05d'%(100,200,300))
00100|00200|00300
```

其中，%05 中的 0 和 5 一起使用意思是，当数值(如 100)的宽度不够 5 时，就用 0 来充填其他的位置。

采用%格式化字符串被称为"旧样式"(Old Style)，由于可能会在格式化操作时出现错误，例如，不能正确显示元组和字典，因而，Python 3 的官方文档并不推荐这种"旧样式"，而是推荐"新样式"(New Style)，即 format()和 f-string 格式化字符串。这种"新样式"在格式化字符串方面更加强大、灵活和具有可扩展性，因而越来越受到程序员的欢迎。

5.2.2　使用 format()方法格式化输出

Python 提供的 format()方法消除了%操作符的特殊语法，使字符串格式化的语法更加规范，其语法形式如下：

```
str.format(*args, **kwargs)
```

其中，str 为调用此方法的字符串，可以包含文本或替换字段。每个替换字段都用花括号"{}"括起，这些替换字段要么包含 format()方法中位置参数的数字索引，要么包含 format()方法中关键字参数的名称，每个替换字段被替换为对应参数的字符串值。format()方法的参数*args 和**kwargs 表示可接受不定长的位置参数和关键字参数，而且这些参数要与替换字段一一对应。format()方法返回的是一个新的字符串。

下面使用 format()方法对字符串"系统管理员"进行格式化输出，代码如下：

```
>>> username = '系统管理员'
>>> print("{}:你好! ".format(username))
系统管理员:你好!
```

其中，调用 format()方法的字符串是："{}:你好! "，该字符串包含替换字段和文本。替换字段为大括号"{}"，相当于占位符，文本为"你好! "。执行该方法后，大括号"{}"被该方法的参数 username 替换，这样就实现了字符串的格式化输出。

方法 format()可以接受多个参数，比如：

```
>>> print('{} {} '.format('闻鸡起舞','白手起家'))
闻鸡起舞 白手起家
>>> print('{} {} {} {} {}'.format(1, 2, 3,4,5))
1 2 3 4 5
>>> print('{} {} {} {} {}'.format('壹', '贰', 3,4,'五'))
壹 贰 3 4 五
```

由上面输出的结果得知：format()不仅可以接受多个参数，比如：第 1 个 format()是两个参数，第 2 个和第 3 个 format()分别都是 5 个，而且参数的类型也可以是混合型的，比如最后一个 format()中的参数，既有字符也有数字。实际上，format()可接受的参数理论上是不受限的。这里特别需要注意的是，所有参数必须与字符串中要替换的字段一一对应，另外，上面字符串替换字段大括号{}都没有指明索引，此时，是按从左到右的顺序与 format()中的参数一一匹配的。

使用 format()方法时，更多的时候需要指明替换字段的索引，也就是在大括号"{}"占位符处提供显式的位置索引，比如：

```
print('{0} {1} '.format('跬步不休','跋鳖千里'))
跬步不休 跋鳖千里
>>> print('{0}, {1}, {0}'.format('破釜沉舟', '雷厉风行', '杀伐果断' ))
破釜沉舟, 雷厉风行, 破釜沉舟
>>> print('{2}, {0}, {1} ,{0}'.format('破釜沉舟', '雷厉风行', '杀伐果断' ))
杀伐果断, 破釜沉舟, 雷厉风行 ,破釜沉舟
```

上面的代码中在大括号"{}"处指明参数的索引,使格式化输出更加灵活,单个参数可以多次输出,比如,第 2 个和第 3 个 format()方法中{0}对应的字符串值"破釜沉舟"就输出了 2 次,而且参数顺序也是可以灵活调整的,从第 2 个 format()方法中还可以看到 4个占位符多于方法中的 3 个参数,也是可以的,只不过索引必须存在,如果不存在就会出现异常,比如:

```
>>> print('{2}, {0}, {1} ,{3}'.format('破釜沉舟', '雷厉风行', '杀伐果断' ))
Traceback (most recent call last):
  File "<pyshell#47>", line 1, in <module>
    print('{2}, {0}, {1} ,{3}'.format('破釜沉舟', '雷厉风行', '杀伐果断' ))
IndexError: tuple index out of range
```

提示的异常是索引错误,超出范围,因为不存在{3}的索引。

上面几个示例演示了 format()字符串格式化输出最基础简单的用法,实际上,format()方法的功能非常强大,可以通过创建字符串 str 的样式来满足各种不同格式输出的要求,因此了解如何编写 str 显示样式就显得尤为重要。format()对字符串 str 的显示样式进行了规定,其语法格式如下:

```
{ [index][ : [ [fill] align] [sign] [#] [width] [.precision] [type] ] }
# 示例
>>> "{0:0>10}|{1:-^12}|{2:#<16}".format('学号','姓名','Python 成绩')
'00000000学号|-----姓名-----|Python 成绩########'
```

其中,各个参数的含义如下。

➢ index:索引值。用于匹配 str.format(*args, **kwargs)方法中的参数。索引值从 0开始。如果省略此选项,则会根据 format()方法中参数的先后顺序自动分配。如上面示例中的 0、1 和 2,分别对应"学号""姓名"和"Python 成绩"。

➢ fill:指定空白处填充的字符。如上面示例中冒号后面的字符"0""-"和"#",就是充填字符。

➢ align:指定数据的对齐方式。如上面示例中的字符">""^"和"<",分别为右对齐、居中对齐和左对齐。具体的对齐方式如表 5.4 所示。

➢ sign:指定有无符号数,此参数的值以及对应的含义如表 5.5 所示。

➢ width:指定输出数据时所占的宽度。如上面示例中的数字 10、12 和 16,即为指定数据输出所占的宽度。

➢ precision:指定保留的小数位数。

➢ type:指定输出数据的具体类型,如表 5.6 所示。

表 5.4 对齐 align 的参数

align	含 义
<	数据左对齐。
>	数据右对齐。
=	数据右对齐,同时将符号放置在填充内容的最左侧,该选项只对数字类型有效。
^	数据居中,此选项需和 width 参数一起使用。

表 5.5　符号 sign 的参数

sign 参数	含　义
+	表示结果是正的还是负的，如'{0:+d}'.format(1)，结果为+1；'{0:+d}'.format(-1)，结果为-1
-	仅用于负数，即对负数使用负号，如'{0:-6d}'.format(-123)，结果为-123
空格	正数前加空格，负数前加负号，如'{0: d}'.format(1)，结果为' 1'；'{0: d}'.format(-1)，结果为'-1'
#	对于二进制数、八进制数和十六进制数，使用此参数，各进制数前会分别显示 0b、0o、0x 前缀；反之则不显示前缀。

表 5.6　类型 type 的参数

type 类型值	含　义
s	对字符串类型格式化
d	十进制整数
c	将十进制整数自动转换成对应的 Unicode 字符
e 或者 E	转换成科学计数法后，再格式化输出
g 或 G	自动在 e 和 f(或 E 和 F)间切换
b	将十进制数自动转换成二进制表示，再格式化输出
o	将十进制数自动转换成八进制表示，再格式化输出
x 或者 X	将十进制数自动转换成十六进制表示，再格式化输出
f 或者 F	转换为浮点数(默认小数点后保留 6 位)，再格式化输出
%	显示百分比(默认显示小数点后 6 位)

在了解 format()方法的基本知识和基础用法之后，下面通过一些示例来进一步学习 format()方法的使用。

1. 填充和对齐字符串

下面的示例演示了数据在默认和指定了填充字符、宽度和对齐方式情况下，格式化后输出的结果。

```
# 默认情况
>>> print("{}|{}|{}".format('学号','姓名','Python 成绩'))
学号|姓名|Python 成绩
# 指定了填充字符、宽度和对齐方式的情况
>>> print("{:>10}|{:>10}|{:>10}".format('学号','姓名','Python 成绩'))
        学号|        姓名| Python 成绩
>>> print("{:10}|{:10}|{:10}".format('学号','姓名','Python 成绩'))
学号        |姓名        |Python 成绩
>>> print("{:0>10}|{:0>10}|{:0>10}".format('学号','姓名','Python 成绩'))
00000000学号|00000000姓名|00Python 成绩
>>> print("{:^10}|{:^10}|{:^10}".format('学号','姓名','Python 成绩'))
    学号    |    姓名    | Python 成绩
```

```
>>> print("{:0^10}|{:0^10}|{:0^10}".format('学号','姓名','Python 成绩'))
0000 学号 0000|0000 姓名 0000|0Python 成绩 0
>>> print("{:0^6}|{:0^6}|{:0^6}".format('学号','姓名','总成绩'))
00 学号 00|00 姓名 00|0 总成绩 00
```

2. 保留小数点位数

对浮点数保留小数点位数，代码如下：

```
>>> '{0:.2f}'.format(1/3)
'0.33'
>>> pi = 3.1415926
>>> print('{:.2f}'.format(pi))
3.14
>>> print('{:10.2f}'.format(pi))
      3.14
```

3. 千位分隔符

货币数字使用千位分隔符，代码如下：

```
>>> '{:,}'.format(12369132698)   #千分位格式化
'12,369,132,698'
```

4. 按十进制、八进制和十六进制输出

还可以按十进制、八进制和十六进制输出代码，如下：

```
>>> '{0:b}'.format(10)      #二进制
'1010'
>>> '{0:o}'.format(10)      #八进制
'12'
>>> '{0:x}'.format(10)      #十六进制
'a'
```

5.2.3 使用 f-string 格式化输出

格式化字符串常量(formatted string literals，f-string)，是 Python 3.6 引入的一种新的字符串格式化方法，该方法源于 PEP 498，主要目的是使格式化字符串的操作更加简洁。f-string 在形式上是以 f 或 F 修饰符引领的字符串(f'xxx' 或 F'xxx')，以大括号"{}"标明被替换的字段。f-string 所谓的常量与具有恒定值的其他字符串常量不同，在本质上并不是字符串常量，而是一个在运行时运算求值的表达式。

f-string 在功能方面不逊于传统的%-formatting 语句和 str.format()方法，同时性能又优于二者，且使用起来更加简洁明了，因此对于 Python 3.6 及以后的版本，推荐使用 f-string 进行字符串格式化。同时值得注意的是，f-string 就是在 format 格式化的基础之上做了一些变动，核心的思想和 format 一样，因此大家可以学习完%s 和 format 格式化，再来学习 f-string 格式化。

f-string 和 str.format()一样使用大括号"{}"表示被替换字段，但它可以直接填入替换内容，其最基本的用法如下：

```
>>> name = "辛弃疾"
>>> print(f'爱国诗人：{name}')
爱国诗人：辛弃疾
```

上面的代码显示，使用 f 或 F 修饰符字符串，直接在大括号"{}"中插入被替换的变量 name，不需要像前面两种那样还需要使用一一对应的占位符，因而操作起来更直观简洁。

在 f-string 的大括号"{}"中还可以填入表达式或调用函数，比如：

```
>>> a ,b ,c = 10, 20, 30
>>> print(f'该表达式 a+b+c 的值是：{a + b +c}')
该表达式 a+b+c 的值是：60
>>> my_str = "了却君王天下事 赢得生前身后名"
>>> my_str1 = my_str.replace(' ','')
>>> print(f'两句诗词有：{len(my_str1)}个字')
两句诗词有：14 个字
```

上面代码中在 f-string 中使用了表达式：a + b +c，还使用了内置函数 len()。

f-string 也可以像 str.format()一样设置输出格式，如对齐、宽度、符号、补零和精度等，它主要是通过 {content:format}来设置字符串格式。其中，content 是替换并填入字符串的内容，可以是变量、表达式或函数等，format 是格式描述符。

程序清单 5.2 演示了使用 f-string 格式化输出表格和时间的方法。

程序清单 5.2　table.py

```
1.  """ 演示使用 f-string 输出表格和时间 """
2.
3.  import datetime    # 导入时间模块
4.
5.
6.  def table():
7.
8.      # 表头
9.      num = "学号"
10.     name = "姓名"
11.     score = "Python 成绩"
12.
13.     # 表格数据
14.     num_value = "201801001"
15.     name_value = "张志龙"
16.     score_value = 89.345
17.
18.     # 格式化输出表头
19.     print(f'{num:^10}{name:^10}{score:^8}')
20.
21.     # 格式化输出表格中的数据
22.     print(f'{num_value:^10}{name_value:10}{score_value:>8.2f}')
23.
24.     table_time = datetime.datetime.today()    # 获得当前时间
25.     # datetime 时间格式
```

```
26.     print(f'此表格制作时间是: {table_time:%Y-%m-%d %H:%M:%S}')
27.
28. if __name__ == '__main__':
29.     table()     # 调用表格函数
```

程序清单 5.2 说明如下。

第 19 行：输出表格的表头，使用 "^" 表示居中对齐，宽度为 10 和 8。

第 22 行：输出表格中的数据，学号的值 num_value 使用 "^" 表示居中对齐，宽度为 10，姓名的值 name_value 默认左对齐，宽度为 10，成绩的值 score_value 使用 ">" 表示实现右对齐，保留两位小数。

运行程序清单 5.2，结果如下：

```
    学号         姓名        Python 成绩
201801001     张志龙            89.34
此表格制作时间是: 2020-09-16 21:23:31
```

关于格式描述符更多的详细语法及含义可查阅 Python 官方文档。

5.3 正则表达式

正则表达式(Regular Expression，RegExp)定义了一种字符串匹配的模式或者说是语法规则。根据这种规则进行检索和查找，从而匹配到符合条件的结果。正则表达式由于用法灵活、功能强大，因而在数据验证等方面使用广泛。

Python 字符串支持正则表达式，提供了 re 模块实现正则表达式匹配操作。本节将主要介绍标准库中 re 模块的正则表达式的主要内容。

5.3.1 正则表达式语法简介

正则表达式的起源最早可追溯到科学家对人类神经系统工作原理的研究。20 世纪 40 年代，沃伦·麦卡洛克(Warren McCulloch)和沃尔特·皮茨(Walter Pitts)两位神经生理方面的科学家，研究出了一种用数

扫码观看视频讲解

学方式来描述神经网络的新方法，他们创造性地将神经系统中的神经元描述成了小而简单的自动控制元。在 1956 年，数学家斯蒂芬·科尔·克莱尼(Stephen Cole Kleene)在前面两位科学家的基础上，发表了一篇题目为《神经网事件的表示法》的论文，利用称为正则集合的数学符号来描述此模型，引入了正则表达式的概念。

后来，UNIX 之父肯·汤普森(Ken Thompson)把正则表达式应用于计算搜索算法和早期的编辑器(如 QED 和 UNIX 上的 ed)中，并在 UNIX 中实现了 grep 命令。而 grep 命令已经成为 UNIX/Linux 操作系统中用于查找文件中符合条件字符串最常用的命令。

自此以后，各种编程语言开始支持正则表达式，目前正则表达式在计算机编程语言中得到了广泛的应用和发展。正则表达式不属于任何一门编程语言，它是独立的；但同时，绝大多数编程语言都支持正则表达式，它在基于文本的编辑器和搜索工具中依然占据着一个非常重要的地位。

下面简单介绍正则表达式的语法及编写正则表达式的示例。

1. 正则表达式的语法简介

正则表达式的语法规则并不是很复杂，和一个数学表达式类似，由一些普通字符和元字符(metacharacters)组成。

普通字符包括所有大写和小写字母、所有数字、所有标点符号和一些其他符号，比如，0~9、a~z，这些可打印的字符就是普通字符，ASCII 码值为 0~31 的控制字符，无法显示和打印，这些非打印的字符也是普通字符。

元字符(Metacharacter)是正则表达式中具有特殊意义的专用字符，更接近计算机语言中变量的含义，它可以代表某种特殊的含义，并且根据使用场合不同，其具体的含义也不尽相同，比如：星号"*"表示一个集合的零到多次重复，而问号"?"表示零次或一次。编写正则表达式最关键的是要弄清楚元字符的特性与含义，表 5.7 列出了常用的元字符的含义和示例。

表 5.7　常用的元字符

字　符	含　义	示　例
^	只从一行开始进行匹配	^h：能匹配"hello"
$	只从一行的末端进行匹配	h$：能匹配"olleh"
*	匹配前面的字符 0 次或多次	zo*：能匹配 z、zo、zoo、zooo
+	匹配前面的字符 1 次或多次	zo+：能匹配 zo、zoo，但不能匹配 z
?	匹配前面的字符 0 次或 1 次	do(es)?：可以匹配 do、does
.	匹配除换行符之外的任何字符	a.c：查找"abca1ca\nc"，匹配结果：abc 和 a1c
x|y	匹配 x 或 y	e|f：查找"efeet"，匹配结果：e、f、e 和 e
[]	匹配特定字符集：匹配括号中的任意字符，或者某个字符范围中的一个字符	[0-9]：查找任何从 0 至 9 的数字 [a-z]：查找任何从小写 a 到小写 z 的字符 [A-Z]：查找任何从大写 A 到大写 Z 的字符 [A-z]：查找任何从大写 A 到小写 z 的字符 [adgk]：查找给定集合内的任何字符
[^]	查找任何不在方括号之间的字符	[^A-Za-z0-9_]：匹配 A-Z、a-z、0-9、_之外的字符
(x)	查找任何指定的选项	(red|blue|green)：查找"redblue39b"，匹配结果：red 和 blue
{n}	n 是一个非负整数。匹配确定的 n 次	e{2}：查找 "efeeeee6ee"，匹配结果：ee、ee 和 ee，不能匹配 " efeeeee6ee " 中一个 e
{n,}	n 是一个非负整数。至少匹配 n 次	e{2,}：查找 "efeeeee6ee"，匹配结果：eeee 和 ee，不能匹配 " efeeeee6ee " 中单个 e
{n,m}	m 和 n 均为非负整数，其中 n <= m。最少匹配 n 次且最多匹配 m 次	e{2,3}：查找 "efeeeee6ee"，匹配结果：eee、ee 和 ee，不能匹配 " efeeeee6ee " 中单个 e

说明：表 5.7 中表头"示例"列，冒号前面是正则表达式，后面是查找的字符串，最后是匹配结果。如"e{2}"是正则表达式，字符串是"efeeeee6ee"，匹配结果是 ee、ee 和 ee。在学习和编写正则表达式时，可以利用网上提供的"正则表达式在线测试"网站。这

些网站运行结果更加直观，更有助于对正则表达式的理解。

如果需要使用元字符的字面意义，则需要转义，即以转义字符(\)为前导，包括注入空格、制表符和其他进制(十进制之外的编码方式)等。表 5.8 列出了转义字符的含义和示例。

表 5.8　常用的含有转义字符的元字符

字　符	含　义	示　例
\b	匹配一个单词边界	er\b：匹配 "never" 中的 'er'，但不匹配 "verb" 中的 'er'
\B	匹配非单词边界	er\B：能匹配 "verb" 中的 'er'，但不匹配 "never" 中的 'er'
\d	匹配一个数字字符。等价于 [0-9]	\d：查找 "w12k"，匹配结果 1 和 2
\D	匹配一个非数字字符。等价于 [^0-9]	\D：查找 "w12k"，匹配结果 w 和 k
\s	匹配任何空白字符	\s：查找 "w k"，能匹配 w 和 k 之间的空格
\S	匹配任何非空白字符。	\S：查找 "w k"，匹配结果 w 和 k
\w	匹配包括下划线的任何单词字符。等价于'[A-Za-z0-9_]'。	\w：查找 "￥w23&"，匹配结果 w、2 和 3
\W	匹配任何非单词字符。等价于'[^A-Za-z0-9_]'。	\W：查找 "￥w23&"，匹配结果 ￥ 和 &

通过上面两个表中的元字符与普通字符的组合，可以编写出符合实际需求的正则表达式。

2. 编写正则表达式的示例

在软件开发过程中，为了保证数据的一致性，在将数据写入数据库之前，都需要进行验证。比如，录入的邮件地址必须保证有 "@" 符号和域名，电话号码必须符合电话号码规定的长度，系统登录的用户名和密码必须保证足够的长度以及是否包含字符和数字等要求。这些都可以通过编写正则表达式来实现。

下面介绍电子邮件正则表达式的编写。

电子邮件的规则是以 "@" 为上下文表示，左侧只能是数字、字母及下划线，而右侧又以 "." 符号为上下文，并只能以字母结尾。一个合法的邮件地址必须满足下面的要求。

> 包含一个并且只有一个符号 "@"；
> 第 1 个字符不能是 "@" 或者 "."；
> 不允许出现 "@." 或者 .@；
> 结尾不得是字符 "@" 或者 "."；
> 允许 "@" 前的字符中出现 "+"；
> 不允许 "+" 在最前面，或者 "+@"。

以作者的邮件地址 woolflighthouse@163.com 为例，邮件地址必须包含一个@符号，@符号前面是邮件名称，这个名称可以是字符和数字组成的序列，但必须满足上面的要求。@符号后面是域名，根据这些，可以编写邮件地址的正则表达式如下：

```
^\w+([\.-]?\w+)*@\w+([\.-]?\w+)*(\.\w{2,3})+$
```

其中，各个元字符的含义说明如下。

脱字符"^"表示要使用这个表达式检查以特定的字符串开头的字符串。如果去掉脱字符，那么即使字符串开头有一堆"垃圾字符"，电子邮件地址也可能被认为是有效的。

表达式\w 表示任意单一字符，包括 a~z、A~Z、0~9 或下划线。电子邮件地址必须以这些字符之一开头。

加号+表示用于指定前一个字符匹配一次或者多次。在这个示例中，电子邮件地址必须以字符 a~z、A~Z、0~9 或下划线的任意组合开头。

一对圆括号([\.-]?\w+)表示一个组。这意味着后面将要引用圆括号中的所有内容，所以现在将它们放在一个组中。方括号[]用来表示可以出现在其中的任意一个字符。在这个示例中，方括号内包含字符\.-。希望允许用户输入点号或连字符，但是点号对于正则表达式有特殊意义，所以需要在它前面加上反斜杠\，这表示实际上是点号本身，而不是它的特殊意义。在特殊字符前面使用反斜杠称为"对字符转义"。因为有方括号，输入的字符串在这个位置可以有一个点号或一个连字符，但是两者不能同时存在。注意，连字符不代表任何特殊字符，所以不用加反斜杠。问号?表示前面的条目可以不出现或者出现一次。所以，在电子邮件地址的第 1 部分(在@前面的部分)中可以有一个点号或一个连字符，也可以没有。在?后面，再次使用\w+，这表示点号或连字符后面必须有其他一些字符。

圆括号表示的组结束之后是一个星号*，表示前面的条目(指圆括号中的所有内容)可以不出现或者出现多次。

@字符仅仅代表它本身，没有任何其他意义，这个字符位于电子邮件地址前缀和域名之间。

再次使用\w+，这表示域名必须以一个或多个 a~z、A~Z、0~9 或下划线字符开头。在此之后同样是([\.-]?\w+)*，表示电子邮件地址的后缀中允许有点号或连字符。

然后，在一对圆括号中建立另一个组：\.\w{2,3}，表示希望找到一个点号，后面跟着一些字符。在这个示例中，花括号中的数字表示前面的条目(本例中是\w，表示字母、数字或下划线)可以出现 2 次或 3 次。在这个组的右圆括号后面是一个+，也表示前面的条目(这个组)必须出现一次或多次。这会匹配.com 或.edu 之类的域名。

最后，正则表达式的末尾是一个美元符号$，表示匹配的字符串必须在这里结束。这能够拒绝那些开头正确，但是在末尾包含垃圾字符的电子邮件地址。

从上面的解释可以看出，编写一个正则表达式，需要非常清楚元字符的含义，这是一个不断熟悉的过程，不会一蹴而就。

下面列出一些常用的正则表达式的示例。

国内电话号码的正则表达式示例如下：

\d{3}-\d{8}|\d{4}-\d{7}

用户名的正则表达式示例。在一些网站上进行用户注册时，要求用户名长度必须在 6 ~ 16 个字符之间，用户名只允许由字母、数字和下划线组成。根据这一需求，编写用户名的正则表达式如下：

^[a-zA-Z0-9_]{6,16}$

首先使用中括号[]选定匹配的字符序列，包括：a 到 z、A 到 Z 和 0 到 9 之间的任何数字，以及下划线_字符，使用大括号{}表示只接受 6 到 16 个之间的字符数量。这个表达式将匹配所有长度在 6 到 16 之间的字符串。

5.3.2 Python 语言的正则表达式 re 模块简介

Python 语言对正则表达式的支持是通过 re 模块来实现的，该模块是 Python 标准库中的内置模块，不需要安装，只需要在使用时导入。导入语句为：import re。

内置 re 模块包含常量、函数、异常和正则对象，以实现查找、替换、字符串分隔和匹配等正则表达式的操作。从大的方面来看，其操作主要有两个方面：一个是使用 re 模块的函数进行内容查找、替换和字符串分隔操作，另一个是使用 re 模块的正则对象进行正则匹配操作。下面分别从这两个方面介绍其使用。

1. 使用 re 模块的函数进行内容查找、替换和字符串分隔操作

Python 中的 re 模块提供了相应的函数来实现内容查找、替换和字符串分隔操作。

内容查找可以使用 search、match 和 fullmatch 三个函数来实现，其含义如下。

- search()：查找任意位置的匹配项。
- match()：必须从字符串开头匹配。
- fullmatch()：整个字符串与正则完全匹配。

下面的示例演示了这三个函数的使用：

```
>>> import re
>>> s = "欲寄彩笺兼尺素，山长水阔知何处?"
>>> pattern = r'山长水阔'
>>> print("search:",re.search(pattern,s).group())
search: 山长水阔
>>> print("match:",re.match(pattern,s))
match: None
>>> print("fullmatch:",re.fullmatch(pattern,s))
fullmatch: None
```

函数 search()是在字符串中的任意位置查找，所以能查找到匹配的字符串。函数 match()是要从头开始匹配，因而没有查找到匹配的字符串。函数 fullmatch()需要完全相同，故也无法查找到匹配的字符串。

替换主要有 sub 函数与 subn 函数，功能类似。

函数 sub()的语法形式如下：

```
re.sub(pattern, repl, string, count=0, flags=0)
```

其中，参数 repl 替换掉 string 中被 pattern 匹配的字符，count 表示最大替换次数，flags 表示正则表达式的常量。

函数 re.subn(pattern, repl, string, count=0, flags=0) 与 re.sub 函数功能一致，只是返回一个元组(字符串, 替换次数)。

下面的示例是使用函数 sub()或 subn()将字符串中的空格都替换掉，代码如下：

```
>>> str = "你好！Hello World"
>>> print(re.sub(r' +', '', str))
```

```
你好！HelloWorld
>>> print(re.subn(r' +', '', str))
('你好！HelloWorld', 2)
```

以上代码显示函数 sub()返回的是被替换后的字符串，如果字符串中没有与正则表达式相匹配的内容，则返回原始字符串；函数 subn()除了返回被替换后的字符串，还会返回一个替换次数，并以元组的形式返回。

分割主要有 split()函数，其语法形式如下：

```
re.split(pattern, string, maxsplit=0, flags=0)
```

其中，用 pattern 分开 string，maxsplit 表示最多进行分割的次数，flags 表示模式，取值来自 re 模块中的常量。

下面的示例是使用函数 split()对字符串按规则进行分隔，代码如下：

```
>>> str = "Take Me Home Country Roads."
>>> print(re.split(r'\W+', str))
['Take', 'Me', 'Home', 'Country', 'Roads', '']
>>> print(re.split(r'\W+', str, 1))
['Take', 'Me Home Country Roads.']
>>> print(re.split(r'[a-k]+', '10ABc9j87K6', flags=re.IGNORECASE))
['10', '9', '87', '6']
```

由上面的代码可知：

第 1 个 split()函数，一共分割了 5 次，分隔符为空格和点号"."，因此返回的列表中有 6 个元素，最后一个为空。

第 2 个 split()函数，限制了最大分割次数为 1，因此返回的列表中只有 2 个元素。

第 3 个 split()函数，指定分隔符为一个或多个连续的小写字母，但是指定的 flag 为忽略大小写，因此大写字母也可以作为分隔符使用；这样字母都可进行切割，所以返回的列表中有 4 个元素。

2. 使用 re 模块的正则对象进行正则匹配操作

正则匹配操作是通过特定的正则表达式对一个指定的字符串进行匹配，以判断该字符串是否符合这个正则表达式所要求的格式。除了使用 re 模块的函数进行查找、替换和分隔等正则匹配操作之外，还可以使用 re 模块的正则对象进行正则匹配操作。其使用的一般流程如下。

➢ 编写表示正则表达式规则的 Python 字符串 str。

➢ 通过 re.compile()函数编译该 Python 字符串获得一个正则表达式对象(Pattern Object)p。

➢ 通过正则表达式对象的 p.match()或 p.fullmatch()函数获取匹配结果，即匹配对象(Match Object)m。

➢ 通过判断匹配对象 m 是否为空可知是否匹配成功，也可以通过匹配对象 m 提供的方法获取匹配内容。

模块 re 中的 re.compile()函数是一个非常重要的函数，为了代码的重用，提高编程的效率，对于会多次重复使用的正则表达式，可以通过这个 compile()函数将正则表达式编译为正则对象，然后再使用正则表达式对象提供的方法进行字符串处理，使用编译后的正则表达式对象可以快速地完成字符串处理，更重要的是正则对象中的方法与 re 模块的函数名相同且几乎一一对应，如 findall()、match()、sub()、search()和 split()等，利用这些方法可以像 re 模块中的函数一样对字符串进行包括查找、匹配、替换、搜索和分割等的操作。

程序清单 5.3 演示了对一个邮件地址进行正则匹配的操作。

程序清单 5.3 email.py

```
1.  """ 判断邮件地址是否合法 """
2.
3.  import re        # 导入正则表达式 re 模块
4.
5.
6.  def is_valid_email(email):
7.      """ 判断邮件是否合法的函数 """
8.
9.      c = '邮箱格式合法:'
10.     d = '邮箱格式不合法:'
11.
12.     # 编译创建一个正则表达式对象
13.     ex_email = re.compile(r'\w+([-+.]\w+)*@\w+([-.]\w+)*\.\w+([-.]\w+)*')
14.
15.     # 调用正则对象 ex_mail 的 match()方法进行查找匹配
16.     result = ex_email.match(email)
17.
18.     if result:
19.         return c + email
20.     else:
21.         return d + email
22.
23.
24. if __name__ == '__main__':
25.     email = input("请输入邮件地址(Email): ")
26.     print(is_valid_email(email))
```

运行程序清单 5.3，结果如下：

```
请输入邮件地址(Email): woolflighthouse@163.com
邮箱格式合法:woolflighthouse@163.com
请输入邮件地址(Email): .wwww@111.com
邮箱格式不合法:.wwww@111.com
```

后面邮件地址不合法，是因为邮件名称带有点号，邮件名称开头不能有点号。

5.4 加密模块 hashlib 的介绍

Python 提供了一个 hashlib 模块可以对包含字符串或文件的文本进行加密，其采用的算法包括 MD5 和 SHA 加密算法。该模块广泛应用于用户登录认证和文件加密等方面。本节将主要介绍 hashlib 模块中的 MD5 加密算法及其使用。

5.4.1　MD5 加密算法简介

消息摘要算法(Message-Digest Algorithm 5，MD5)是一种被广泛使用的密码散列函数，可以产生一个 128 位(16 字节)的散列值(hash value)，一般用于数字签名以确保信息传输完整性与密码的加密存储。该算法也被称为哈希算法或散列算法。

MD5 作为一个应用广泛的散列算法，可用于信息的数字签名以验证信息传输的完整性和发送者的身份。对重要信息进行 MD5 计算生成散列值，作为信息的数字签名，用于确定信息在传输过程中是否被篡改以及发送者的身份认证。另外，MD5 还可用于用户密码的散列存储，比如，使用 MD5 算法将用户密码进行散列计算后以密文存储到数据库中，由于 MD5 算法的不可逆性，即不可能通过散列值逆向推算出密码的明文，从而保证了用户密码的安全性。

5.4.2　模块 hashlib 中 MD5 算法的使用

Python 提供了 hashlib 模块以实现数据安全的加密，该模块是 Python 标准库中的内置模块，不需要另外安装，只需要在使用该模块的文件中导入即可，导入的语句是：import hashlib。

内置模块 hashlib 支持 md5()、sha1()、sha224()、sha256()、sha384()和 sha512()等很多加密算法。下面主要介绍 MD5 对用户密码加密的使用。

假如用户的密码为：123456，这就是密码学中所说的明文，对明文加密之后就称为密文，明文到密文就称为加密。MD5 密文的产生实际上是一个散列值，或称为哈希值，这个值是通过 MD5 算法产生的。

在 hashlib 模块中，要使用 MD5 算法产生哈希值，需要使用 md5()方法创建哈希对象，然后利用这个哈希对象调用 update()方法产生哈希值，最后使用 digest()或 hexdigest()方法输出这个哈希值。

使用 hashlib.md5()产生一个哈希对象的代码如下：

```
>>> import hashlib   # 导入模块
>>> # 创建一个md5加密对象
>>> hash = hashlib.md5()
>>> print(hash)
<md5 HASH object @ 0x0000021A74E09960>
```

执行 md5()后，上面的输出结果产生了一个 hash 对象。一旦创建了 hash 对象，就可以使用哈希对象的 hash.update(data)方法设置或追加输入信息，更新哈希对象。当多次调用该方法时，相当于将所有参数串联累加起来执行单个调用，比如，调用 m.update(a)和 m.update(b)两次，相当于将其参数累加后调用 m.update(a+b)方法。

下面输入密码，使用 update()方法来更新哈希对象，代码如下：

```
>>> password = input("请输入密码: ")
请输入密码: 123456
>>> hash.update(password)
Traceback (most recent call last):
```

```
File "<pyshell#5>", line 1, in <module>
    hash.update(password)
TypeError: Unicode-objects must be encoded before hashing
```

比如，上面显示在使用 update()方法时出现了异常，提示为类型错误：必须在获取哈希值之前对 unicode 对象进行编码。实际上，update()方法的参数是字节对象，不能直接传入上面输入的密码参数，如果直接传入，会产生异常。可以使用内置函数 bytes()将字符串 password 转换为字节对象，代码如下：

```
>>> hash.update(bytes(password,encoding='utf-8'))
```

执行上面的方法后，使用字节对象对哈希对象进行了更新，即生成了哈希值或散列值。为了获得散列值，可以使用哈希对象的 digest()或 hexdigest()方法。

方法 digest()返回值是一个 bytes 对象的摘要值，代码如下：

```
>>> print(hash.digest())
b'\xe1\n\xdc9I\xbaY\xab\xbeV\xe0W\xf2\x0f\x88>'
```

通过方法 digest()得到一个字节字符串。

方法 hexdigest()的摘要信息是一个十六进制格式的字符串，该字符串中只包含十六进制的数字，代码如下：

```
>>> print(hash.hexdigest())
e10adc3949ba59abbe56e057f20f883e
```

两种方法都能获得 MD5 的摘要信息，或者说散列值、哈希值。MD5 是最常见的摘要算法，速度很快，生成结果是固定的 128 bit 字节，通常用一个 32 位的十六进制字符串表示。

5.5　应用举例：模拟系统用户登录

系统用户登录是软件最重要的功能，它将用户输入的用户名和密码与保存在数据库中的用户名和密码进行比较，如果相同，则登录成功，否则，登录失败。为了系统安全，对用户名和密码都有要求，比如，长度不少于 6，必须包含数字和字母等。由于还没有学习数据库的知识，这里使用字符串代替保存在数据库中的用户名和密码。

扫码观看视频讲解

下面是模拟系统用户登录的算法描述：

➢ 设置用户名和密码的值，对密码采用 MD5 加密，将它们分别保存在字符串中，相当于模拟数据库保存这些值。这些值用于与后面用户输入的值进行比较，是判断登录是否成功的依据。

➢ 对用户输入的用户名进行判断，长度是否是 6～20，是否包括数字和字母。

➢ 对用户输入的密码进行判断，长度是否是 6～20，是否包括数字和字母，并对密码进行加密。

根据以上算法分析，模拟系统用户登录实现的流程如图 5.2 所示。

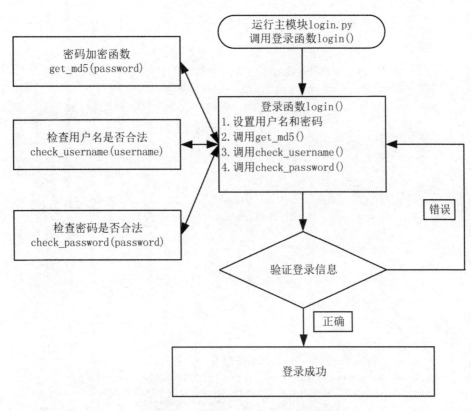

图 5.2　模拟系统用户登录流程示意图

程序清单 5.4 是图 5.2 所示模拟系统用户登录的代码实现。

程序清单 5.4　login.py

```
1.   """ 模拟系统登录 """
2.   import re
3.   import hashlib
4.
5.
6.   def check_username(username):
7.       """ 判断用户名是否合法的函数 """
8.
9.       message = '用户名长度为6~20，只包含英文字母和数字:'
10.      ex_username = re.compile(r'[0-9a-zA-Z]{6,20}')
11.      result = ex_username.match(username)
12.      if result:
13.          return username
14.      else:
15.          return message + username
16.
17.
18.  def check_password(password):
19.      """ 判断密码是否合法的函数 """
20.
21.      message = '密码长度为6~20，只包含英文字母和数字:'
```

```
22.      title1 = "原密码"
23.      title2 = "加密后的密码"
24.
25.      # 正则表达式判断密码长度为 6~20，只包含英文字母和数字
26.      ex_password = re.compile(r'[0-9a-zA-Z]{6,20}')
27.      result = ex_password.match(password)
28.
29.      if result:
30.          password_md5 = get_md5(password)
31.
32.          # 格式化输出表头和数据
33.          print(f'{title1:^20}{title2:^32}')
34.          print(f'{password:^20}{password_md5:^32}')
35.
36.          return password_md5
37.      else:
38.          return message + password
39.
40.
41. def get_md5(password):
42.      """ 加密 """
43.      m = hashlib.md5()       # 创建 md5 对象
44.      m.update(password.encode('utf-8'))   # 传入需要加密的字符串进行 MD5 加密
45.      return m.hexdigest()    # 获取经过 MD5 加密的字符串并返回
46.
47.
48. def login():
49.      """ 登录函数 """
50.
51.      # 设置一个用户名和密码，密码加密后保存在字符串中
52.      src_username = "admin899"
53.      src_password = "solo123456"
54.      src_password1 = get_md5(src_password)
55.
56.      print('************用户登录************')
57.      while True:
58.          username = input('请输入用户名：')
59.          password = input('请输入密码:')
60.
61.
62.          name = check_username(username)
63.          pwd = check_password(password)
64.
65.          print(name)
66.          print(pwd)
67.
68.          # 将用户输入的用户名、密码与事先保存在字符串中的用户名和密码进行比较
69.          if src_username == name and src_password1 == pwd:
70.              return True
71.          else:
72.              return False
```

```
73.   if __name__ == '__main__':
74.       result = login()          # 调用登录函数
75.       if result:
76.           print('登录成功！')
77.       else:
78.           print('登录失败！')
```

程序清单 5.4 说明如下。

第 2、3 行：导入 re 正则表达式和 md5 加密模块。

第 6~15 行：定义检查用户名长度为 6~20 且只包含英文字母和数字的函数。其中，第 10 行编写符合上面用户名要求的正则表达式，使用 re 模块的 compile()函数将用户名编译成正则表达式对象 ex_username；第 11 行利用 ex_username 正则表达式对象的 match()方法获取匹配结果 result。

第 18~38 行：定义判断密码是否合法的函数。其中，第 30 行调用了加密函数 get_md5()。

第 41~45 行：定义了实现 md5 加密的函数。

第 48~72 行：定义了登录函数。其中，第 52~53 行设置用户名和密码，调用加密函数 get_md5()对密码加密，将用户名和加密后的密码分别保存在字符串中；第 62、63 行分别调用 check_username(username)和 check_password(password)，检查用户名和密码的合法性；第 69、70 行将用户输入的用户名、密码与事先保存在字符串中的用户名和密码进行比较，若为真，则返回结果到调用的主模块中。

运行程序清单 5.4，结果如下：

```
*************用户登录*************
请输入用户名：admin
请输入密码:12345
显示用户名信息：用户名长度为 6~20，只能包含英文字母和数字！
显示密码信息：密码长度必须为 6~20，只能包含英文字母和数字！
登录失败！
```

再次运行程序清单 5.4，结果如下：

```
*************用户登录*************
请输入用户名：admin899
请输入密码:solo123456
        原密码                加密后的密码
    solo123456     390ac310a9c3f5308b89be1eba94c7ea
显示用户名信息：admin899
显示密码信息：390ac310a9c3f5308b89be1eba94c7ea
登录成功！
```

本 章 小 结

字符串是不可变对象，因此字符串对象不可以通过索引使用赋值语句改变其中的字符。字符串支持使用索引访问，可以通过下标索引访问字符串中的元素，索引下标可以是整数也可以是负数。

字符串切片实现从一个字符串中提取子字符串(字符串的一部分)的操作。

可以使用一些运算符和内置函数对字符串进行操作。可以用 for 循环遍历字符串，获取其元素的值。

可以使用内置方法对字符串进行查找、内容判断、合并分割、统计、修改和替换操作。

字符串格式化输出有三种形式，即利用操作符%、format()方法和 f-string 三种形式来格式化输出字符串。

Python 字符串支持正则表达式，提供了 re 模块实现正则表达式匹配操作。

内置模块 hashlib 是一个提供字符加密功能的模块，包含 MD5 和 SHA 的加密算法，具体支持 md5,sha1, sha224, sha256, sha384, sha512 等算法。

测 试 题

一、单项选择题

1. 字符串中的第 1 个和最后一个元素的下标索引分别是(　　)。

　　A. -1 和 1　　　　B. 1 和-1　　　　C. -1 和 0　　　　D. 0 和 len(s)-1

2. 创建字符串 s 为: s = "tolighthouse"，假如要访问字符串中的单个字符 "i"，那么下列选项中正确的是(　　)。

　　A. s[0]　　　　　B. s[2]　　　　　C. s[3]　　　　　D. s[4]

3. 给定字符串 s，下列选项中表示从 s 的右侧向左第三个字符的是(　　)。

　　A. s[-3]　　　　B. s[:-3]　　　　C. s[3]　　　　　D. s[0:-3]

4. 创建字符串 s 为: s = "不破楼兰终不还"，下列选项中不能输出 "不还" 的是(　　)。

　　A. s[0] + s[-1]　　　B. s[:]　　　C. s[0] + s[6::8]　D. s[::-1][-1] + s[len(s)-1]

5. 创建一个字符串 s: s = 'foo-bar-baz'，下列表达式的值不等于 s 的是(　　)。

　　A. s.upper().lower()　　　　　　　B. capitalize()

　　C.'-'.join(s.split('-'))　　　　　　D. s.strip('-')

6. 以下选项能将字符串转换为字节对象的内置函数是(　　)。

　　A. int　　　　　B. float　　　　　C. str　　　　　D. byte

7. 给定一个字符串: str = "tolighthouse"，则下列选项中执行 str.count('o')语句后正确的是(　　)。

　　A. 1　　　　　　B. 2　　　　　　C. 3　　　　　　D. 4

8. 字符串方法(　　)将字符串的所有字符转换为大写。

　　A. capitalize　　B. capwords　　C. uppercase　　D. upper

9. 在使用 format()方法进行字符串格式化输出时，调用此方法的字符串，可以包含文本或替换字段。每个替换字段都用(　　)括起。

　　A. %　　　　　　B. $　　　　　　C. []　　　　　　D. {}

10. 给定一个字符串: str = "tolighthouse"，若想将 str 变为 "lighthouse"，则下列选项中正确的语句是(　　)。

A. str[0:2]　　　　　　　　B. str.replace('to','')
C. str.replace('','to')　　　　D.str[0:-3]

二、判断题

1. 字符串是不可变数据类型，即一旦创建一个字符串，就不能改变。　　　（　　）
2. 定义一个字符串 str，则索引下标的取值范围是：1～len(str)。　　　（　　）
3. 定义一个字符串：str = "tolighthouse"，使用 str[0] = 'p'赋值语句修改其中的元素，则会发生 TypeError 异常。　　　（　　）
4. Python 字符串方法 replace()对字符串进行原地修改。　　　（　　）
5. 表达式 'abc.txt'.endswith('.txt', '.doc', '.jpg')的值为 True。　　　（　　）
6. 根据空字符串的特点，可以使用 len(s)==0 来判断字符串是否为空。　　　（　　）
7. Split()方法将一个字符串拆分为一个子字符串列表，而 join 则相反。　　　（　　）
8. 在 Python 中，比较两个字符串的值是否相同可以用运算符==和 is。　　　（　　）
9. 字符串格式化输出 f-string 和 str.format()都使用了大括号"{}"表示被替换字段，都必须将替换内容直接填入大括号"{}"中。　　　（　　）
10. 正则表达式不属于任何一门编程语言，但绝大多数编程语言都支持正则表达式，比如，Python 语言对正则表达式的支持就是通过 re 模块来实现的。　　　（　　）

三、填空题

1. 字符串索引的下标数字是从_____开始的。字符串索引的下标数字可以是正整数，也可以使用_____。
2. 定义一个字符串 str，则索引下标的取值范围是：_____。
3. 定义一个字符串：s = "tolighthouse"，则切片 s[::4]的值是：_____。
4. 比较两个字符串的对象地址 id 值是否相同可以使用运算符：_____。
5. 已知 x = 'a   b c   d'，那么表达式 ','.join(x.split()) 的值为_____。
6. 表达式 'abcab'.replace('a','yy') 的值为_____。
7. 执行语句：print('{2}, {0}, {1} ,{0}'.format('坚决', '干脆', '果断')），则其结果为_____。
8. 已知 x = 'hello world.'，执行 x.find('x')语句后的值为_____。
9. 正则表达式元字符_____用来表示该符号前面的字符或子模式出现一次或多次。
10. 正则表达式模块 re 的_____函数用来编译正则表达式对象。

四、编程题

1. 编写程序，输入一个字符串，按如下要求完成：
➢ 输出字符串的长度。
➢ 遍历输出字符串中的每个元素。
➢ 输出字符串重复 3 次后的结果。
2. 判断两个字符串的值是否相等。
3. 判断字符串是否为空。
4. 统计该字符串所包含的英文字母、空格、数字和其他字符的个数。

5. 首字母缩略词是一个单词，是从短语中的单词取第 1 个字母形成的。例如，RAM 是 "random access memory" 的缩写。编写一个程序，允许用户输入一个短语，然后输出该短语的首字母缩略词。注意：首字母缩略词应该全部为大写，即使短语中的单词没有大写。

6. 编程实现一个简易计算器，能够计算两个数之间的加减乘除。

7. 输入一个字符串，打印这个字符串中字符的全排列。

8. 编写一个判断输入的字符串是否为回文串的程序。

9. 为了安全，系统都会提示用户在设置密码时的要求。编程实现如下设置密码的要求：

➢ 密码长度必须至少包含 8 个字符，不多于 16 个字符。

➢ 必须包含至少一个大写字母。

➢ 必须包含至少一个小写字母。

➢ 必须包含至少一个数字。

10. 凯撒密码(Caesar cipher)是密码学中一种最简单且最广为人知的加密技术。它是一种替换加密的技术，其基本思路是将明文中的所有字母都在字母表上向后(或向前)按照一个固定数目(称为密钥)进行偏移后被替换成密文。例如，如果密钥为 2，则由明文 "Sourpuss" 得到的密文为 "Uqwtrwuu"。请根据凯撒密码的算法编写一个可以加密和解密凯撒密码的程序。

第 6 章 列表、元组、字典和集合

列表、元组、字典和集合是 Python 内置的数据类型,这几种数据类型有什么特点?各自都用于处理什么样的数据?和字符串又有什么相似点和不同之处?本章将围绕这些问题,介绍这几种数据类型的创建、基本操作及其内置的函数和方法。

6.1 列　　表

数字类型用于处理整数和浮点数,布尔类型用于处理逻辑真和假之类的数据,字符串用于处理文本类数据。现实世界还有一些类似列表的数据,如成绩表、通讯录和购物清单等,这类数据的特点是有序、动态可变,使用非常广泛。Python 提供了列表用于处理这一类数据。

本节介绍列表的创建、列表及其元素的操作、嵌套列表和列表参数等知识。

6.1.1 创建列表

在第 2 章 2.3.2 小节简单介绍了列表的知识,知道在 Python 中使用方括号[]创建列表。本小节继续介绍列表的创建。

下面创建一个显示我国著名数学家的列表,代码如下:

```
>>> # 创建一个元素为字符串的列表
>>> mathematicians = ['华罗庚','陈省身','陈景润','丘成桐','苏步青','吴文俊','王元']
>>> # 使用 print()函数输出列表
>>> print(mathematicians)
['华罗庚', '陈省身', '陈景润', '丘成桐', '苏步青', '吴文俊', '王元']
```

在以上的代码中,解释器创建了一个包含我国数学家的列表 mathematicians,并执行了打印输出。

列表 mathematicians 中的元素都是字符串,每个元素的数据类型都是相同的。

事实上,列表中还可以放置不同类型的元素。下面的示例演示了列表中的元素具有不同的数据类型,代码如下:

```
>>> # 创建一个元素为不同数据类型的列表
>>> student_info_list = ['20190101001','张三',22,1.75,71.6]
>>> # 使用 print()函数输出列表
>>> print(student_info_list)
['20190101001', '张三', 22, 1.75, 71.6]
```

上面的代码创建了一个学生信息列表,记录了学生的学号、姓名、年龄、身高和体重等信息,其中学号和姓名为字符串,年龄为整型,身高和体重为浮点型,因此,Python 中的列表元素的数据类型可以是任何对象。

除了上面用方括号创建列表之外,Python 中还提供了一个内置函数 list(),可以将特定类型的对象转换为列表。比如，可使用函数 list()将 range()的结果直接转换为列表，代码如下：

```
>>> # 使用list()函数将range()函数生成的数字转换为列表
>>> numbers = list(range(1,10))
>>> print(numbers)
[1, 2, 3, 4, 5, 6, 7, 8, 9]
```

上面代码中将 range()函数作为 list()的参数，输出了一个数字列表。

使用函数 range()时，还可指定步长。例如，下面的代码打印 1~10 内的偶数：

```
>>> even_numbers = list(range(2,10,2))
>>> print(even_numbers)
[2, 4, 6, 8]
```

在上面的代码中，函数 range()从 2 开始数，然后不断地加 2，直到达到或超过终值 10，因此输出：[2, 4, 6, 8]。

在创建列表时，还要注意列表中的对象也就是元素不必是唯一的，可以重复出现。另外，列表是有序的，元素相同但顺序不同的列表是不同的两个列表，示例代码如下：

```
>>> letters1 = ['a','b','c','d','e','f','c']
>>> print(letters1)
['a', 'b', 'c', 'd', 'e', 'f', 'c']
>>> letters2 = ['b','a','d','c','e','f','c']
>>> letters1 == letters2
False
>>> [1,2,3,4,5] == [5,4,1,2,3]
False
```

上面的代码中，letters1 中的元素 c 出现了两次，一样也可以输出，所以列表中的元素不必是唯一的，可以重复出现。在上面的代码中，还可以看到两个列表 letters1 和 letters2 尽管元素字母都相同，但顺序不同，判断两个列表是否相同时，输出结果为 False，最下面的两个数字列表[1,2,3,4,5]和[5,4,1,2,3]中数字相同，但顺序不一致，也判断是两个不同的列表。

总之，列表与其他语言的数组有相似之处，但比数组功能更强大，可以容纳任何对象，是有序的，其对象也不是唯一的。

6.1.2　引用、索引和切片

当创建一个列表，并将其赋值给一个变量之后，变量和列表之间就存在着一种引用关系。通过这个引用就可以访问这个列表，比如，上面几个示例中的 print(numbers)和 print(mathematicians)打印输出函数，就是通过变量 numbers 和 mathematicians 来引用访问列表，从而输出列表中的元素。

除了引用整个列表之外，还可以通过索引访问列表中单个的元素。

这里的索引和前面字符串中的索引一样，是一个整数，记录了列表中元素的位置。列表索引与字符串索引一样都是从零开始的。第一个索引值是 0，第二个索引值是 1，以此类推。

下面以上面创建的我国著名数学家的列表为例来说明引用和索引的概念。

当 Python 解释器执行语句：mathematicians = ['华罗庚','陈省身','陈景润','丘成桐','苏步青','吴文俊','王元']之后，mathematicians 变量将引用创建的列表['华罗庚','陈省身','陈景润','丘成桐','苏步青','吴文俊','王元']，这种引用关系如图 6.1 所示。

mathematicians →	华罗庚	陈省身	陈景润	丘成桐	苏步青	吴文俊	王元
索引（index）	0	1	2	3	4	5	6
反向索引（negative index）	-7	-6	-5	-4	-3	-2	-1

图 6.1　引用与索引

除此之外，元素的索引(index)也确定了，第 1 个元素的索引从 0 开始，第 2 个元素的索引是 1，以此类推，最后一个元素的索引是 6。列表还提供了反向索引，也就是最后一个元素的索引是-1，倒数第二个元素的索引是-2，以此类推，第一个元素的索引是-7。列表下标的工作原理和字符串下标相同，遵循如下规则：

➢ 任何整数表达式都可以用作下标；
➢ 如果试图读或写一个不存在的元素，将会得到一个索引错误；
➢ 如果下标是负数，它将从列表的末端开始访问列表。

当知道了索引之后，就可以通过指定元素的索引下标来访问列表中的元素，访问列表元素是通过方括号运算符实现的，即通过列表名称后面接方括号[]，方括号中的数字就是索引。以我国著名数学家列表为例，如果要访问第一个元素，使用 mathematicians[0]，要访问第二个元素，使用 mathematicians[1]，以此类推，也可以使用反向索引来访问元素，具体如图 6.2 所示。

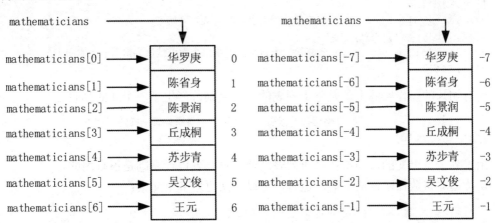

图 6.2　利用索引访问元素

通过索引访问列表元素的示例代码如下：

```
>>> mathematicians = ['华罗庚','陈省身','陈景润','丘成桐','苏步青','吴文俊','王元']
>>> print(mathematicians)
['华罗庚', '陈省身', '陈景润', '丘成桐', '苏步青', '吴文俊', '王元']
>>> # 访问第一个元素
>>> print(mathematicians[0])
华罗庚
```

```
>>> # 访问第二个元素
>>> print(mathematicians[1])
陈省身
>>> # 访问最后一个元素
>>> print(mathematicians[6])
王元
>>> # 使用反向索引访问最后一个元素
>>> print(mathematicians[-1])
王元
>>> # 使用反向索引访问第一个元素
>>> print(mathematicians[-7])
华罗庚
>>>
```

如果出现索引超界，比如，上面列表中其索引从 0 到 6，如果指定的索引是 7，则会发生索引超界的异常 IndexError，其示例如下：

```
>>> # 如果索引超界，会出现异常
>>> print(mathematicians[7])
Traceback (most recent call last):
  File "<pyshell#54>", line 1, in <module>
    print(mathematicians[7])
IndexError: list index out of range
```

字符串中的切片同样适用于列表，其使用方法也一样，比如：

```
>>> list = [ 'a','b','c','d','e','f']
>>> list[2:4]          # 从索引 2 开始到索引 4，但不包含 4
['c', 'd']
>>> list[:5]           # 省略第一个索引，默认从 0 开始
['a', 'b', 'c', 'd', 'e']
>>> list[4:]           # 省略第二个索引，则第二个索引默认为最后一个索引
['e', 'f']
```

所有切片的操作实际上就是整个列表的一个复制，产生了一个新的列表。

```
>>> list[:]            # 省略切片的索引，则产生一个与原列表一样的新列表
['a', 'b', 'c', 'd', 'e', 'f']
```

由于列表是可变的，通常在修改列表之前，对列表进行复制是很有用的。
切片运算符放在赋值语句的左边时，可以一次更新多个元素：

```
>>> list = [ 'a','b','c','d','e','f']
>>> list[2:4] = [1,2]
>>> list
['a', 'b', 1, 2, 'e', 'f']
```

6.1.3　使用 for 循环遍历列表

最常用的遍历列表的方式是使用 for 循环，和遍历字符串类似，其语法形式如下：

```
for 变量名 in 列表名:
    语句
```

下面先创建一个包含计算机科学与技术专业部分课程的列表，最后使用 for 循环遍历整个列表，代码如下：

```
>>> courses = ['操作系统原理','计算机网络','软件工程','计算机组成与系统结构']
>>> for course in courses:
        print("课程名称是：",course)


课程名称是：    操作系统原理
课程名称是：    计算机网络
课程名称是：    软件工程
课程名称是：    计算机组成与系统结构
```

6.1.4　对列表元素的操作：增删改查

Python 提供了一些方法和函数对列表中的元素进行操作，这些操作主要有：增加、修改和删除列表元素，简称增删改查。下面分别加以介绍。

1. 增加列表元素

可以使用 append()方法在列表的结尾添加元素，代码如下：

```
>>> courses = ['操作系统原理','计算机网络','软件工程','计算机组成与系统结构']
>>> print(courses)
['操作系统原理', '计算机网络', '软件工程', '计算机组成与系统结构']
>>> courses.append("数据库原理与应用")
>>> print(courses)
['操作系统原理', '计算机网络', '软件工程', '计算机组成与系统结构', '数据库原理与应用']
```

上面的代码显示使用 append()方法在课程列表的最后添加了"数据库原理与应用"课程。

有时在编程中，会先创建一个空列表，然后使用 append()方法添加元素。下面的示例就先创建了一个空列表，然后在其中添加元素 honda、yamaha 和 suzuki，代码如下：

```
>>> motorcycles = []
>>> motorcycles.append('honda')
>>> motorcycles.append('yamaha')
>>> motorcycles.append('suzuki')
>>> print(motorcycles)
['honda', 'yamaha', 'suzuki']
```

append()方法只能在列表的末尾添加列表元素，有其局限性，而使用 insert()方法可在列表的任何位置添加新元素。insert()方法的语法形式如下：

```
list.insert(i, x)
```

该方法可在给定位置插入元素，其中，参数 i 是要插入的元素的索引，参数 x 为插入的元素。使用 insert()方法在索引 0 处添加元素"华为 P40"，代码如下：

```
>>> huawei = []
>>> huawei.append('华为 P10')
>>> huawei.append('华为 P20')
```

```
>>> print(huawei)
['华为 P10', '华为 P20']
>>> huawei.insert(0,'华为 P40')
>>> print(huawei)
['华为 P40', '华为 P10', '华为 P20']
```

可以看到在列表的最前面插入了新元素"华为 P40"。这种操作是将列表中已有的每个元素都右移一个位置。同理，若要在索引 1 处添加元素，那么就将列表中原先索引为 1 及索引在 1 之后的元素都向右移一个位置。这种插入更加灵活。

方法 extend()也可以添加列表元素，但接收的参数是一个可迭代对象，如一个列表等，代码如下：

```
>>> list1 = ['华为 P40', '华为 P10', '华为 P20']
>>> list2 = ['华为 Mate 30', '华为 nova 5z']
>>> list1.extend(list2)
>>> list1
['华为 P40', '华为 P10', '华为 P20', '华为 Mate 30', '华为 nova 5z']
>>> list2
['华为 Mate 30', '华为 nova 5z']
```

extend()方法将列表 list2 的所有元素添加到了目标列表 list1 中，但 list2 没有改变。

2. 修改列表元素

修改列表元素的语法与访问列表元素的语法类似。要修改列表元素，可指定列表名和要修改元素的索引，再指定该元素的新值，代码如下：

```
>>> numbers = [1,2,3,4,5,6,7,8,9]
>>> print(numbers)
[1, 2, 3, 4, 5, 6, 7, 8, 9]
>>> # 将第一个元素的值1修改为99
>>> numbers[0] = 99
>>> print(numbers)
[99, 2, 3, 4, 5, 6, 7, 8, 9]
```

3. 删除列表元素

有多种方法可以从列表中删除一个元素。如果知道元素的下标，可以使用 pop()方法，代码如下：

```
>>> list1 = ['华为 P40', '华为 P10', '华为 P20', '华为 Mate 30', '华为 nova 5z']
>>> list2 = list1.pop(4)
>>> list1
['华为 P40', '华为 P10', '华为 P20', '华为 Mate 30']
>>> list2
'华为 nova 5z'
```

方法 pop()可以修改列表，并返回被移除的元素。如果不提供下标，它将移除并返回最后一个元素。

方法 remove()也可以删除列表中的值，不需要使用下标，直接使用值，代码如下：

```
>>> list1 = ['华为P40', '华为P10', '华为P20', '华为Mate 30', '华为nova 5z']
>>> list2 = list1.remove('华为nova 5z')
>>> list1
['华为P40', '华为P10', '华为P20', '华为Mate 30']
>>> print(list2)
None
```

方法 remove() 的返回值是 None，即无返回值。

如果不需要记录被删除的元素，可以使用 del 语句删除列表元素，代码如下：

```
>>> list1 = ['华为P40', '华为P10', '华为P20', '华为Mate 30', '华为nova 5z']
>>> del list1[3]
>>> list1
['华为P40', '华为P10', '华为P20', '华为nova 5z']
```

要删除多个元素，可以结合切片索引使用 del 语句实现，代码如下：

```
>>> list1 = ['华为P40', '华为P10', '华为P20', '华为Mate 30', '华为nova 5z']
>>> del list1[0:4]
>>> list1
['华为nova 5z']
```

切片选择的索引范围是 0 到 4，del 语句删除列表索引范围的元素，但不包含索引 4 对应的元素。

4. 查找列表元素

在 Python 中，可以使用关键字 in 或 not in 对元素进行查找，其语法形式如下：

```
element in or not in list_name
```

其中，element 为要查找的元素，in 和 not in 为成员判断符。使用前者 in，如果存在则返回真，否则返回假；使用后者 not in，如果存在返回假，不存在则返回真。代码如下：

```
>>> letters = ["a","b","c","d","e","f"]
>>> "b" in letters
True
>>> "a" not in letters
False
```

成员判断符 in 和 not in 能够判断一个元素是否在列表中，有时还需要查找这个元素所处的位置，也就是索引。Python 提供的 index() 方法就可以查找元素所处的位置，将元素传给这个方法，就能找到该元素所在的索引，比如：

```
['华为nova 5z', '华为Mate 30', '华为P20', '华为P10', '华为P40']
>>> list = ['华为P40', '华为P10', '华为P20', '华为Mate 30', '华为nova 5z']
>>> list.index('华为P20')
2
```

输出的值为 2，表示该元素的索引就是 2。

6.1.5　对列表的操作

Python 提供了一些运算符、方法和函数对列表进行操作，这些操作主要有列表连接、复制、切片和排序等，下面分别加以介绍。

1. 使用加号运算符+拼接多个列表

加号运算符+拼接多个列表：

```
>>> a = [1,2,3,4]
>>> b = [5,6,7]
>>> c = a + b
>>> c
[1, 2, 3, 4, 5, 6, 7]
```

2. 乘号运算符*以给定次数重复一个列表

乘号运算符*以给定次数重复一个列表，示例代码如下：

```
>>> ['Python'] * 3
['Python', 'Python', 'Python']
>>> list = ['华为 P40', '华为 P10'] * 2
>>> list
['华为 P40', '华为 P10', '华为 P40', '华为 P10']
```

第 1 个乘号运算符将 Python 列表重复了 3 次。第 2 个乘号运算符将['华为 P40', '华为 P10']列表重复了 2 次。

3. 利用内置函数求列表长度和对数字列表进行统计计算

可以利用内置函数 len()、sum()、max()和 min()分别求列表的长度、统计数字列表的总和、计算数字列表的最大值和最小值，示例代码如下：

```
>>> list = [1,2,3,4,5,6,7,8,9]
>>> len(list)              # 列表长度
9
>>> sum(list)              # 数字列表总和
45
>>> max(list)              # 数字列表最大值
9
>>> min(list)              # 数字列表最小值
1
```

4. 利用内置函数 enumerate()输出列表元素的索引和值

在编程中，有时需要记录列表中当前处理元素的索引和值，内置函数 enumerate()可以很好地解决这样的功能需求。该内置函数的语法形式如下：

```
enumerate(sequence, [start=0])
```

该函数意思是枚举，两个参数的含义如下。

➢ 参数 sequence：一个序列、迭代器或其他支持的迭代对象，如列表、元组或字典等。

➢ 参数 start：下标起始位置。

示例代码如下：

```
>>> my_list = ['Java','Python','C++']
>>> for index,value in enumerate(my_list):
        print(index,value)


0 Java
1 Python
2 C++
```

通过在 for 循环中使用枚举 enumerate()函数，输出了索引值和对应元素的值。这个索引可以作为元素的序号，但序号一般是从 1 开始计数的，这可以设置 start=1 来实现，代码如下：

```
>>> for index,value in enumerate(my_list,1):
        print(index,value)


1 Java
2 Python
3 C++
```

上面的示例输出显示说明内置函数 enumerate()非常适合用于计数和统计行数的场合。

5. 使用 sort()方法和内置函数 sorted()对列表进行排序

方法 sort()按升序或降序对列表中的元素进行排序，可用于对数字类型和字符串类型的列表进行排序，其语法形式如下：

```
list.sort( key=None, reverse=False)
```

该方法对列表进行原地排序，不产生新的列表，其中 list 是列表名称，两个参数的含义如下。

> 参数 key：指定带有一个参数的函数，用于从每个列表元素中提取比较键，对应于列表中每一项的键会被计算一次，然后在整个排序过程中使用。比如，key=str.lower，表示将列表中所有元素字母一律转换为小写，然后再进行排序。默认值为 None，表示直接对列表元素排序而不计算一个单独的键值。

> 参数 reverse：为一个布尔值。如果设为 True，则列表元素按降序排列，即由大到小进行排序；否则，按升序进行排列，即由小到大进行排列。默认是按升序排序的。

下面对字符和数字两个列表进行排序，代码如下：

```
>>> list = [ 'f','d','a','b','a','e']
>>> list.sort()
>>> list
['a', 'a', 'b', 'd', 'e', 'f']
>>> list = [9,3,2,8,1,6,7,6,4]
>>> list.sort()
>>> list
[1, 2, 3, 4, 6, 6, 7, 8, 9]
```

从上面的输出结果可以看出，两个列表都是按升序进行排序。没有产生新的列表。对字符串列表排序，是根据 ASCII 码的大小进行排序的。

在使用 sort()方法时，不能对既有数字又有字符串值的列表排序，那样会抛出异常，因为 Python 不知道如何比较它们，示例代码如下：

```
>>> list = ['f',99,'a',77,'a','e']
>>> list.sort()
Traceback (most recent call last):
  File "<pyshell#4>", line 1, in <module>
    list.sort()
TypeError: '<' not supported between instances of 'int' and 'str'
```

列表中的元素既有字符又有数字，使用 sort()排序时，会抛出异常说明：数据类型 str 和 int 不支持用"<"直接进行比较。因为 sort()方法只使用"<"比较列表中的元素，这就要求比较的元素属于同类型的数据。

使用 sort()方法排序，还可以指定参数 key 按什么规则排序。下面的示例对列表按元素的长度进行排序：

```
>>> my_list = ['Java','Python','C++']
>>> my_list.sort(key = len)        # key = len，指定按元素长度排序
>>> my_list
['C++', 'Java', 'Python']
```

除了上面介绍的 sort()方法之外，内置函数 sorted()也能实现对列表的排序，其语法形式如下：

```
sorted(iterable, key=None, reverse=False)
```

其中各参数的含义如下。

➢ 参数 iterable：可迭代对象，如列表、字典等。

➢ 参数 key：主要是用来进行比较的元素，只有一个参数，具体的函数的参数取自于可迭代对象，指定可迭代对象中的一个元素来进行排序。

➢ 参数 reverse：排序规则。reverse 为 True，则按降序排序；若 reverse 为 False，则按升序排序(默认)。

内置函数 sorted()的返回值是一个重新排序的列表。下面的示例演示了 sorted()函数的使用：

```
>>>a = [5,7,6,3,4,1,2]
>>> b = sorted(a)           # 保留原列表
>>> a
[5, 7, 6, 3, 4, 1, 2]
>>> b
[1, 2, 3, 4, 5, 6, 7]
>>> # 设置参数 key=len，元素按长度进行排序
>>> my_list = ['Java','Python','C++']
>>> my_list1 = sorted(my_list,key=len)
>>> my_list1
['C++', 'Java', 'Python']
```

```
>>> my_list == my_list1
False
```

列表的 sort()方法和内置函数 sorted()都能实现排序，但还是有所区别的。sort()是应用在列表上的方法，而 sorted()可以对所有可迭代的对象进行排序，如列表、字典和元组等；另外，sort()方法返回的是对已经存在的列表进行操作，而内置函数 sorted()返回的是一个新的列表，而不是在原来的基础上进行的操作。比如，上面代码输出的列表 a 与 b、my_list 与 my_list1 都是两个不同的列表。

后面还将继续介绍内置函数 sorted()的使用。

6. 使用 copy()方法复制列表

切片可以复制列表，copy()方法也可以复制列表形成一个新的列表，示例代码如下：

```
>>> list = ['华为 P40', '华为 P10', '华为 P20', '华为 Mate 30', '华为 nova 5z']
>>> id(list)
2082184841416                  # 使用 id 获得列表 list 在内存中的地址
>>> new_list =list.copy()      # 复制列表 list 对象到 new_list 对象
>>> new_list
['华为 P40', '华为 P10', '华为 P20', '华为 Mate 30', '华为 nova 5z']
>>> id(new_list)
2082184622152                  # 使用 id 获得列表 new_list 在内存中的地址
```

使用 id()函数输出了原列表 list 和新列表 new_list 的内存地址，很显然它们是不同的，说明通过 copy()方法复制产生了一个新的列表。

7. 使用 reverse()方法对列表进行反转

方法 reverse()可以反转列表中元素的顺序，比如：

```
>>> list = ['华为 P40', '华为 P10', '华为 P20', '华为 Mate 30', '华为 nova 5z']
>>> list.reverse()
>>> list
['华为 nova 5z', '华为 Mate 30', '华为 P20', '华为 P10', '华为 P40']
```

8. 使用 count()统计元素在列表中出现的次数

列表提供了 count()方法统计元素在列表中出现的次数，示例代码如下：

```
>>> my_list = ['a','big','big','programming','big','programming']
>>> my_list.count('big')
3
```

该方法经常和字典一起使用统计字符串、文件中单词出现的次数。在后面 6.6.3 小节将介绍这样的应用案例。

6.1.6　嵌套列表

嵌套列表是指列表可以包含子列表，子列表又可以包含子列表，以此类推，直到任意深度。下面用一个示例来演示说明嵌套列表的一些特点，代码如下：

```
>>> # 嵌套列表
>>> my_list = ['a', ['bb', ['ccc', 'ddd'], 'ee', 'ff'], 'g', ['hh', 'ii'],
'j']
>>> my_list
['a', ['bb', ['ccc', 'ddd'], 'ee', 'ff'], 'g', ['hh', 'ii'], 'j']
```

根据创建的列表，可以知道其引用和索引的结构如图 6.3 所示。

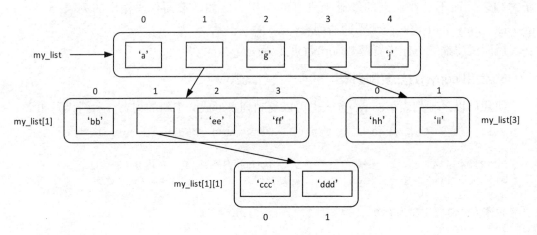

图 6.3　引用和索引的结构

my_list[0]、my_list[2]和 my_list[4]对应的列表元素是字符串，分别为：a、g 和 j，而 my_list[1]和 my_list[3]对应的列表元素是子列表，分别为：['bb', ['ccc', 'ddd'], 'ee', 'ff']和 ['hh', 'ii']。

要访问子列表中的项，只需附加一个索引，示例代码如下：

```
>>> my_list[1]
['bb', ['ccc', 'ddd'], 'ee', 'ff']

>>> my_list[1][0]
'bb'
>>> my_list[1][1]
['ccc', 'ddd']
>>> my_list[1][2]
'ee'
>>> my_list[1][3]
'ff'

>>> my_list[3]
['hh', 'ii']
>>> print(my_list[3][0], my_list[3][1])
hh ii
```

my_list[1][1]是另一个子列表，因此添加一个索引可以访问它的元素：

```
>>> my_list[1][1]
['ccc', 'ddd']
>>> print(my_list[1][1][0], my_list[1][1][1])
ccc ddd
```

理论上，列表这种嵌套的深度或复杂性是没有限制的。

关于索引和切片的常用语法也适用于子列表：

```
>>> my_list[1][1][-1]
'ddd'
>>> my_list[1][1:3]
[['ccc', 'ddd'], 'ee']
>>> my_list[3][::-1]
['ii', 'hh']
```

操作符和函数只适用于指定级别的列表，而不是递归的。比如，使用 len()列表长度需要指明列表的级别，是父列表还是子列表，代码如下：

```
>>> my_list
['a', ['bb', ['ccc', 'ddd'], 'ee', 'ff'], 'g', ['hh', 'ii'], 'j']
>>> len(my_list)
5
>>> my_list[0]
'a'
>>> my_list[1]
['bb', ['ccc', 'ddd'], 'ee', 'ff']
>>> len(my_list[1])
4
>>> len(my_list[3])
2
>>> len(my_list[1][1])
2
```

上面使用 len()函数指明了不同列表，因而输出的长度是不同的。my_list 只有五个元素：三个字符串和两个子列表。子列表中的单个元素不计入 my_list 的长度。

在使用 in 操作符时，会遇到类似的情况。

```
>>> 'ddd' in my_list
False
>>> 'ddd' in my_list[1]
False
>>> 'ddd' in my_list[1][1]
True
```

"ddd"不是 my_list 或 my_list[1]中的元素之一。它只是子列表 my_list[1][1]中的一个元素。子列表中的单个元素不算作父列表中的元素。

6.1.7 列表参数

列表还可以像变量和字符串一样作为参数传给一个函数，函数将得到这个列表的一个引用。

下面的示例定义了一个求数的平均值的函数，函数的参数采用了列表。在调用该函数时，将数字列表传给此函数，就可以计算数的平均值，代码如下：

```
>>> # 定义求平均值的函数：传入一个数字列表，计算平均值
>>> def average(numbers):
```

```
sum = 0
count = 0
for i in numbers:
    sum += i
    count += 1
return sum / count
```

```
>>> numbers = [1,2,3,4,5,6,7,8,9]
>>> avg = average(numbers)
>>> print(numbers,"的平均值是: ",avg)
[1, 2, 3, 4, 5, 6, 7, 8, 9] 的平均值是:  5.0
```

在函数 average()的定义和调用中，与前面变量作为函数的参数没什么区别。

6.1.8　使用列表实现冒泡排序

冒泡排序(Bubble Sort)是计算机科学领域最简单的一种排序算法，其基本原理是：将相邻的元素两两比较，当一个元素大于右侧相邻元素时，将值大的元素交换到右边；当一个元素小于或等于右侧相邻元素时，位置不变。这个过程一直重复进行直到没有相邻元素需要交换，即表示排序完成。

该算法的名字由来是因为越小的元素会经由交换慢慢"浮"到数列的顶端(升序或降序排列)，就如同碳酸饮料中二氧化碳的气泡会一点一点冒泡上浮，故称为"冒泡排序"。

假如一个列表由 5、8、6、3、9、2、1 和 7 数字组成，现在希望按从小到大的顺序进行排序。按照冒泡排序的思想，从左边开始，相邻的两个数 5 和 8 要进行两两比较，但因为 5 小于 8，所以位置不变，接着相邻的两个数 8 和 6 进行比较，因为 8 大于 6，所以它们要交换，8 交换到 6 的位置，6 交换到 8 的位置，这个过程一直持续下去，直至第一轮元素两两比较完为止。第一轮具体交换过程如图 6.4 所示。

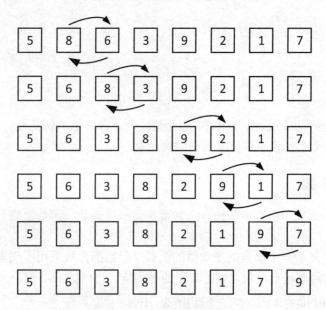

图 6.4　冒泡排序第 1 轮交换

在图 6.4 中，经过第 1 轮交换，最大的数字 9 就像气泡一样，上升到了最右侧。因为还存在较大的数在最小数的左边，所以接下来进行第二轮交换，其交换的具体过程如图 6.5 所示。

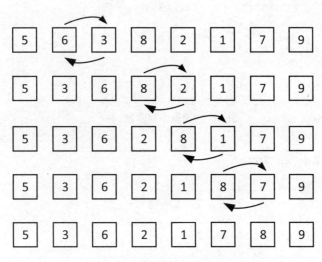

图 6.5 冒泡排序第 2 轮交换

图 6.5 中，经过第 2 轮后，依然还存在较大的数在最小数的左边，所以接下来还要进行第 3 轮直至第 7 轮交换，具体交换过程与前两轮一样，就不再详细列出，只显示经过这几轮交换后的状态，如图 6.6 所示。

第3轮	5	3	2	1	6	7	8	9
第4轮	3	2	1	5	6	7	8	9
第5轮	2	1	3	5	6	7	8	9
第6轮	1	2	3	5	6	7	8	9
第7轮	1	2	3	5	6	7	8	9

图 6.6 冒泡排序第 3～7 轮交换后的状态示意图

经过上面 7 轮交换，冒泡排序完成了从小到大的排序。根据整个冒泡排序的过程，可以发现进行了两个不同的循环，一个是从第 1 轮到第 7 轮，把这个称为外循环；另一个是每一轮里面的数字要进行两两比较，这个属于内循环。

根据以上分析，程序清单 6.1 是冒泡排序的实现代码。

程序清单 6.1 bubble_sort.py

```
1.  """ 冒泡排序 """
2.
3.  def bubble_sort(list1):
4.      """ 冒泡排序 """
```

```
5.        for i in range(len(list1)-1):  # 外循环的次数即有多少轮
6.          for j in range(len(list1)-i-1):  # 两两比较的次数
7.            if list1[j] > list1[j+1]:
8.                temp = list1[j]
9.                list1[j] = list1[j+1]
10.               list1[j+1] = temp
11.         print("第",i+1,"轮的结果: ",list1)
12.
13.
14. if __name__ == '__main__':
15.     my_list = [5,8,6,3,9,2,1,7]  # 定义列表
16.     bubble_sort(my_list)  # 列表作为参数
17.     print(my_list)
```

运行程序清单 6.1，结果如下：

```
第 1 轮的结果: [5, 8, 6, 3, 9, 2, 1, 7]
第 1 轮的结果: [5, 6, 8, 3, 9, 2, 1, 7]
第 1 轮的结果: [5, 6, 3, 8, 9, 2, 1, 7]
第 1 轮的结果: [5, 6, 3, 8, 9, 2, 1, 7]
第 1 轮的结果: [5, 6, 3, 8, 2, 9, 1, 7]
第 1 轮的结果: [5, 6, 3, 8, 2, 1, 9, 7]
第 1 轮的结果: [5, 6, 3, 8, 2, 1, 7, 9]
…
第 5 轮的结果: [2, 1, 3, 5, 6, 7, 8, 9]
第 6 轮的结果: [1, 2, 3, 5, 6, 7, 8, 9]
第 6 轮的结果: [1, 2, 3, 5, 6, 7, 8, 9]
第 7 轮的结果: [1, 2, 3, 5, 6, 7, 8, 9]
[1, 2, 3, 5, 6, 7, 8, 9]
```

上面的输出结果显示经过 7 轮两两比较后，数字按从小到大进行了排列。

6.2　元　　组

Python 中的元组(Tuple)与列表类似，不同之处在于元组中的元素一旦定义就不能修改，也就是说列表是动态的、可变的，而元组是静态的、不可变的，长度大小固定，不可以对元组中的元素进行增删改操作。因而，元组更适用于存储和处理数量不变和元素不需要改变的数据；另外，元组的定义形式也与列表有区别。

本节将介绍元组的定义、基本操作及元组作为返回值的情况。

6.2.1　元组的定义

元组的定义不像列表那样使用方括号，而是采用小括号，括号中的元素用逗号隔开，其值可以是任意类型，使用整数索引其位置，因此元组与列表非常相似。定义元组的语法形式如下：

```
tuple_name = (element1, element2, …)
```

其中，tuple_name 是变量名称，也称为元组的名称，element1 和 element2 是元组的元素，以逗号分隔，可以是任意数据类型。下面的代码定义了一个元组：

```
>>> my_tuple = ('霍元甲','张三丰','李小龙','黄飞鸿')
>>> type(my_tuple)
<class 'tuple'>
>>> my_tuple
('霍元甲', '张三丰', '李小龙', '黄飞鸿')
```

元组的定义不是非要使用小括号，也可以去掉小括号，其语法形式如下：

```
tuple_name = element1, element2, …
```

示例代码如下：

```
>>> my_tuple1 = '霍元甲','张三丰','李小龙','黄飞鸿'
>>> type(my_tuple1)
<class 'tuple'>
>>> my_tuple1
('霍元甲', '张三丰', '李小龙', '黄飞鸿')
```

使用单个元素建立元组时，需要在结尾使用一个逗号，代码如下：

```
>>> my_tuple = ('霍元甲',)
>>> type(my_tuple)
<class 'tuple'>
>>> my_tuple
('霍元甲',)
```

如果结尾处不使用逗号，则不会创建元组，如：

```
>>> my_tuple = ('霍元甲')
>>> type(my_tuple)
<class 'str'>
```

上面代码中的 my_tuple 使用 type()函数输出，显示是字符串类型，而不是元组。

除了上面定义元组的方法之外，还可以使用内置函数 tuple()定义元组，其语法形式如下：

```
tuple_name = tuple(iterable)
```

其中，参数 iterable 是一个可迭代对象，如一个字符串、一个列表或一个元组等。

```
>>> my_tuple = tuple('霍元甲')
>>> type(my_tuple)
<class 'tuple'>
>>> my_tuple
('霍', '元', '甲')
```

如果传入多个参数，就会发生异常。比如，下面传入了多个字符串，则会抛出参数多于一个的异常，示例代码如下：

```
>>> my_tuple = tuple('霍元甲','张三丰','李小龙','黄飞鸿')
Traceback (most recent call last):
  File "<pyshell#31>", line 1, in <module>
```

```
    my_tuple = tuple('霍元甲','张三丰','李小龙','黄飞鸿')
TypeError: tuple expected at most 1 arguments, got 4
```

但是可以将上面的字符串组成一个列表传给内置函数 tuple()创建元组，代码如下：

```
>>> my_tuple = tuple(['霍元甲','张三丰','李小龙','黄飞鸿'])
>>> type(my_tuple)
<class 'tuple'>
>>> my_tuple
('霍元甲', '张三丰', '李小龙', '黄飞鸿')
```

在 tuple()函数中加了方括号[]，这样也可以创建元组。

在没有参数传递时会产生一个空元组，如：

```
>>> # tuple()函数不带参数
>>> my_tuple = tuple()
>>> type(my_tuple)
<class 'tuple'>
>>> my_tuple
()
```

6.2.2　元组的操作

列表的大多数操作都适用于元组，事实上，除了那些会改变列表内容的操作之外，元组支持所有与列表相同的操作，比如：

➢　利用下标索引访问元组。

➢　删除元组。

➢　len()、min()和 max()等内置函数。

➢　切片表达式。

➢　in 操作符。

➢　+和*操作符。

➢　各种方法。

下面列举几个例子进行说明。

1. 利用下标索引访问元组

可以利用元组的下标索引来访问元组中的值，如：

```
>>>mix=('hello','world',2015,2016)
>>>print (mix[1])
world
>>>min=(1,2,3,4,5)
>>>print (min[0:2])
1,2,3
```

2. 删除元组

元组中的元素值是不能被删除的，但可以使用 del 语句删除整个元组，如：

```
>>> my_tuple = tuple(['霍元甲','张三丰','李小龙','黄飞鸿'])
>>> del my_tuple
>>> my_tuple
Traceback (most recent call last):
  File "<pyshell#40>", line 1, in <module>
    my_tuple
NameError: name 'my_tuple' is not defined
```

元组被删除后，即不存在该元组，再输出元组变量时就会发生异常，显示：
NameError: name 'my_tuple' is not defined，没有定义元组 my_tuple。

3. 利用内置函数求元组长度、对元组进行统计计算

可以利用内置函数 len()、sum()、max()和 mix()分别求元组的长度、统计元组的总和、计算数字列表中的最大值和最小值，示例代码如下：

```
>>> my_tuple = tuple([90,78,89,95])
>>> len(my_tuple)
4
>>> max(my_tuple)
95
>>> min(my_tuple)
78
```

6.2.3　元组赋值

在比较两个值的大小时，常常要借助一个中间临时变量，两个变量互换值的操作通常很有用。按照传统的赋值方法，需要使用一个临时变量。比如，为了交换 a 和 b 的值，其代码如下：

```
>>> a,b = 10,20
>>> temp = a
>>> a = b
>>> b = temp
>>> print(a,b)
20 10
```

这个方法较为烦琐。通过元组赋值来实现两个值的交换，更为简洁优雅，比如：

```
>>> a,b = 10,20
>>> a,b = b,a
>>> print(a,b)
20 10
```

等号左侧是变量组成的元组，右侧是表达式组成的元组。每个值都被赋给了对应的变量。变量被重新赋值前，将先对右侧的表达式进行求值。

使用元组赋值，左右两侧变量数必须相同：

```
>>> a,b = 1,2,3
Traceback (most recent call last):
  File "<pyshell#60>", line 1, in <module>
```

```
    a,b = 1,2,3
ValueError: too many values to unpack (expected 2)
```

一般来说，元组赋值时，右侧表达式可以是任意类型(字符串、列表或者元组)的序列。例如，将一个电子邮箱地址分成用户名和域名，代码如下：

```
>>> email = 'woolflighthouse@163.com'
>>> name,domain = email.split('@')
>>> name
'woolflighthouse'
>>> domain
'163.com'
```

split 函数返回的对象是一个包含两个元素的列表。第一个元素被赋给了 name 变量，第二个被赋给了 domain 变量。

6.2.4 元组作为返回值

严格地说，一个函数只能返回一个值，但是如果这个返回值是元组，其效果等同于返回多个值。例如，若想对两个整数做除法，计算出商和余数，但依次计算 x/y 和 x%y 是很低效的，同时计算出这两个值更好。

内置函数 divmod 接受两个参数，返回包含两个值的元组：商和余数。可以使用元组来存储返回值，比如：

```
>>> t = divmod(14,6)
>>> t
(2, 2)
>>> type(t)
<class 'tuple'>
>>> quot,rem = divmod(14,6)
>>> quot
2
>>> type(quot)
<class 'int'>
>>> type(rem)
<class 'int'>
>>> rem
2
```

下面是另一个返回元组作为结果的函数例子：

```
>>> def min_max(t):
        return min(t),max(t)

>>> min,max = min_max((1,5,7,3))
>>> min
1
>>> max
7
```

max 和 min 是用于找出一组元素序列中最大值和最小值的内置函数，min_max 函数同时计算出这两个值，并返回二者组成的元组。

6.3 字　　典

说到字典，也许会回想起小时候查字典的情形。遇到不知其意的汉字，会拿一本《新华字典》查找这个字的含义。由于字典提供了字及其含义这两个部分，而且它们之间存在映射关系，所以通过字就能找到这个字的含义，这就是字典的作用。类似字典这样的数据在日常生活中使用得非常广泛，比如，学生的学号与学生的信息，火车时刻表中的车次与车次信息等。

在 Python 中，这类数据就称为字典，其中字、学号或车次等称为键 key，字、学号或车次所对应的字的含义、学生信息或车次信息就称为值 value，简称键值对(key-value pair)。一个键映射到一个值，所以键值对通常也称为映射。

本节将学习字典的创建、访问、添加和删除字典的元素，以及字典的各种内置函数和方法的使用。

6.3.1　创建字典

Python 中字典的工作原理与现实世界中查字典的过程类似，其字典的键必须是唯一的、不可变的数据类型，如字符串、整数和元组，但其键值可以重复，而且可以是任何类型。

在 Python 中，可以通过将所有元素放在大括号({})内来创建字典，其中每个元素由键值对组成，即一个是键 key，另一个是键所对应的值 value，用冒号(:)将键与其关联的值分隔开，而每个键值对之间以逗号分隔，其语法形式如下：

```
dict = {
    <key>: <value>,
    <key>: <value>,
     .
     .
     .
    <key>: <value>
}
```

其中，键 key 必须是 Python 中任意不可变数据，如整数、浮点数、字符串或元组，而不能是列表、集合、字典或其他可变数据类型。另外，字典中的键 key 不允许重复。字典中的值 value 可以是任何类型的数据，而且值 value 是可以重复的。变量 dict 指向使用大括号创建的字典，是一种引用。

下面创建一个以学生学号为键，对应的姓名为值的字典，代码如下：

```
>>> my_dict = {'20200101':'赵小龙',
    '20200102':'廖小飞',
    '20200103':'蒋小敏'}
>>> type(my_dict)
<class 'dict'>
```

```
>>> my_dict
{'20200101': '赵小龙', '20200102': '廖小飞', '20200103': '蒋小敏'}
```

其中，键和值使用的都是字符串。

创建字典还可以使用内置函数 dict()，比如：

```
>>> my_dict = dict({1:'苹果', 2:'火龙果',3:'香蕉'})
>>> type(my_dict)
<class 'dict'>
>>> my_dict
{1: '苹果', 2: '火龙果', 3: '香蕉'}
```

还可以先使用花括号{}创建一个空字典，然后再添加键值对，比如：

```
>>> my_dict = {}            # 创建一个空字典，也可使用 my_dict = dict()创建空字典
>>> type(my_dict)
<class 'dict'>
>>> my_dict
{}
>>> my_dict[1] = '苹果'            # 在方括号[]中放键 Key，赋值语句右边是值 Value
>>> my_dict[2] = '火龙果'
>>> my_dict[3] = '香蕉'
>>> my_dict
{1: '苹果', 2: '火龙果', 3: '香蕉'}
```

6.3.2　字典的基本操作

由于字典是可变长类型，所以可以增加或删除字典元素，其基本操作主要有：

➢ 访问字典元素。
➢ 使用 for 循环遍历字典并获得字典的键、值和键值对。
➢ 使用 in 和 not in 操作符判断值是否在字典中。
➢ 添加、修改和删除字典元素。
➢ 内置函数 len()获取元素的数量。
➢ 使用 fromkeys()方法创建字典。

下面分别加以介绍。

1. 访问字典元素

字符串和列表是使用索引下标来访问元素值的，但字典没有索引，而是在方括号内使用键作为索引下标来访问对应的值，其语法格式如下：

```
dictionary_name[key]
```

其中，dictionary_name 是引用字典的变量，key 是键。如果该键存在于字典中，则表达式返回与该键关联的值。如果该键不存在，则会引发 KeyError 异常。访问字典元素的示例代码如下：

```
>>> my_dict = {'20200101':'赵小龙','20200102':'廖小飞','20200103':'蒋小敏'}
>>> my_dict['20200102']
'廖小飞'
```

```
>>> my_dict[20200104]
Traceback (most recent call last):
  File "<pyshell#21>", line 1, in <module>
    my_dict[20200104]
KeyError: 20200104
```

上面在方括号中放入键"20200102"，即 my_dict['20200102']，能检索到其对应的值"廖小飞"。当使用键"20200104"试图检索对应的值时，由于该键不存在，所以抛出了异常。

字典提供的 get()方法也可以访问字典元素。使用 get()时，如果没有找到键，它将返回 None 而不是 KeyError。示例代码如下：

```
>>> my_dict = {'20200101':'赵小龙','20200102':'廖小飞','20200103':'蒋小敏'}
>>> my_dict.get('20200102')
'廖小飞'
>>> print(my_dict.get('20200104'))
None
```

2. 使用 for 循环遍历字典并获得字典的键、值和键值对

可以像字符串和列表等一样，使用 for 循环遍历字典，其语法形式如下：

```
for var in dictionary:
    statement
    statement
    ...
```

其中，var 是变量名，dictionary 为字典名。for 循环每次迭代时，都会从字典 dictionary 中取出键赋值给变量 var，直至所有键取出为止。下面是使用 for 循环的示例：

```
>>> my_dict = {'20200101':'赵小龙','20200102':'廖小飞','20200103':'蒋小敏'}
>>> for key in my_dict:
        print(key,end=' ')


20200101 20200102 20200103
```

上面示例使用 for 循环输出了键。

除了使用上面的 for 循环输出键之外，还可以将 for 与 Python 提供的 keys()、values()和 items()方法结合使用获得键、值和键值对。

上面提到的三个方法使用的示例如下：

```
>>> my_dict = {'20200101':'赵小龙','20200102':'廖小飞','20200103':'蒋小敏'}
>>> my_dict.keys()
dict_keys(['20200101', '20200102', '20200103'])
>>> my_dict.values()
dict_values(['赵小龙', '廖小飞', '蒋小敏'])
>>> my_dict.items()
dict_items([('20200101', '赵小龙'), ('20200102', '廖小飞'), ('20200103', '蒋小敏')])
>>>
```

从上面的输出结果可看到：这三个方法返回的类型分别是 dict_keys、dict_values 和

dict_items，它们称为字典视图。所谓字典视图，实际上是字典的键和值的窗口，存储了对父字典的引用，它支持迭代操作，不是列表，不支持索引。正因为支持迭代操作，所以可以对字典视图使用 for 循环进行遍历，取出键、值或键值对，比如：

```
>>> my_dict = {'20200101':'赵小龙','20200102':'廖小飞','20200103':'蒋小敏'}
>>> for i in my_dict.keys():          # 取键 key
        print(i ,end =' ')


20200101 20200102 20200103        # 输出键 key
>>> for i in my_dict.values():         # 取值 value
        print(i,end=' ')


赵小龙 廖小飞 蒋小敏              # 输出值 value
>>> for i in my_dict.items():          # 取键值对
        print(i,end=' ')


('20200101', '赵小龙') ('20200102', '廖小飞') ('20200103', '蒋小敏')   # 输出键值对
```

3. 使用 in 和 not in 操作符判断值是否在字典中

字典也可以像字符串和列表一样，使用 in 和 not in 操作符判断值是否在字典中。利用这一特点，可以在访问或删除字典元素之前，先判断键是否存在字典中，如果存在则执行访问或删除操作，否则不执行。这样就可避免上面访问字典元素，因为键不存在而抛出异常的情形。示例代码如下：

```
>>> my_dict = {'20200101':'赵小龙','20200102':'廖小飞','20200103':'蒋小敏'}
>>> if '20200104' in my_dict:            # 使用 in 操作符
        print(my_dict['20200104'])
else:
    print("字典中没有该键！")


字典中没有该键！
>>> if '20200104' not in my_dict:          # 使用 not in 操作符
        print("字典中没有该键！")
else:
    print(my_dict['20200104'])


字典中没有该键！
```

4. 添加修改和删除字典元素

因为字典是可变的，所以可以添加、修改和删除字典中的元素。下面分别介绍使用赋值运算符或 update()方法添加或更新元素的值，使用 del 语句、pop()、popitem()和 clear()等方法进行删除操作。

使用赋值语句向字典添加或更新键值对，其语法形式如下：

```
dictionary_name[key] = value
```

其中，赋值语句的左边就是访问字典元素的语法格式，右边是键所对应的值。如果键 key 在字典中已经存在，那么键所对应的值就被更改为 value 中的值。如果键不存在，那么就将键与值一起添加到字典中。示例代码如下：

```
>>> my_dict = {'20200101':'赵小龙','20200102':'廖小飞','20200103':'蒋小敏'}
>>> my_dict['20200104'] = '王小龙'          # 因为键不存在，所以是新增
>>> my_dict
{'20200101': '赵小龙', '20200102': '廖小飞', '20200103': '蒋小敏', '20200104':
'王小龙'}
>>> my_dict['20200103'] = '欧阳云若'          # 因为键存在，所以是更新键对应的值
>>> my_dict
{'20200101': '赵小龙', '20200102': '廖小飞', '20200103': '欧阳云若',
'20200104': '王小龙'}
```

字典提供的 update()方法可使用字典所包含的键 key 来更新已有的字典。如果被更新的字典中包含对应的键值对，则原值会被覆盖；如果被更新的字典中不包含对应的键值对，则会将该键值对添加到字典中。示例代码如下：

```
>>> my_dict = {'20200101':'赵小龙','20200102':'廖小飞','20200103':'蒋小敏'}
>>> my_dict.update({'20200101':'马万起', '20200102': '朱天桂'})
>>> my_dict
{'20200101': '马万起', '20200102': '朱天桂', '20200103': '蒋小敏'}
>>> my_dict.update({'20200201':'周小云', '20200202': '孙里'})
>>> my_dict
{'20200101': '马万起', '20200102': '朱天桂', '20200103': '蒋小敏', '20200201':
'周小云', '20200202': '孙里'}
```

可以使用 del 语句从字典中删除现有的键值对，例如：

```
>>> my_dict = {'20200101':'赵小龙','20200102':'廖小飞','20200103':'蒋小敏'}
>>> if '20200102' in my_dict:
    del my_dict['20200102']          # 使用 del 语句删除字典中键为 "20200102" 的值
else:
    print("字典中没有该键！")


>>> my_dict
{'20200101': '赵小龙', '20200103': '蒋小敏'}
```

语句 del 不仅可以删除单个字典元素，而且可以删除整个字典，比如：

```
>>> my_dict = {'20200101':'赵小龙','20200102':'廖小飞','20200103':'蒋小敏'}
>>> del my_dict                # 删除整个字典
>>> my_dict
Traceback (most recent call last):
  File "<pyshell#28>", line 1, in <module>
    my_dict
NameError: name 'my_dict' is not defined
```

方法 pop()用于删除字典中的元素,它根据提供的键返回与其关联的值,并删除该键所包含的键值对。如果没有找到该键,该方法将返回一个默认值。该方法的语法形式如下:

```
dictionary.pop(key, default)
```

其中,dictionary 是字典名,key 是键,default 是在键未找到时返回的默认值。当方法被调用时,它返回与指定键相关联的值,并从字典中删除键-值对,比如:

```
>>> my_dict = {'20200101':'赵小龙','20200102':'廖小飞','20200103':'蒋小敏'}
>>> my_dict.pop('20200101','字典中没有此键! ')
'赵小龙'
>>> my_dict.pop('20200101','字典中没有此键! ')
'字典中没有此键! '            #因为已删除该键
```

方法 clear()删除字典中所有的元素,代码如下:

```
>>> my_dict = {'20200101':'赵小龙','20200102':'廖小飞','20200103':'蒋小敏'}
>>> my_dict.clear()
>>> my_dict
{}
```

5. 内置函数 len()获取元素的数量

内置函数 len()也适用于字典,它返回键值对的个数,比如:

```
>>> my_dict = {'20200101':'赵小龙','20200102':'廖小飞','20200103':'蒋小敏'}
>>> len(my_dict)
3
```

6. 使用 fromkeys()方法创建字典

除了前面介绍创建字典的方法之外,Python 还提供了 fromkeys()方法来创建一个新的字典,其语法形式如下:

```
dict.fromkeys(seq[, value])
```

其中各参数的含义如下。

- ➢ 参数 seq:字典键值列表。实际上是指从外部传入的可迭代对象,将从可迭代对象中循环取出的元素作为字典的键 key 值。
- ➢ 参数 value:可选参数,设置键序列 seq 的值,即字典的键所对应的 value 值,若没有则 key 值所对应的 value 值为 None。

下面是使用 fromkeys()方法创建的几个示例:

```
# 创建的第 1 个示例
>>> seq = ('20200101','20200102','20200103')
>>> dict = dict.fromkeys(seq)
>>> dict
{'20200101': None, '20200102': None, '20200103': None}

# 创建的第 2 个示例
>>> my_list = ['赵小龙', '廖小飞', '蒋小敏','赵小龙']
>>> dict = dict.fromkeys(my_list,'2020 级计算机科学 1 班')
```

```
>>> dict
{'赵小龙': '2020 级计算机科学 1 班', '廖小飞': '2020 级计算机科学 1 班', '蒋小敏':
'2020 级计算机科学 1 班'}
```

创建的第 1 个示例中，字典的第 1 个参数是元组，将元组中的元素作为键 key；第 2 个参数没有写键所对应的值，则都为 None。创建的第 2 个示例中，字典的第 1 个参数是列表，将列表中的元素作为键 key，并去掉了重复的值"赵小龙"；第 2 个参数是字符串，都默认为这个值。

6.4　集　　合

Python 中的集合，与高中数学中的集合概念非常类似，主要用于保存不重复的数据，即集合中的元素都是唯一的。

本节将学习 Python 中有关集合的知识：集合的定义、遍历集合、添加和删除集合中的元素，及其集合并交差的运算。

6.4.1　集合的定义

Python 中对于集合的定义，和定义字典在形式上几乎一样，将所有元素放在一对大括号({})中，元素之间用","分隔，所不同的是，集合中的每个元素不像字典那样是由"键值对"组成的。集合的语法形式如下。

```
set_name = {element1,element2,...,elementn}
```

其中，set_name 是所取的集合名称，它必须符合 Python 标识符的命名规则，element1,element2,...,elementn 表示集合中的元素，个数没有限制。

下面创建一个七大洲组成的集合，示例代码如下：

```
>>> # 创建一个七大洲组成一个集合
>>> continents = {'亚洲','非洲','欧洲','北美洲','南美洲','大洋洲','南极洲'}
>>> continents
{'大洋洲', '南美洲', '北美洲', '亚洲', '南极洲', '非洲', '欧洲'}
>>> type(continents)
<class 'set'>
```

上面代码创建了一个包含七大洲的集合，名称是 continents，有 7 个元素，分别是亚洲、非洲、欧洲、北美洲、南美洲、大洋洲、南极洲，都是字符串类型，使用集合名输出的结果与输入一样。

除了可以使用大括号创建集合之外，还可以使用内置函数 set()定义一个集合，其语法形式如下：

```
set_name = set([iterable])
```

其中，参数 iterable 是一个可迭代的对象，也就是说参数只有一个对象，这个对象可以由 n 个对象组成，即可迭代。

七大洲这个集合使用 set()函数定义的代码如下：

```
>>> continents = set(['亚洲','非洲','欧洲','北美洲','南美洲','大洋洲','南极洲'])
>>> continents
{'大洋洲', '南美洲', '北美洲', '亚洲', '南极洲', '非洲', '欧洲'}
```

将七大洲名这个列表对象作为参数传递时，如果不使用方括号，就会发生异常，如：

```
>>> continents = set('亚洲','非洲','欧洲','北美洲','南美洲','大洋洲','南极洲')
Traceback (most recent call last):
  File "<pyshell#66>", line 1, in <module>
    continents = set('亚洲','非洲','欧洲','北美洲','南美洲','大洋洲','南极洲')
TypeError: set expected at most 1 arguments, got 7
```

异常提示为：TypeError 类型错误，这个函数至多可以传一个参数；而实例中传了 7 个参数，所以会报错，通过使用方括号可以传入一个列表对象。

输出的七大洲的顺序与定义集合时的顺序不一致，这是因为集合本身是无序的。

如果定义的集合包含重复的元素，那么集合会去除重复的元素，比如：

```
>>> # 定义一个列表
>>> my_list = [1,2,3,2,2,3]
>>> # 将列表对象作为 set()函数的参数传入
>>> my_set = set(my_list)
>>> my_set
{1, 2, 3}
>>>
```

上面输出集合为{1, 2, 3}，可以看出 set()返回了一个新的集合，这个集合不包含重复的元素。

由此可见，集合是一个无序不重复元素的数据类型，而列表、元组和字典中的值都是可以重复的。

使用 del 命令可以删除不再使用的集合，比如：

```
>>> my_set = set([1,2,3,4,5,6])
>>> del my_set
>>> my_set
Traceback (most recent call last):
  File "<pyshell#7>", line 1, in <module>
    my_set
NameError: name 'my_set' is not defined
```

输出有异常提示：没有定义 my_set 集合，因为它已经被删除了。

6.4.2 集合的基本操作

集合最基本的操作主要有：遍历集合，向集合中添加、删除元素，以及集合之间做交集、并集、差集等运算。

1. Python 访问 set 集合元素

由于集合中的元素是无序的，因此无法像列表那样使用下标访问元素，不过可以使用 for 循环结构来遍历集合，将集合中的数据逐一读取出来，比如：

```
>>> continents = set(['亚洲','非洲','欧洲','北美洲','南美洲','大洋洲','南极洲'])
>>> for i in continents:
    print(i,end=' ')
```

欧洲 南极洲 北美洲 非洲 亚洲 南美洲 大洋洲

上面遍历读取了集合中的每一个数据元素，其顺序与定义集合时的元素顺序是不一致的。

2. 增加和删除集合元素

向集合添加元素有 add()和 update()两个方法。

方法 add()是把要传入的元素作为一个整体添加到集合中，例如：

```
>>> my_set = set([10,20,30,40,50,60,70,80,90,100])
>>> my_set.add(110)
>>> my_set
{100, 70, 40, 10, 110, 80, 50, 20, 90, 60, 30}
```

方法 update()是把要传入的元素拆分，作为个体传入到集合中，例如：

```
>>> my_set.update([1,2,3])
>>> my_set
{1, 2, 3, 100, 70, 40, 10, 110, 80, 50, 20, 90, 60, 30}
>>> my_set.update('woolf')
>>> my_set
{1, 2, 3, 100, 'l', 70, 40, 10, 110, 'w', 80, 'o', 50, 20, 'f', 90, 60, 30}
```

删除集合元素的方法有 remove()、pop()和 clear()，其使用演示如下：

```
>>> my_set.remove('w')          # 删除指定元素 w
>>> my_set
{1, 2, 3, 100, 'l', 70, 40, 10, 110, 80, 'o', 50, 20, 'f', 90, 60, 30}
>>> my_set.pop()                # 删除一个元素
1
>>> my_set
{2, 3, 100, 'l', 70, 40, 10, 110, 80, 'o', 50, 20, 'f', 90, 60, 30}
>>> my_set.clear()              # 清空集合
>>> my_set
set()                          # 清空集合，集合成为一个空集合
```

6.4.3　集合的数学运算

集合的数学运算主要有交集、并集和差集运算。假如两个集合分别是 set1={1,2,3} 和 set2={3,4,5}，它们既有相同的元素，也有不同的元素。以这两个集合为例分别做不同运算，结果如表 6.1 所示。

表 6.1　集合交、并和差运算示例

运算操作	运算符	含义	示例
交集	&	取两集合公共的元素	>>> set1 & set2 {3}
并集	|	取两集合全部的元素	>>> set1 | set2 {1,2,3,4,5}

差集	–	取一个集合中另一集合没有的元素	>>> set1 – set2
			{1,2}
			>>> set2 – set1
			{4,5}

6.5　列表推导式

列表推导式提供了一种创建列表更简单的方法。下面使用官方文档提供的一个平方列表来说明什么是列表推导式。在没有介绍列表推导式之前,先给出实现一个创建平方列表的代码:

```
>>> squares = []
>>> for x in range(10):
    squares.append(x**2)


>>> squares
[0, 1, 4, 9, 16, 25, 36, 49, 64, 81]
```

这样的写法可以简化如下:

```
>>> squares = [x**2 for x in range(10)]
>>> squares
[0, 1, 4, 9, 16, 25, 36, 49, 64, 81]
```

两种写法殊途同归,但后一种写法更加简洁。这种简化的写法就是列表推导式,其结构是由一对方括号中包含一个表达式以及 for 子句组成,比如,上面的简化写法中,表达式为 x**2,后面跟的 for 子句为 for x in range(10)。

除了上面比较简单的列表推导式之外,列表推导式后面的 for 子句还可以跟零个或多个 for 或 if 子句。其结果将是一个新列表,表达式的值依据后面的 for 和 if 子句的内容进行求值计算而得出。比如,将两个列表中不相等的元素组合起来,使用列表推导式的实现代码如下:

```
>>> my_list = [(x, y) for x in [1,2,3] for y in [3,1,4] if x != y]
>>> my_list
[(1, 3), (1, 4), (2, 3), (2, 1), (2, 4), (3, 1), (3, 4)]
```

上面的代码中,列表推导式中的表达式是一个元组,其值是两个 for 循环依据后面 if

语句的条件(x != y)判断进行计算得出的。这两个 for 循环实际上就是嵌套循环。

字典和集合也可以使用类似列表这样的推导式，称为字典推导式和集合推导式。

下面使用字典推导式创建一个学生信息的字典。字典的值来自于一个保存学生姓名的字符串 student_name，字典的键 key 来自于字符串索引，代码如下：

```
>>> # 以学生姓名及其索引创建字典
>>> student_name =['赵小云','吴大勇','李耀天','张小王']
>>> student_info = {key:value for key,value in
enumerate(student_name,20200101)}
>>> type(student_info)
<class 'dict'>
>>> student_info
{20200101: '赵小云', 20200102: '吴大勇', 20200103: '李耀天', 20200104: '张小王'}
```

上面的代码中，字典推导式使用了大括号({})，该括号的最左边是表达式 key:value，即字典的键和值，后面接着是 for 循环。在 for 循环中使用了内置函数 enumerate()，并设置索引的起始编号。

下面使用集合推导式创建一个数的平方的集合，代码如下：

```
>>> squares = {x**2 for x in range(10)}
>>> type(squares)
<class 'set'>
>>> squares
{0, 1, 64, 4, 36, 9, 16, 49, 81, 25}
```

上面的代码中，集合推导式使用的是大括号，其他与列表推导式类似。

列表、字典和集合推导式非常灵活，功能也非常强大，在使用 for 循环处理列表、字典和集合的一些操作时，可优先考虑使用这种推导式的编程方法。关于更多推导式的知识，请读者参考 Python 提供的 API 文档，网址为：https://docs.python.org/3/tutorial/datastructures.html。

6.6 应 用 举 例

前面章节讲解了列表、元组、字典和集合的基本概念及操作，本节将通过一些编程实例来进一步了解这些数据类型的使用。

6.6.1 计算某门课程成绩的总分和平均分

任务描述：输入某门课程的名称，录入该门课程考试的成绩，统计输出成绩的总分、平均成绩、最高分和最低分及其人数。

扫码观看视频讲解

分析上面的任务，对于输入的课程和成绩可以使用字符串和列表进行保存，利用内置函数对保存在列表中的成绩进行处理，最后按要求输出结果。

程序清单 6.2 是实现计算某门课程成绩的总分、平均分、最高分和最低分及其人数的代码。在代码中，定义了三个函数：一个是 read_course()函数，用于输入和保存课程名称，由于是一门课程，使用字符串类型来保存；另一个是 read_floats()函数，用于输入和保存成绩，返回成绩列表；最后一个是主函数 main()，其作用是调用前面两个函数，获得课程名称和成绩列表，利用内置函数 sum()、max()和 min()计算成绩的总分、最高分和最低分，使用列表提供的统计函数 count()计算最高分和最低分的人数，最后使用 print()函数输出成绩的总分、平均分、最高分和最低分及其人数。

程序清单 6.2 calculate_scores01.py

```python
1.  """ 计算某门课程考试后的总成绩、平均成绩，最高分和最低分及其人数 """
2.
3.
4.  def main():
5.      """ 定义主函数 """
6.      course = read_course()          # 课程名称
7.      scores = read_floats()          # 成绩列表
8.
9.      if len(scores) > 1:
10.         total = sum(scores)  # 计算总成绩
11.         # 计算平均成绩
12.         average_score = total / len(scores)
13.         # 最高分、最低分及其人数
14.         max_num = max(scores)
15.         min_num = min(scores)
16.         max_count = scores.count(max_num)
17.         min_count = scores.count(min_num)
18.
19.         # 打印输出
20.         print("考试课程：\t", course)
21.         print("考试人数：\t", len(scores))
22.         print("总 成 绩：\t", total)
23.         print("平均成绩：\t", round(average_score, 2))
24.         print("最高分/人数：\t", max_num, "/", max_count)
25.         print("最低分/人数：\t", min_num, "/", min_count)
26.     else:
27.         print("至少需要录入两个成绩！")
28.
29.
30. def read_course():
31.     """ 定义获取课程名称的函数 """
32.     print("请输入要录入成绩的课程名称：")
33.     course = input("")
34.     return course
35.
36.
37. def read_floats():
38.     """ 定义读取输入成绩的函数，返回一个成绩值的列表 """
39.     values = []
40.
41.     print("请输入成绩，每输入一个成绩按回车。退出请按 Q 或 q")
42.     user_input = input("")
43.
```

```
44.     while user_input.upper() != "Q":
45.         values.append(float(user_input))
46.         user_input = input("")
47.     return values
48.
49.
50. if __name__ == '__main__':
51.     main()        # 调用主函数
```

程序清单 6.2 说明如下。

第 4~27 行：定义主函数 main()。

第 30~34 行：定义 read_course()函数。

第 37~47 行：定义 read_floats()函数。

运行程序清单 6.2，下面显示了输入运行的结果：

请输入要录入成绩的课程名称：
Python 程序设计
请输入成绩，每输入一个成绩按回车。退出请按 Q 或 q

90
90
60
80
q
考试课程：   Python 程序设计
考试人数：   4
总 成 绩：   320.0
平均成绩：   80.0
最高分/人数：   90.0 / 2
最低分/人数：   60.0 / 1

这个程序尽管计算了成绩总分、平均分、最高分和最低分，但成绩还没能与学生所考试的课程关联起来，在接下来的 6.6.2 小节将继续完善这一程序。

6.6.2　打印输出学生多门课程考试后的成绩

打印输出学生成绩的任务描述：输入学生考试的若干门课程名称，输入参加这门课程考试的人数，录入学生的考试成绩，然后按表 6.2 所示的成绩表输出学生课程、考试成绩、成绩总分和平均分。

扫码观看视频讲解

表 6.2　学生成绩表

学　　号	姓　　名	Java	Python	总　　分	平　均　分
202001001	赵小龙	86	92	178	89
202001002	周小云	82	88	170	85

程序清单 6.3 是实现表 6.2 学生成绩表的代码。该程序清单与程序清单 6.2 的实现思路类似，不同的是增加了一个读取学生信息的 read_info()函数，使用字典保存学生的信息，主要是学号和姓名。在 read_floats(student_info, course)中，通过传入学生信息(学号和姓名)和课程名称两个参数，实现与学生成绩一一对应。

235

程序清单 6.3　calculate_scores02.py

```python
1.   """ 打印输出学生多门课程考试后的成绩 """
2.
3.
4.   def main():
5.       """ 定义主函数 """
6.       numbers = int(input("请输入参加考试的人数："))
7.       # 学生学号、姓名
8.       student_info = read_info(numbers)
9.
10.      # 课程列表
11.      course = read_course()
12.      # 成绩列表
13.      scores = read_floats(student_info, course)
14.
15.
16.  def read_info(numbers):
17.      """ 保存学生学号和姓名的函数 """
18.      dic = {}
19.      i = 0
20.      while i < numbers:
21.          id = input("输入学生学号：")
22.          name = input("输入学生姓名：")
23.          dic.__setitem__(id, name)
24.          i += 1
25.      return dic
26.
27.
28.  def read_course():
29.      """ 保存课程的函数，返回课程名称 """
30.      courses = []
31.      print("请录入考试的课程名称。退出请按'Q' ")
32.      user_input = input("")
33.
34.      while user_input.upper() != "Q":
35.          courses.append(user_input)
36.          user_input = input("")
37.      return courses
38.
39.
40.  def read_floats(student_info, course):
41.      """ 定义读取输入成绩的函数，返回一个成绩值的列表 """
42.      values = []
43.
44.      # 将字典 student_info 中的键值学号和姓名转换为列表
45.      student_no = list(student_info.keys())
46.      student_name = list(student_info.values())
47.      # 获得列表 values 的行和列
48.      rows = len(student_no)
49.      columns = len(course)
```

```
50.
51.      # 动态创建列表
52.      for i in range(rows):
53.          row = [0] * columns
54.          values.append(row)
55.
56.      for i in range(rows):
57.          for j in range(columns):
58.              if j > columns:
59.                  break
60.              print("请录入学号为: " + student_no[i] + ",课程为: " + course[j]
+ "的成绩: ")
61.              user_input = input("")
62.              values[i][j] = float(user_input)
63.
64.          if i > rows:
65.              break
66.      # 输出成绩表
67.      # 表头
68.      print("学号\t\t\t", end="")
69.      print("姓名\t\t", end="")
70.      for c in range(columns):
71.          print(course[c] + "\t", end="")
72.      print("总分\t\t", end="")
73.      print("平均分")
74.      print("------------------------------------------------------")
75.
76.      # 表格输出内容
77.      for i in range(rows):
78.          sum1 = 0
79.          avg = 0
80.          print(student_no[i] + "\t", end="")
81.          print(student_name[i] + "\t", end="")
82.          for j in range(columns):
83.              print("%.2f\t" % (values[i][j]), end="")
84.              sum1 = sum1 + values[i][j]
85.              avg = sum1 / len(values[i])
86.
87.          print("%.2f\t" % (sum1), end="")
88.          print("%.2f\t" % (avg), end="")
89.          print("")
90.      print("------------------------------------------------------")
91.      return values
92.
93.
94.  if __name__ == '__main__':
95.      main()
```

程序清单 6.3 说明如下。

第 16~25 行：定义了一个保存学生信息如学号和姓名的函数。其中，第 18 行定义了空字典 dic；第 20~24 行使用了 while 循环，接收输入的学号和姓名，并将每条记录使用

dic._ _setitem_ _()方法保存到字典中。

运行程序清单 6.3,按照提示输入参加考试的人数、学生学号和姓名、考试课程以及
对应的考试成绩,其运行结果如下:

```
请输入参加考试的人数: 2
输入学生学号: 202001001
输入学生姓名: 赵小龙
输入学生学号: 202001002
输入学生姓名: 周小云
请录入考试的课程名称。退出请按'Q'
Java
Python
Q
请录入学号为: 202001001,课程为: Java 的成绩:
86
请录入学号为: 202001001,课程为: Python 的成绩:
92
请录入学号为: 202001002,课程为: Java 的成绩:
82
请录入学号为: 202001002,课程为: Python 的成绩:
88
学号            姓名    Java      Python       总分          平均分
-------------------------------------------------------------------------------
202001001      赵小龙  86.00     92.00        178.00       89.00
202001002      周小云  82.00     88.00        170.00       85.00
-------------------------------------------------------------------------------
```

输出显示的成绩表与表 6.2 一样。

6.6.3 统计文本中单词出现的次数

统计文本中单词出现次数的任务描述:输入一段文字,统计这段文字中单词出现的次
数,并输出排名前 10 的单词及其出现的次数。

通过分析这个任务,其算法分析如下:

➤ 获取输入文本中的单词。定义读取文本中单词的函数 read_word(),将每个单词从
文本中分离出来,并保存到列表中。为了把一个个单词从文本字符串中分离出
来,需要分析单词之间分隔的特征,英文文本中单词之间一般是空格、逗号和句
号,可以先使用字符串中的 split()和 rstrip()方法清除文本中的空格、逗号和句
号,将单词从文本中分割出来。

➤ 统计单词出现的次数。定义统计文本中单词出现次数的函数 word_count(),在该
函数中使用字典来统计单词重复的次数。具体是将上面保存在列表中的单词作
为字典的键,将单词出现的次数作为值,形成键值对的数据,并将其保存到字
典中。

➤ 对统计的单词按出现的次数进行排序。定义一个排序的函数 word_sort(),使用内
置函数 sorted()对字典进行排序。

➤ 输出单词出现次数在前 10 的结果。定义一个输出单词出现次数排前 10 的函数

display()，该函数从上面单词排序的字典中只输出排前 10 的单词及其出现次数。
程序清单 6.4 是以上算法分析过程的代码实现。

程序清单 6.4 count_word.py

```
1.    """ 统计文本中单词的出现次数，输出出现次数前 10 的单词 """
2.
3.
4.  def main():
5.      """ 定义主函数 """
6.      word_list = read_word()                   # 获得单词组成的列表
7.      word_dict = word_count(word_list)         # 获得单词组成的字典
8.      display(word_sort(word_dict))             # 输出出现次数前 10 的单词
9.
10.
11. def read_word():
12.     """ 定义读取文本中单词放入列表中的函数 """
13.     str1 = """Beginners are motivated to learn programming so they can
create graphics. A big reason for learning programming using Python is
that you can start programming  using graphics on day one."""
14.     word_list1 = str1.split()          # 默认以空格分隔字符串
15.     word_list2 = []                    # 定义一个空列表
16.
17.     # 将单词存入列表中
18.     for word1 in word_list1:
19.         last_char = word1[-1:]         # 每个单词最后一个字符
20.
21.         # 列出文本中可能出现的标点符号
22.         if last_char in [",", ".", "!", "?", ";"]:
23.             # 去掉单词包含的标点符号
24.             word2 = word1.rstrip(last_char)  .
25.         else:
26.             word2 = word1
27.
28.         word_list2.append(word2.lower())     # 将单词转为小写添加到列表中
29.     return word_list2
30.
31.
32. def word_count(lists):
33.     """ 定义统计文本中单词的出现次数的函数 """
34.     word_dict = {}         # 定义一个空字典 用于去除重复的单词
35.
36.     # 创建一个新字典，以列表元素为键 key，去除重复的单词
37.     word_dict = word_dict.fromkeys(lists)
38.     word_name = list(word_dict.keys())
39.
40.     # 统计单词出现的次数,并将它存入一个字典中
41.     for i in word_name:
42.         word_dict[i] = lists.count(i)
43.     return word_dict
44.
```

```
45.
46. def word_sort(word_dict):
47.     """ 定义单词排序的函数 """
48.     # 对传过来的字典 word_dict 即单词出现的次数进行排序
49.     word_dict1 = sorted(word_dict.items(), key=lambda d: d[1], reverse
= True)
50.     word_dict1 = dict(word_dict1)
51.     return word_dict1
52.
53.
54. def display(word_dict):
55.     """ 定义输出出现次数前 10 的函数 """
56.     i = 0
57.     # 输出前 10 的单词
58.     for x, y in word_dict.items():
59.         if i < 10:
60.             print(' "{}'.format(x), '"', '单词出现的次数是: ', format(y))
61.             i += 1
62.             continue
63.         else:
64.             break
65.
66.
67. if __name__ == '__main__':
68.     main()
```

程序清单 6.4 说明如下。

第 4~8 行：定义了主函数 main()，分别调用 read_word()、word_count()、word_sort()和 display()函数获取单词组成的列表、获得单词组成的字典、对字典进行排序和输出出现次数前 10 的单词。

第 11~29 行：定义读取文本中单词放入列表中的函数。该函数首先对指定的文本字符串使用 split()方法分离单词(第 14 行)，默认是以空格进行分割，将此分隔处理的单词保存到列表中，然后使用切片获得每个单词的最后一个字符(第 19 行)，使用循环和条件语句(第 18~26 行)查找每个单词的最后一个字符是否是标点符号，如是，则使用 rstrip()删除单词末尾的标点符号。

第 32~43 行：定义统计文本中单词的出现次数的函数。第 37 行使用 fromkeys()方法创建一个新字典 word_dict，以列表 lists 中的单词为键 key，去除 lists 中重复的单词。第 38 行使用字典 keys()方法获得字典 word_dict 所有的键，利用 list()函数将它们转换为列表，并赋值给 word_name 列表，该列表保存了去重后的单词。第 41~43 行使用 for 循环和 count()方法完成统计 word_name 列表中的每个单词在 lists 中出现的次数。

第 46~51 行：定义单词排序的函数。其中第 49 行使用内置函数 sorted(word_dict)进行排序，word_dict.items()为待排序的对象，key=lambda d: d[1]为对前面的对象中的第二维数据(即 value)的值进行排序。

第 54~64 行：定义输出出现次数前 10 的函数。

运行程序清单 6.4，输出结果如下：

```
"programming " 单词出现的次数是：3
"can " 单词出现的次数是：2
"graphics " 单词出现的次数是：2
"using " 单词出现的次数是：2
"beginners " 单词出现的次数是：1
"are " 单词出现的次数是：1
"motivated " 单词出现的次数是：1
"to " 单词出现的次数是：1
"learn " 单词出现的次数是：1
"so " 单词出现的次数是：1
```

6.6.4 八皇后问题

八皇后问题(Eight Queens Puzzle)，是一个古老而著名的问题，是回溯算法的典型案例。该问题由国际象棋棋手马克斯·贝瑟尔(Max Bezzel)于 1848 年提出：在 8×8 格的国际象棋上放置八个皇后，使其不能互相攻击，即任意两个皇后都不能处于同一行、同一列或同一斜线上，问有多少种解决方案。图 6.7 是八皇后问题示意图。

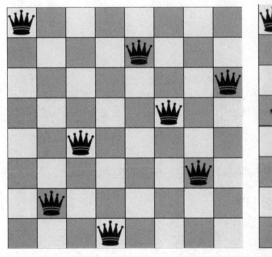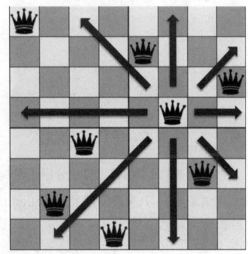

图 6.7　八皇后问题示意图

上面提到的回溯算法，其本质上是一种枚举法。下面以这种回溯算法为基础来分析八皇后问题的解决方案。

在八皇后棋盘的第一行开始尝试放置第一个皇后，放置成功后，递归到第二行尝试放置第二个皇后，以此类推。放置是否成功，需要进行位置冲突检测。冲突检测的依据是：与该行之前的所有行中皇后所在位置进行比较，如果在同一列，或者在同一条对角线上，都不符合要求，继续检验后序的位置。

如果该行所有位置都不符合要求，则回溯到前一行，改变皇后的位置，继续试探。这就是典型的回溯算法。

如果试探到最后一行，所有皇后放置完毕，则直接打印出 8×8 的棋盘。

根据上面的分析，可以梳理出解决八皇后问题的几个最关键地方如下。

> ➢ 八皇后位置状态的表示;
> ➢ 位置发生冲突的检测,即位置冲突检测。

1. 八皇后位置状态的表示

八皇后可能放的位置状态是以行和列来确定的,可以使用列表或元组来表示。这里使用元组 state = ()的索引和值来表示相应行中皇后所在的位置(即列),如 state[0] == 4,说明皇后放在第 1 行的第 5 列。

2. 位置发生冲突的检测,即位置冲突检测

位置状态 state 记录了皇后已经放置的状态,即当前皇后的状态,现在定义下一个皇后放置的列和行分别为 next_column 和 next_row。如果下一个皇后与当前皇后处于同一列,即两个皇后在同一列,则代表冲突,返回 True;如果它们列的差值等于行的差值,即两个皇后位于一条对角线上,则代表冲突,也返回 True;如果没有发生冲突,则返回 False。

将以上冲突检测定义成一个函数,实现代码如下:

```python
def conflict(state, next_column):
    """ 定义冲突检测函数 """
    next_row = rows = len(state)
    for row in range(rows):
        column = state[row]

        # 如果差值等于 0,两个皇后在同一列,则代表冲突,返回 True
        # 如果列的差值等于行的差值,即两个皇后在对角线上,则代表冲突,返回 True
        if abs(column - next_column) in (0, next_row - row):
            return True
    return False
```

程序清单 6.5 是根据以上算法分析实现八皇后问题解决方案的全部代码。

程序清单 6.5 八皇后问题 eight_queen.py

```python
1.  """ 八皇后问题(Eight Queens Puzzle) """
2.
3.
4.  def queens(num, state=()):
5.  """ 产生每一个皇后的位置,并用递归来实现下一个皇后的位置。state 为皇后当前位置 """
6.      for pos in range(num):
7.          # 如果不冲突,则递归构造棋盘,回溯法的实现
8.          if not conflict(state, pos):
9.              # 如果棋盘状态 state 已经等于 num-1,直接 yield,打出其位置(pos,)
10.             if len(state) == num - 1:
11.                 yield (pos,)
12.             else:
13.                 for result in queens(num, state + (pos,)):
14.                     yield (pos,) + result
15.
16.
17. def conflict(state, next_column):
18.     """ 定义冲突检测函数 """
```

```
19.     next_row = rows = len(state)
20.     for row in range(rows):
21.         column = state[row]
22.
23.         # 如果差值等于 0，两个皇后在同一列，则代表冲突，返回 True
24.         # 如果列的差值等于行的差值，即两个皇后在对角线上，则代表冲突，返回 True
25.         if abs(column - next_column) in (0, next_row - row):
26.             return True
27.     return False
28.
29.
30. def queens_print(solution):
31.     """ 输出八皇后所在位置 """
32.     def line(pos, length=len(solution)):
33.         return '.' * (pos) + 'Q' + '.' * (length - pos - 1)
34.
35.     for pos in solution:
36.         print(line(pos))
37.
38.
39. if __name__ == '__main__':
40.     solutions = queens(8)
41.     for index, solution in enumerate(solutions):
42.         print("第%d 种解决方案:" % (index + 1), solution)
43.         queens_print(solution)
44.         print('*' * 40)
```

程序清单 6.5 说明如下。

第 4~14 行：定义了一个产生皇后位置的函数。该函数包含两个参数：num 表示皇后的数量，此处为 8，即八皇后；state=()为皇后的当前状态。第 6 行 for 循环语句，pos 从 num 取值，分别为 0、1、2、3、4、5、6、7。第 8 行调用冲突检测函数 conflict(state, pos)。第 10、11 行，如果没有冲突，棋盘状态 state 已经等于 num-1，即到达倒数第二行，而此时最后一行皇后又没有冲突，直接调用生成器 yield 函数，打出其位置(pos,)。第 13、14 行，没有冲突，但 state 不等于 num-1，则递归调用 queens，用递归来实现下一个皇后的位置。

第 30~36 行：定义了输出八皇后所在位置的函数。其中第 32、33 行在函数内部又定义了一个函数 line()，具体实现八皇后的位置；第 35、36 行将调用这个内部函数 line()实现打印输出。

第 40 行：获得八皇后所有解决方案。

第 41 行：使用 for 循环和 enumerate()函数获得解决方案的序号和具体内容。

第 43 行：打印所有解决方案。

运行程序清单 6.5，下面显示了输入运行的结果(部分)：

```
…
****************************************
第 92 种解决方案: (7, 3, 0, 2, 5, 1, 6, 4)
. . . . . . . Q
. . . Q . . . .
Q . . . . . . .
```

```
·  ·  Q  ·  ·  ·  ·  ·
·  ·  ·  ·  ·  Q  ·  ·
·  Q  ·  ·  ·  ·  ·  ·
·  ·  ·  ·  ·  ·  Q  ·
·  ·  ·  ·  Q  ·  ·  ·
* * * * * * * * * * * * * * * * * * * * * * * * * * * * *
```

输出结果显示共有 92 种解决方案。

本 章 小 结

列表是任意对象的有序、可变序列,通过索引和切片可以访问列表元素。

➢　列表是有序的。

➢　列表可以包含任意对象。

➢　列表元素可以通过索引访问。

➢　列表可以嵌套到任意深度。

➢　列表是可变的。

➢　列表是动态的。

元组是对象的有序集合。

➢　元组(tuple)与列表类似,不同之处在于元组的元素不能修改。

➢　元组写在小括号(())里,元素之间用逗号隔开。

➢　元组中的元素值是不允许修改的,但可以对元组进行连接组合。

➢　函数的返回值一般为一个。而函数返回多个值的时候,是以元组的方式返回的。

字典是无序的对象集合。

➢　字典是以键值对出现的,保存键和值之间的映射关系。

➢　字典中的元素是通过键来存取的。

➢　键 key 必须使用不可变类型。

集合是一个无序不重复元素的序列。

列表、元组、字典和集合对照表如表 6.3 所示。

表 6.3　列表、元组、字典和集合对照表

	列　表	元　组	字　典	集　合
英文名称	list	tuple	dict	set
可否读写	读写	只读	读写	读写
可否重复	是	是	是	否
存储方式	值	值	键值对	键
是否有序	有序	有序	无序,自动正序	无序
创建示例	[1,'a']	('a', 1)	{'a':1,'b':2}	set([1,2]) 或 {1,2}
添加	append	只读		add
读元素	l[2:]	t[0]		无

测 试 题

一、单项选择题

1. 下列选项中关于 Python 列表的描述正确的是(　　)。
A. 列表的大小理论上没有限制
B. 列表可以包含除列表之外的任何类型的对象
C. 列表中的所有元素可以多次出现，且必须具有相同的类型
D. 下面是两个相同的列表:

　　['a', 'b', 'c']
　　['c', 'a', 'b']

2. 列表 a 定义为: a = [1, 2, 3, 4, 5]。下面能实现从 a 中移除中间的元素 3 使其等于 [1,2,4,5]的选项是(　　)。
A. del a[3]　　　 B. a[2] = []　　　 C. a[2:3] = []　　　 D. a.remove(3)

3. 列表 a 定义为: a = [1, 2, 7, 8]。下面能使 a 等于[1、2、3、4、5、6、7、8]的选项是(　　)。
A. a.extend([3,4,5,6])　　　　　　 B. a.append([3,4,5,6])
C. a.insert(2,'3,4,5,6')　　　　　　 D. a[2:2] = [3, 4, 5, 6]

4. 假设一个元组定义为: t = ('foo', 'bar', 'baz')。下面选项正确的是(　　)。
A. t[1:1] = 'qux'　　　　　　 B. t[1] = 'qux'
C.元组不能修改　　　　　　 D. t(1) = 'qux'

5. 执行如下语句后，b 的值是(　　)。
a, b, c = (1, 2, 3, 4, 5, 6, 7, 8, 9)[1::3]
A. 4　　　　 B. 5　　　　 C. 2　　　　 D. 6

6. 假设 x 和 y 的赋值如下:
x = 5
y = −5
执行语句 x, y = (y, x)[::−1]后，下面正确的选项是(　　)。
A.x 和 y 的值交换了　　　　　　 B.x 和 y 都是 5
C.x 和 y 都是−5　　　　　　 D.x 和 y 的值不变

7. 下面关于 Python 字典的描述，正确的选项是(　　)。
A. 字典的键及其对应的值都可以重复
B. 字典的键及其对应的值可以是任何数据类型
C. 字典不可以增加或删除元素
D. 字典是按键存取的

8. 字典 d 定义为: d = {'foo': 100, 'bar': 200, 'baz': 300}。执行语句 d['bar':'baz']后，会出现的选项是(　　)。
A. 它引发了一个异常　　　　　　 B. [200, 300]

C. (200, 300)   D. 200 300

二、判断题

1. 使用 Python 列表的 insert()方法为列表插入元素时会改变列表中插入位置之后的元素。   ( )

2. 表达式 list('[1,2,3]')的值是[1,2,3]。   ( )

3. 元组是不可变的,不支持列表对象的 insert()、remove()等方法,也不支持使用 del 语句删除其中的元素,但可以使用 del 语句删除整个元组对象。   ( )

4. Python 集合中的元素可以是列表。   ( )

5. 列表和元组都可以作为字典的"键"。   ( )

6. 元组的访问速度比列表要快一些,如果定义了一系列常量值,并且主要用途仅仅是对其进行遍历而不需要进行任何修改,则建议使用元组而不使用列表。   ( )

7. 创建一个空集合必须用 set()函数而不是{},因为{}是用来创建一个空字典的。   ( )

8. 删除列表中重复元素最简单的方法是将其转换为集合后再重新转换为列表。( )

9. 集合是一个无序、不重复元素的序列。   ( )

三、填空题

1. 删除一个 list 里面的重复元素,可以使用_____。

2. 将列表[1,2,3,4,5,6,7,8,9]反向输出可使用的方法是_____。

3. 不可变数据类型是_____、_____和_____。可变数据类型是_____、_____和_____。

4. 不使用中间变量交换 a 与 b 的值,其写法可以是_____。

5. 当 tuple 中只含一个元素时,需要在元素后加上_____。

6. 字典的每个元素由_____组成。

7. 集合中的元素是_____且_____。

8. 列表推导式最基本的结构是由一对方括号包含_____以及_____组成。

四、编程题

1. 创建一个包含 10 名我国著名科学家的列表 scientists,并进行如下操作:
> 输出该列表的长度,并循环遍历该列表,输出打印列表。
> 依次访问该列表中的每个元素,并输出打印他们的名字。
> 复制该列表,命名为 scientists01,并使用 sort()、sorted()、reverse()函数和切片对 scientists01 进行倒排序。
> 将 scientists01 列表中的中文姓名分别更新为汉语拼音。
> 在 scientists 列表的基础上再增加 2 个著名科学家。

2. 列表定义如下:
    gadget = [" Mobile ", " Laptop ", 100, " Camera ", 310.28, " Speakers ", 27.00, "电视"、" 1000 "、"手提电脑"、"照相机镜头"]

请根据以上列表，完成如下操作：

➢ 创建单独的字符串和数字的列表。

➢ 对字符串列表按升序排序。

➢ 对字符串列表按降序排列。

➢ 将数字列表从低到高排序。

➢ 将数字列表从高到低排序。

3. 定义如下元组，请按照下面的要求编程实现每一个功能：

tu = ("alex", "eric", "Witharush")

➢ 计算元组长度并输出。

➢ 获取元组的第二个元素，并输出。

➢ 获取元组的第 1~2 个元素，并输出。

➢ 请使用 for 输出元组的元素。

➢ 请使用 for，len，range 输出元素的索引。

➢ 请使用 enumerate 输出元组元素和序号(序号从 10 开始)。

4. 创建一个字典：grade_counts = {"A":8,"D":3,"B":15,"F":2,"C":6}，编写 Python 语句输出：

➢ 所有的键、值和键值对。

➢ 所有的键值对，按键进行排序。

➢ 平均值。

5. 质数又称素数。一个大于 1 的自然数，除了 1 和它自身外，不能被其他自然数整除的数叫作质数；否则称为合数。请使用列表输入任意一个大于 2 的正整数 n，输出所有小于等于 n 的素数。

6. 输出 9×9 乘法口诀表。

7. 将一个正整数分解质因数。例如，输入 90，打印出 90=2*3*3*5。

8. 古典问题：有一对兔子，从出生后第 3 个月起每个月都生一对兔子，小兔子长到第三个月后每个月又生一对兔子，假如兔子都不死，问每个月的兔子总数为多少？

9. 输入某门课程的名称，录入该门课程考试的成绩，然后输出总成绩、计算平均成绩并输出，查找并输出最高分、最低分及其人数。

10. 输入一段文字，统计并输出这段文字中出现频率最高的前 5 个单词及其出现次数。

11. 输入多门课程的名称，输入参加这门课程考试的人数，录入他们的考试成绩，然后按表 6.2 中的样式输出学生的考试成绩及其平均分。

第7章　异常与文件

在第 2 章程序清单 2.11 中，当退出程序输入的不是"q"字符而是其他字符比如"w"时，会发生"ValueError: could not convert string to float: 'w'"的错误，程序停止运行。像这种在程序运行期间所发生的错误就称为异常。

数据除了保存在变量中之外，还可以保存在文件中，如数据库文件、文本文件和二进制文件。由程序完成对文件的操作，向文件写入和读取数据。

本章首先学习异常，主要是异常的概念、异常处理的机制和 try-except 语句等知识；然后学习 Python 对文件的操作；最后完成日志文件的输出、文件中单词出现次数的统计和成绩分析三个应用的编程任务。

7.1　异　常　处　理

Python 提供了对异常的处理机制，本节将学习什么是异常、异常的处理机制、使用 try-except-else-finally 语句块处理异常以及用户自定义异常等知识。

7.1.1　异常处理机制

异常是指程序在运行期间发生的错误，不是语法错误，一旦发生异常，程序就会停止运行，有时甚至发生程序崩溃的现象。

扫码观看视频讲解

和其他面向对象的语言一样，Python 对异常的处理也采用了面向对象的思想，一旦异常发生，就会创建一个异常对象，而且所有的异常都是派生自 BaseException 类的实例，其中 Exception 就是其实例，指所有内置的非系统退出类异常的子类，也就是说所有内置的非系统退出类异常都派生自此类，所有用户自定义异常也派生自此类。Python 提供的异常处理类层次结构如图 7.1 所示。

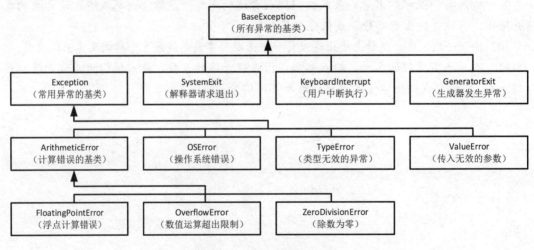

图 7.1　部分异常类层次结构

图 7.1 中，Exception 是最常用异常的基类，其下面有很多直接子类和间接子类，这些间接子类描述了更具体的异常。关于异常层次结构的详情请参见网址：

https://docs.python.org/zh-cn/3/library/exceptions.html#exception-hierarchy。

Python 在处理异常时除了采用面向对象的机制之外，还提供了处理异常的语法规则，具体如下：

- ➢ 采用 raise 抛出异常。
- ➢ 使用 try-except-else-finally 语句块处理异常。在 try 子句中，所有语句都执行，直到遇到异常。except 用于捕获和处理 try 子句中遇到的异常。else 子句在 try 子句没有遇到异常时才执行。

7.1.2　抛出异常

当程序出现错误时，Python 会自动引发异常，可以通过 raise 语句抛出这个异常，而 raise 语句还能使用自定义异常对其进行补充，以说明抛出异常的具体细节。一旦执行了 raise 语句，raise 后面的语句将不能执行。raise 的语法格式如下：

```
raise [Exception [, args [, traceback]]]
```

语句中的 Exception 是异常类，可以是自定义异常类，args 是用户提供的异常参数，最后一个参数 traceback 是可选的，一般在实践中很少使用，如果存在，就跟踪异常对象。

下面用一个示例演示 raise 语句的使用：

```
>>> x = 20
>>> if x > 10:
    raise Exception('x 的值不能超过 10，而 x 的值是：{}'.format(x))
```

上面的代码中，raise 后面的是异常类 Exception，里面的字符串说明此处异常发生的情况。

执行以上代码，输出如下：

```
Traceback (most recent call last):
  File "<pyshell#3>", line 2, in <module>
    raise Exception('x 的值不能超过 10，而 x 的值是：{}'.format(x))
Exception: x 的值不超过 10，而 x 的值是：20
```

输出的信息显示了异常的原因，提供了查找出错的线索。

7.1.3　处理异常

Python 中的 try 和 except 语句块用于捕获和处理异常。try 语句块是有可能引发异常的一个或多个语句。except 语句后面的代码是程序对前面 try 子句中的任何异常的响应。Python 使用 try 和 except 关键字来处理异常。这两个关键字后面都是缩进块。语法如下：

扫码观看视频讲解

```
try:
    statements  # 在 try 语句块中的语句
except:
    statements  # 当出现异常时执行的语句
```

语句 try 包含一个或多个可能遇到异常的语句。如果执行此块中的语句时没有异常，则跳过后面的 except 块。

如果发生异常，则执行 except 块。except 块中的语句用于返回错误消息，说明异常原因和如何处理异常。

两个数相除，除数不能为 0，否则程序就会抛出异常，下面的代码演示了这种异常：

```
>>> print(10/0)
Traceback (most recent call last):
  File "<pyshell#33>", line 1, in <module>
    print(10/0)
ZeroDivisionError: division by zero
```

上面的执行结果显示了跟踪信息并指出了异常的原因：ZeroDivisionError: division by zero。但这样的信息并不是很友好。下面使用 try-except 语句块修改上面的程序，一旦产生异常，让提示更直观，也不显示跟踪信息。try-except 语句块的代码如下：

```
>>> try:
        print(10/0)
except ZeroDivisionError:
        print("除数不能为0! ")
```

除数不能为 0!

在这个示例中，try 代码块引发了 ZeroDivisionError 异常，except 代码块捕获到这个异常，并打印输出异常的原因，此时用户看到的是一条友好的提示消息，而不是难以理解的 traceback 跟踪信息。

除了处理单个异常之外，Python 还可以使用 try 和 except 块处理多个异常，其语法形式如下：

```
try:
    statements
except Error1 as e:    # 处理 Error1 异常，as 指定别名，e 为别名
    statements
except Error2 as e:    # 处理 Error2 异常
    statements
```

首先尝试执行 try 子句，如果没有错误，忽略所有的 except 子句继续执行。如果发生异常，解释器将在这一串 except 子句中查找匹配的异常，如果找到对应的 except，就执行该 except 块。

处理多个异常的示例代码如下：

```
>>> try:
    infile = open("input.txt","r")
    line = infile.readline()
    print(line)
except IOError:
    print("无法打开 input.txt 文件! ")
except Exception as ex:
```

```
    print("错误: ",str(ex))
```

无法打开 input.txt 文件!

上面的 try/except 语句块可以处理单个或多个异常,Python 还提供了 else 块来处理没有异常的语句,让没有异常的语句由 else 来处理,其语法形式如下:

```
try:
    statements
except Error1 as e:    # 处理 Error1 异常
    statements
except Error2 as e:    # 处理 Error2 异常
    statements
else:                  # 未发生异常,执行 else 的逻辑代码
    statements
```

程序清单 7.1 演示了 else 语句块的用法。

程序清单 7.1　except_else.py

```
1.   """
2.   演示 Python 异常处理中的 else 语句, except_else.py
3.   """
4.   try:
5.       print("执行 try 语句块")
6.       x=int(input('请输入一个数: '))
7.       y=int(input('请输入另一个数: '))
8.       z=x/y
9.   except ZeroDivisionError:
10.      print("执行 ZeroDivisionError 语句块")
11.      print("除数不能为 0! ")
12.  else:
13.      print("执行 else 语句块")
14.      print('商等于: %.2f' % z)
```

运行上面的程序,输入 7 和 0 两个值,运行结果如下:

```
执行 try 语句块
请输入一个数:  7
请输入另一个数:  0
执行 ZeroDivisionError 语句块
除数不能为 0!
```

因为输入的除数为 0,而除法中除数不能为 0,因而发生异常,执行第 9 行"except ZeroDivisionError:"语句块,输出第 10 和 11 行的结果。

再次运行该程序,输入 7 和 9 两个值,运行结果如下:

```
执行 try 语句块
请输入一个数:  7
请输入另一个数:  9
执行 else 语句块
商等于: 0.78
```

以上输入的两个值，没发生异常，程序执行第 12 行"else:"语句块，输出第 13 和 14 行的结果。

通过使用 else 语句块专门处理 try 语句块中没有发生异常的语句，简单地说，如果 try 语句块中没有发生异常，就执行 else 语句；如果发生异常，则执行 except 语句块，使程序的逻辑结构更加清晰。

在异常处理的过程中，有时需要处理无论是否发生异常都要执行的操作，Python 提供了 finally 语句块用来处理这种情况，其语法形式如下：

```
try:
    statements
except Error1 as e:    # 处理 Error1 异常
    statements
except Error2 as e:    # 处理 Error2 异常
    statements
else:                  # 未发生异常，执行 else 的逻辑代码
    statements
finally:               # 不管有没有错，都执行 finally
    statements
```

程序清单 7.2 演示了 finally 语句块的用法。

程序清单 7.2　except_finally.py

```
1.  """
2.  演示 Python 异常处理中的 finally 语句块，except_finally.py
3.  """
4.  try:
5.      print("执行 try 语句块")
6.      x=int(input('请输入一个数： '))
7.      y=int(input('请输入另一个数： '))
8.      z=x/y
9.  except ZeroDivisionError:
10.     print("执行 ZeroDivisionError 语句块")
11.     print("除数不能为 0！")
12. else:
13.     print("执行 else 语句块")
14.     print('商等于：%.2f' % z)
15. finally:
16.     print("执行 finally 语句块")
17.     print("这是一个演示异常处理中 finally 语句块的程序")
```

运行上面的程序，输入 7 和 0 两个值，运行结果如下：

```
执行 try 语句块
请输入一个数： 7
请输入另一个数： 0
执行 ZeroDivisionError 语句块
除数不能为 0！
执行 finally 语句块
这是一个演示异常处理中 finally 语句块的程序
```

上面的输出结果显示，即使出现异常，也执行了 finally 语句块。

再次运行该程序，输入 7 和 9 两个值，运行结果如下：

执行 try 语句块
请输入一个数：7
请输入另一个数：9
执行 else 语句块
商等于：0.78
执行 finally 语句块
这是一个演示异常处理中 finally 语句块的程序

没有异常，程序也执行了 finally 语句块。

7.1.4 用户自定义异常

尽管 Python 提供了内置的异常类，但它们可能无法满足用户的所有需求，此时，开发者可以根据业务需求编写自定义异常类。用户自定义异常类通过直接或间接的方式继承 Exception 类从而派生出一个新的异常类。

用户自定义异常类的一般流程如下：

> 定义一个异常类，该类从 Exception 类中继承；
> 在 try 中使用 raise 语句引发异常；
> except 捕获异常，并执行相关命令。

下面定义一个用户异常类，实现指定输入字符串长度，具体是定义一个输入字符串的长度。比如，允许输入的字符串长度为 6，然后判断输入的字符串的长度不能大于 6，如果大于 6 就抛出异常。

程序清单 7.3 演示了实现指定输入字符串长度自定义异常类及其使用。

程序清单 7.3 except_custom.py

```
1.  """ 使用自定义异常类实现指定输入字符串长度 """
2.
3.
4.  class SomeCustomError(Exception):
5.      """ 自定义异常类 """
6.      def __init__(self, str_length):
7.          super().__init__()
8.          self.str_length = str_length
9.
10.
11. if __name__ == '__main__':
12.     length = int(input("指定输入字符串长度范围:\n"))
13.     while True:
14.         try:
15.             s = input("输入一行字符串:\n")
16.             # 输入字符串长度超过指定长度范围,引发异常
17.             if (length < len(s)):
18.                 raise SomeCustomError(length)
19.         except SomeCustomError as x:
```

```
20.        print("捕获自定义异常")
21.        print("输入字符串应该小于%d,请重新输入!" % x.str_length)
22.    else:
23.        print("输入字符串为%s" % s)
24.        break
```

程序清单 7.3 说明如下。

第 4～8 行：定义了一个异常类 SomeCustomError，继承 Exception。

第 12 行：输入规则，即指定字符串长度。

第 15 行：输入要判断长度的字符串。

第 17～18 行：判断输入字符串的长度，是否小于指定的长度，如果不是，使用 raise 语句抛出异常，该异常调用了自定义异常类 SomeCustomError。

第 19～21 行：处理异常，输出异常的原因。

运行程序清单 7.3，并根据提示输入相应的数据，运行情况如下：

```
指定输入字符串长度范围:
6
输入一行字符串:
abcdefrty
捕获自定义异常
输入字符串应该小于 6,请重新输入!
输入一行字符串:
abcde
输入字符串为 abcde
```

根据提示，指定输入字符串长度为 6，然后输入一个长度大于 6 的字符串 "abcdefrty"，该字符串长度为 9，出现异常，提示"输入字符串应该小于 6，请重新输入"，再次输入字符串"abcde"，它的长度小于 6，因而没有出现异常。

7.2 文件及其分类

在计算机中，文件是指保存在存储介质上的数据集合，这些介质主要有硬盘、U 盘、移动硬盘和光盘等，其目的是要长久地保存这些数据，以便于用户使用和程序读写。每个文件都是以二进制的形式存储的，具体来说，文件是由 1 和 0 组成的字节序列，其中每个字节都是 0 到 255 之间的整数，用二进制表示则为 00000000 到 11111111。

在处理文件的过程中，根据编码的不同，可将文件分为文本文件和二进制文件。

文本文件是指基于 ASCII 或 Unicode 等字符编码的文件，数据存储为一行行的字符，每行以换行字符(\n)结束。文本文件存储的一行行字符一般是人们能够阅读和理解的字符串，一般由英文字母、数字字符、汉字或其他语言的文字、标点符号等组成。在 Windows 操作系统中，后缀名为.txt 的文件，就是文本文件；还有程序的源代码文件，比如，Python 中的后缀名为.py 的文件也是文本文件。

这些文本文件都可以使用记事本软件，如 Windows 自带的记事本软件 notepad、Notepad++和 editplus 等打开、创建和编辑。

二进制文件是指数据以二进制形式也就是字节(bytes)进行存储的文件。计算机处理二进制文件是不需要进行转换的。对于二进制文件，人们是很难阅读和理解的，需要借助专门的软件进行解码后才能打开和读取。最常用的二进制文件主要有图形图像文件、音视频文件、可执行文件、压缩文件、各种数据库文件、各类文档等。

文件最主要的操作是打开，然后对文件进行读写。打开文件涉及文件的定位，与此相关的操作就是文件的目录和路径操作，还有文件属性等。接下来的 7.3、7.4 和 7.5 节分别介绍与文件相关的目录和路径操作、文本文件和二进制文件的读写。本章后续内容如没有特别说明，均为在 Windows 操作系统下运行的代码。

7.3 文件目录和路径操作

Python 提供了对文件夹和文件目录操作的模块，主要有 os、os.path 和 shutil 等。本节主要学习这些模块的使用。

7.3.1 os、os.path、shutil 模块和 pathlib 库的简介

Python 提供了对操作系统中的文件目录和路径操作的模块，主要有以下几个。

- os、os.path 模块：包含对目录和文件进行操作的函数，它们一部分放在 os 模块中，还有一部分放在 os.path 模块中。
- shutil 模块：shutil 是 shell utility 的缩写，实现了文件复制、移动、压缩和解压等高级功能。
- pathlib 库：该库自 Python 3.5 开始引入，采用面向对象的思想实现对文件的操作。

以上模块都属于标准库，因而不需要安装，但在使用这些模块的文件中，要导入它们。由于 os.path 模块包含在 os 模块中，所以只需要导入 os 模块即可。os 模块主要侧重于文件目录和路径的操作，没有提供移动、复制、打包、压缩和解压文件等操作。shutil 模块提供了对文件的这些操作，是对 os 模块中文件操作的补充。所以这两个模块经常会一起使用。

os 模块对路径的操作分属 os 模块和 os.path 子模块，函数的管理不是很简洁，操作路径的时候常常还要引入其他类库协助操作。pathlib 库自 Python 3.5 开始引入，文件目录和路径的管理不再分属不同的模块，统一由 pathlib 库管理，简化了很多操作，使用起来更灵活方便。目前这个库的应用也在日益增加。

7.3.2 对文件目录的操作

文件目录的操作主要是指创建、删除、获取和遍历文件目录。os 模块和 pathlib 库都包含实现这些操作的函数和方法，主要有以下几个。

扫码观看视频讲解

- os.mkdir()：创建单个目录。
- os.makedirs()：创建多个目录。
- pathlib.Path.mkdir()：可以创建单个和多个目录。
- os.rmdir()：删除目录。

> ➤ Path.rmdir()：删除目录。
> ➤ shutil.rmtree：删除目录及其目录下的文件。
> ➤ os.walk()：遍历目录。

1. 创建目录

使用 os.mkdir()创建单个目录，示例代码如下：

```
>>> import os        # 导入 os 模块
>>> os.mkdir('Python_book')
>>> os.mkdir('Python_book')
Traceback (most recent call last):
  File "<pyshell#3>", line 1, in <module>
    os.mkdir('Python_book')
FileExistsError: [WinError 183] 当文件已存在时，无法创建该文件。: 'Python_book'
>>>
```

执行上面代码中的第一个 os.mkdir('Python_book')，会在当前目录下创建 Python_book 子目录；如果此时再执行第二个 os.mkdir('Python_book')，因为 Python_book 子目录已经存在，所以出现了文件已经存在的异常 FileExistsError。

为了避免这样的错误发生，可以采用 try…except 语句块捕捉异常并告诉用户异常信息，代码如下：

```
>>> try:
    os.mkdir('Python_book')
except FileExistsError as exc:
    print(exc)


[WinError 183] 当文件已存在时，无法创建该文件。: 'Python_book'
```

上面的代码使用 print 函数输出了异常错误的信息。

os.makedirs()函数类似于 os.mkdir()，也可以创建目录，区别是 os.makedirs()不仅可以创建一级目录，还可以用来创建多级目录，形成目录树。比如，在当前目录下创建类似 2020/07/08 的目录，代码如下：

```
>>> import os
>>> os.makedirs('2020/07/08')
```

执行该函数后，将在当前目录下创建一个包含文件夹 2020、07 和 08 的多级目录，而且呈现嵌套目录树的结构，具体如下：

```
└── 2020/
    └── 07/
        └── 08/
```

除了可以用上面两个函数创建目录之外，还可以使用 pathlib 模块中的 Path.mkdir()方法来创建目录。该方法可以创建单个或多级目录。多级目录是通过在 path.mkdir()方法中将父目录这个参数设置为真来实现的，即 parents=True。下面是使用该方法创建多级目录的代码：

```
>>> from pathlib import Path
>>> path = Path('2021/07/08')
>>> path.mkdir(parents=True)
```

如果创建的目录已经存在，也会发生文件已经存在的错误，可以使用 try…except 语句块处理异常；另外，也可以通过将 exist_ok=True 作为参数传递给 mkdir()方法来选择忽略 FileExistsError 异常，代码如下：

```
>>> path = Path('2021/07/08')
>>> path.mkdir(parents=True)
Traceback (most recent call last):
  File "<pyshell#11>", line 1, in <module>
    path.mkdir(parents=True)
  File "D:\Python\Python37\lib\pathlib.py", line 1258, in mkdir
    self._accessor.mkdir(self, mode)
FileExistsError: [WinError 183] 当文件已存在时，无法创建该文件。:
'2021\\07\\08'
>>> path = Path('2021/07/08')
>>> path.mkdir(parents=True,exist_ok=True)
```

模块 pathlib 完全采用面向对象设计方法，所以在使用之前，除了要导入该模块之外，最重要的工作就是实例化一个对象，即 path = Path('2021/07/08')，最后通过实例调用 Path.mkdir()方法来创建目录，这中间还可以向 Path.mkdir()方法传递不同的参数。

2. 获取当前目录

当前目录是指程序执行代码文件所在的目录，假如 Python 程序安装在 D:\Python\Python37 目录下，那么 D:\Python\Python37 就是 Python 解释器程序所在的当前目录，也称为当前工作目录。

用函数 os.getcwd()可以获得执行代码文件的当前工作目录，代码如下：

```
>>> import os
>>> print("1.获取当前的工作目录: ",os.getcwd())
1.获取当前的工作目录:  D:\Python\Python37
```

利用 pathlib 模块中的 Path.cwd()方法，也可以获得当前工作目录，代码如下：

```
>>> from pathlib import Path
>>> print(Path.cwd())
D:\Python\Python37
```

3. 删除目录

模块 os、shutil 和 pathlib 都提供了删除目录的函数和方法，分别是 os.rmdir()、shutil.rmtree()函数和 Path.rmdir()方法。

函数 os.rmdir()的语法格式如下：

```
os.rmdir(path)
```

其中，path 为指定路径下要删除的目录。

下面使用 os.rmdir()函数删除前面创建的目录"08"(D:\Python\Python37\2020\07\08)，

代码如下：

```
>>> import os
>>> os.rmdir('D:\\Python\\Python37\\2020\\07\\08')
```

执行以上代码后，将删除"D:\\Python\\Python37\\2020\\07\\08"路径下的目录 08。在 rmdir()函数中所传的路径参数多级目录之间使用两个反斜杠进行分隔，这是 Python 在 Windows 操作系统中默认的路径分隔符，可以使用 os.sep 查看，其代码如下：

```
>>> import os
>>> os.sep
'\\'
```

用 Path.rmdir() 方法也可以删除目录，比如要删除目录 07(D:\Python\Python37\2020\07)，其代码如下：

```
>>> from pathlib import Path
>>> path = Path('D:\\Python\\Python37\\2020\\07')
>>> path.rmdir()
```

上面两个删除目录的函数和方法一次只删除一个目录，且只能删除空的目录。如果要删除非空的目录，可以使用 shutil 模块中的 rmtree()，它可以删除目录及其目录下的文件。下面在目录 2020(D:\Python\Python37\2020)下创建一个文本文件 test.txt，可以手工创建也可使用后面要介绍的 open()函数创建。创建该文件后，使用 rmtree()函数删除目录 2020 及文件 test.txt，代码如下：

```
>>> import shutil
>>> path = "D:\\Python\\Python37\\2020"
>>> shutil.rmtree(path)
```

删除目录是一个非常危险的操作，加之又没有提示，所以删除目录和文件一定要谨慎操作。在实际的软件开发中，删除目录和文件之前，一定要给予提示，提示确认后再删除；另外，删除之前，如果删除的目录不存在，会抛出系统找不到指定目录或路径的异常 FileNotFoundError。因此，在使用以上函数和方法删除目录之前，可以使用相应的函数和方法来判断路径或目录是否存在，这些函数主要有 os.path.exists()和 Path.exists()。

下面使用 os.path.exists()函数演示如何在删除目录之前给予用户提示和判断目录是否存在，代码如下：

```
>>> import os
>>> path = "D:\\Python\\Python37\\2021\\07\\08"
>>> if os.path.exists(path):
        print('确定要删除吗(Y/N)')
        flag = input()
        if flag == 'Y':
            os.rmdir(path)
            print("目录删除成功！")
        else:
            print("不能删除目录！")
            exit()
    else:
```

```
        print("该目录不存在！")
```

```
确定要删除吗(Y/N)
Y
目录删除成功！
```

以上代码在删除目录 08 之前，判断该目录是否存在，如存在，则进入删除操作；若不存在 08 目录，则提示目录不存在。在进行删除之前，提示用户是否删除，用户确定要删除时，选择输入字符 'Y'，则进行删除；否则，不能删除该目录。

4. 遍历目录下的所有文件

模块 os 中的 os.walk()函数可用于遍历整个目录树及目录下的所有文件，对每个目录都会返回三项数据：该目录的根目录或路径、子目录列表和文件列表。其语法形式如下：

```
os.walk(top[, topdown=True[, onerror=None[, followlinks=False]]])
```

其中各参数的含义如下。

➢ 参数 top：所要遍历的目录地址，返回的是一个三元组(root,dirs,files)。其中，root 是目录的根目录或路径，dirs 是一个子目录列表 list，files 是一个文件列表。

➢ 可选参数 topdown：若为 True 或没有设置，则自上而下遍历目录；若为 False，则自下而上遍历目录。

➢ 参数 onerror：默认值是 None，表示忽略文件遍历时产生的错误。如果不为空，则提供一个自定义函数提示错误信息后继续遍历或抛出异常中止遍历。

➢ 参数 followlinks：如果设置为 true，则访问符号链接指向的目录。默认为 False 或不设置。

程序清单 7.4 为使用 os 模块生成目录树的代码。

程序清单 7.4　dir_tree.py

```
1.   """ 使用 os.walk()方法生成目录树 """
2.   import os  # 导入 os 模块
3.
4.
5.   def dir_tree(dir):
6.       """ 定义生成目录树的函数 """
7.       for dirpath, dirnames, filenames in os.walk(dir.strip(os.sep)):
8.           if dirpath == dir:
9.               string = ''
10.              for f in filenames:
11.                  string = string + '\n' + ' ' * len(dirpath) + '|__' + str(f)
12.              print(dir + string)
13.          else:
14.              dirn = os.path.basename(dirpath)    # 返回路径或目录最后的文件名
15.              string = ' ' * len(os.path.dirname(dirpath)) + '|__' + dirn
16.              for f in filenames:
17.                  string = string + '\n' + ' ' * len(dirpath) + '|__' + str(f)
18.              print(string)
```

```
19.
20.
21. if __name__ == '__main__':
22.     dir_tree('D:\\booksrcbychapters\\chapter07')
```

程序清单 7.4 说明如下。

第 7 行：使用 for 循环和 os.walk()函数遍历目录 dir，dir 是传过来的路径，为字符串，使用字符串函数 strip 进行分隔，分隔符为"\\"。每次遍历都会返回三元组，即目录路径、子目录列表和文件列表。

第 8 ~ 12 行：if 语句块，将遍历出的目录与传过来的目录路径进行比较，若为 True，则遍历(第 10 行)目录下的文件，并以一定的格式输出。第 11 行中使用空格、星号与内置函数 len()组成了一个表达式"' ' * len(dirpath)"，该表达式的值是由路径这个字符串的长度值组成的空格字符串，假如长度值是 10，那么这个值就是 10 个空格组成的字符串，其目的是保证显示的格式宽度一致。

第 13 ~ 18 行：else 语句块，若为 False，则首先使用 os.path.basename()函数获得目录下的文件名(第 14 行)，使用 os.path.dirname()函数获得路径，并再次遍历。

第 22 行：调用 dir_tree()函数，并传递路径。

运行程序清单 7.4，显示结果如下：

```
D:\booksrcbychapters\chapter07
                              |__1.py
                              |__delete_dir.py
                              |__dir_tree.py
                              |__except_custom.py
                              |__sales_report4.py
```

7.3.3　对文件路径的操作

路径是由目录、分隔符和文件等组成的字符串，其作用是查找和定位文件或目录。它一般有两种表示方式：绝对路径和相对路径。

绝对路径是指文件或目录在整个文件系统中的位置，它给出了文件的完整路径，从文件系统的根目录开始。比如，在 Windows 操作系统中，文件系统的根目录是每个单独的驱动器，分别标记为 C:\、D:\、E:\和 F:\盘等；而 OS X 或者 Linux 操作系统中以"/"作为根目录。

下面是 Windows 和 Linux 操作系统下绝对路径的示例：

```
D:\booksrcbychapters\chapter07\except_custom.py   # Windows
/usr/share/man                                     # Linux 操作系统
```

相对路径指的是文件相对于当前工作目录所在的位置，假如 except_custom.py 和 man 的当前工作目录分别是 chapter07 和 share，则它们在 Windows 和 Linux 操作系统下的相对路径表示如下：

```
chapter07\except_custom.py                # Windows 操作系统
share/man                                 # Linux 操作系统
```

模块 os 和 pathlib 库提供了对路径的操作，下面介绍几个处理路径的主要函数和方法。

1. 获取路径信息

os.path 模块提供了一些函数，用于获取路径信息，以及判断给定的路径是否为绝对路径，这些函数主要有以下几个。

> ➤ os.path.abspath(path)：返回 path 参数的绝对路径的字符串，这是将相对路径转换为绝对路径的简便方法。

> ➤ os.path.isabs(path)：如果参数是一个绝对路径，就返回 True；如果参数是一个相对路径，就返回 False。

> ➤ os.path.dirname(path)：返回一个字符串，它包含 path 参数中最后一个斜杠之前的所有内容。

> ➤ os.path.basename(path)：返回一个字符串，它包含 path 参数中最后一个斜杠之后的所有内容。

程序清单 7.5 演示了 os.path 模块中 abspath(path)、isabs(path)、dirname(path) 和 basename(path)等函数的使用，实现了查看当前目录下的文件及其大小，并按扩展名统计当前目录下每种文件类型的数量。

程序清单 7.5　file_dir_path.py

```
1.  """ 获取路径信息 显示当前目录下每个文件的大小和扩展名 """
2.  import os
3.
4.  file_ext = [] # 定义一个列表
5.
6.  print("文件的绝对路径: ",os.path.abspath(__file__))
7.  print("获取路径: ",os.path.dirname(__file__))
8.  print("获取文件名: ",os.path.basename(__file__))
9.  print("是否为路径: ",os.path.isabs(os.path.abspath(__file__)))
10.
11. # 获取当前目录下的文件，返回一个文件组成的列表
12. all_file = os.listdir(os.getcwd())
13.
14. # 输出文件名及其大小
15. for file in all_file:
16.     print('%s : 【%dBytes】' % (file, os.path.getsize(file)))
17.
18. # 将扩展名保存到列表 file_ext
19. for file_num in all_file:
20.     flag = os.path.isdir(file_num)
21.     if flag :
22.         print("这是一个文件夹! ")
23.     else:
24.         extension = os.path.splitext(file_num)[1]
25.         file_ext.append(extension)
26.
27. # 创建集合，列表转换为集合，进行去重，用于保存扩展名
28. set_list_ext = set(file_ext)
```

```
29.
30.  # 统计文件夹和文件扩展名的数量
31.  for suffix in set_list_ext:
32.      if suffix !# '':
33.          print('当前目录下扩展名为【%s】的文件有：%d 个' % (str(suffix),
file_ext.count(suffix)))
34.      else:
35.          print('当前目录下共有【文件夹】：%d 个' % file_ext.count(suffix))
```

程序清单 7.5 说明如下。

在获得路径信息(第 6~9 行)时，路径参数使用了变量：__file__，它表示当前文件，通过这个当前文件可以获得文件的绝对路径(第 6 行)，获得不含文件的路径字符串(第 7 行)，获得文件名(第 8 行)。第 9 行使用 os.path.isabs()函数判断路径是否为绝对路径。

这里需要注意的是：当在交互式编程环境中使用变量__file__时，由于__file__并未生成，执行时会发生异常，示例代码如下：

```
>>> print(__file__)
Traceback (most recent call last):
File "<stdin>", line 1, in <module>
NameError: name '__file__' is not defined
```

第 12 行使用 os.listdir()函数获取当前目录下的文件列表，即返回一个文件组成的列表。

第 16 行使用 os.path.getsize()函数获得文件的大小，单位是字节。

第 20 行使用 os.path.isdir()函数判断是否为目录，即文件夹。

2. 使用 os.path.join()拼接路径

在软件开发中，会遇到将两个或多个路径或字符串拼接组成一个新的路径的情况，os.path 模块中的 join()函数可以实现这一功能，其语法格式如下：

```
os.path.join(path, *paths)
```

该函数返回值是一个由 path 和*paths 路径或字符串组成的路径，其中各参数的含义如下。

➢ 参数 path：表示文件系统的路径，可以是字符串或字节对象。
➢ 参数*paths：形如函数定义中的特殊语法*args，用于向函数传递数量可变的参数。该参数也是表示文件系统的路径，可以是字符串或字节对象。

下面使用 os.path.join()函数演示路径拼接的示例，代码如下：

```
>>> import os
>>> path1 = "d:\solo"
>>> path2 = "2020"
>>> print(os.path.join(path1,path2))
d:\solo\2020
>>> path3 = os.path.join(path1,path2,"config.ini")
>>> print(path3)
d:\solo\2020\config.ini
```

使用 os.path.join()函数拼接路径，可以正确处理不同操作系统的路径分隔符的问题，也就是说用户不需关心底层操作系统的语法规则，如操作系统文件的分隔符等。

在使用 os.path.join()函数拼接路径时，并不会对其路径名进行有效性检查。生成的路径名可能包含操作系统禁用的字符，应当避免使用这些禁用的字符，但最好的解决办法是编写函数进行路径合法性和有效性的验证。

除了 os.path.join()函数之外，pathlib 模块也提供了 joinpath()方法进行路径拼接，示例代码如下：

```
>>> from pathlib import Path
>>> path1 = "d:\solo"
>>> path2 = "2020"
>>> path = Path()    # 实例化一个对象 path
>>> print(path.joinpath(path1,path2))
d:\solo\2020
```

使用 joinpath()方法要注意的地方几乎与 os.path.join()函数一样，此处不再赘述。

3. 分离路径与文件名

os.path.split()函数能实现路径与文件的分离，将路径拆分为几个不同的部分，如文件名、目录名和其他部分。其语法格式如下：

```
os.path.split(path)
```

其中，参数 path 表示文件系统路径，可以是字符串和字节对象。该函数返回表示指定路径名的头和尾的元组，也就是将路径名分割成一对(head, tail)的元组。其中，尾部 tail 是最后一个路径名，而头部 head 是指向该组件的所有内容。尾部永远不会有斜线。如果路径以斜线结束，尾部将为空。如果路径中没有斜线，头将是空的。如果路径为空，头和尾都为空。

假如有一个路径为 D:\solo\2020\08\202008001.pdf，那么使用 os.path.split()函数将返回一个元组，即：

('D:\\solo\\2020\\08', '202008001.pdf')

其中，分离的头部 head 是 D:\\solo\\2020\\08，尾部 tail 是 202008001.pdf。

表 7.1 列出了不同路径使用 os.path.split()函数分离头部和尾部的示例。表中的路径分隔符使用了斜杠，Python 支持在 Windows 操作系统下的这种写法。也可以使用两个反斜杠。

表 7.1　os.path.split()函数使用示例表

路径 path	头部 head	尾部 tail
'D:/solo/2020/08/202008001.pdf'	'D:/solo/2020/08'	'202008001.pdf'
'D:/solo/2020/08/'	'D:/solo/2020/08'	''
'202008001.pdf'	''	'202008001.pdf'

下面是表 7.1 示例的实现代码：

```
>>> import os
>>> path = 'D:/solo/2020/08/202008001.pdf'
```

```
>>> head_tail = os.path.split(path)
>>> print(head_tail)
('D:/solo/2020/08', '202008001.pdf')     # 返回输出一个元组
>>> path = 'D:/solo/2020/08/'
>>> print(os.path.split(path))
('D:/solo/2020/08', '')          # 返回输出一个元组
>>> path = '202008001.pdf'
>>> print(os.path.split(path))
('', '202008001.pdf')            # 返回输出一个元组
```

从上面的例子可以看出：如果路径字符串的最后一个斜杠没有内容(只提供目录路径)，那么返回的第二部分就是空字符串；split()函数返回头 head 和尾 tail 两部分内容，head 也称为 dirname，tail 也称为 basename，分别对应 os.path.dirname() 函数和 os.path.basename()函数。

下面以表 7.1 中示例演示两个函数 dirname()和 basename()的使用，其代码如下：

```
>>> os.path.dirname('D:/solo/2020/08/202008001.pdf')
'D:/solo/2020/08'
>>> os.path.basename('D:/solo/2020/08/202008001.pdf')
'202008001.pdf'
>>> os.path.dirname('D:/solo/2020/08/')
'D:/solo/2020/08'
>>> os.path.basename('D:/solo/2020/08/')
''
>>> os.path.dirname('D:/solo/2020/08')
'D:/solo/2020'
>>> os.path.basename('D:/solo/2020/08')
'08'
```

7.3.4 使用 shutil 模块操作文件

在软件开发中，对文件的操作比如文件的复制、移动、压缩和解压是常要实现的功能。shutil 模块提供的 copyfile()、move()、make_archive()和 copytree()等函数可以完成这些功能的实现。

程序清单 7.6 演示了 shutil 模块中这些函数的使用，实现了文件的复制、移动、压缩和目录复制。

程序清单 7.6 file_operations.py

```
1.   """ 文件操作 """
2.   import os, shutil
3.   import datetime
4.
5.
6.   def file_operations(src_file1, dst_dir1):
7.       """ 文件操作函数。src_file1: 源文件路径, dst_dir1: 目的路径 """
8.       if not os.path.isfile(src_file1):
9.           print("%s 源文件不存在!" % src_file1)
10.      else:
```

```
11.        # 获取路径和文件
12.        file_path, file_name = os.path.split(src_file1)
13.
14.        if not os.path.exists(dst_dir1):
15.            os.makedirs(dst_dir1)  # 创建路径
16.
17.        # 目的路径和文件
18.        dst_file1 = os.path.join(dst_dir1, file_name)
19.
20.        # 复制文件
21.        shutil.copyfile(src_file1, dst_file1)
22.        print("复制: %s -> %s" % (src_file, dst_file1))
23.
24.        # 移动文件
25.        shutil.move(src_file, dst_file1)
26.        print("移动: %s -> %s" % (src_file, dst_file1))
27.
28.        # 压缩文件, 将 file_path 的文件夹进行压缩, zip 是采用的压缩格式
29.        new_path = shutil.make_archive(file_path, 'zip', file_path)
30.
31.        # 获取当前日期和时间, 作为 dst_dir1 的子目录
32.        now = datetime.datetime.now()
33.        sub_dir = datetime.datetime.strftime(now, '%Y-%m-%d-%H-%M-%S')
34.        destination = os.path.join(dst_dir1, sub_dir)
35.
36.        # 把 file_path 目录的内容复制到 destination 目录下
37.        shutil.copytree(file_path, destination)
38.
39.
40. if __name__ == '__main__':
41.     src_file = 'E:/python-book/ch07/file_dir_path.py'
42.     dst_dir = 'E:/python-book-src-bak'
43.
44.     # 调用文件操作函数
45.     file_operations(src_file, dst_dir)
```

程序清单 7.6 说明如下。

文件的移动和复制函数的使用几乎一样, 其区别是移动执行后, 源文件即不存在了, 而复制, 源文件是存在的。

7.4 文本文件读写

本节主要介绍 Python 对文本文件的读写, 读写的一般流程是首先打开文本文件, 然后读取文件的内容, 或者将数据写入文件中, 最后是关闭文件。

7.4.1 打开文件

Python 提供了 open()函数用于打开文件, 语法形式如下:

```
open(file, mode='r', buffering=-1, encoding=None)
```

其含义是，打开一个文件，创建一个文件对象。如果不能打开文件，则引发 OSError 或 FileNotFoundError 异常。该函数参数含义如下。

- ➤ file：表示要打开文件的路径，该路径以字符串表示。可采用绝对路径或相对路径。
- ➤ mode：一个可选字符串，用于指定打开文件的模式，其模式的取值如表 7.2。默认的模式为只读(r)。
- ➤ buffering：一个可选的整数，用于在进行文件读写操作时，指定是否使用缓冲区。如果取-1，则是系统默认的缓冲区大小；如果设为 0，则是关闭缓冲区(仅允许在二进制模式下)；如果是 1，则选择行缓冲(仅在文本模式下可用)；如果大于 1，则是指定固定大小的缓冲区。
- ➤ encoding：可选参数，指定文件的编码类型，如常用的 UTF-8 编码格式。

表 7.2　函数 open 的参数 mode 的常见取值

值	描　　述
r	读取模式(默认值)
w	写入模式
x	独占写入模式
a	附加模式
b	二进制模式(与其他模式结合使用)
t	文本模式(默认值，与其他模式结合使用)
+	读写模式(与其他模式结合使用)

在默认情况下，使用 open()函数打开文件之前，必须保证目录下存在该文件，否则会发生文件找不到等异常。

假如有一个文本文件 xinqiji-yuanxi.txt，该文件保存了辛弃疾的《青玉案·元夕》诗词，位于 D 盘的目录下，D:\xinqiji-yuanxi.txt，现在使用如下代码打开该文件：

```
>>> file = open('xinqiji-yuanxi.txt')
Traceback (most recent call last):
  File "<pyshell#6>", line 1, in <module>
    file = open('xinqiji-yuanxi.txt')
FileNotFoundError: [Errno 2] No such file or directory: 'xinqiji-
yuanxi.txt'
```

执行 open()函数时，发生了异常，提示没有找到文件 xinqiji-yuanxi.txt。之所以如此，是因为解释器在当前目录下没有找到该文件。解决的办法是：将 xinqiji-yuanxi.txt 放在系统当前目录下，或者指定该文件存放的目录。

查看该文件的目录，它保存在 D:\xinqiji-yuanxi.txt，则使用 open()函数打开该文件的代码如下：

```
>>> file = open('D:\\xinqiji-yuanxi.txt')
```

Open()函数不仅可以用于打开一个已经存在的文件，而且还可以新建文件。要新建一个文件，需要将 open()函数的参数 mode 设置为 w、w+、a 和 a+。其中，w 为写，a 为追加，示例代码如下：

```
>>> file = open('D:\\xinqiji-yuanxi.txt','w')    # 若文件存在，则清除文件内容，
否则新建文件
>>> file = open('D:\\xinqiji-yuanxi.txt','w+')    # 若文件存在，则清除文件内容，
否则新建文件
>>> file = open('D:\\xinqiji-yuanxi.txt','a')    # 若文件不存在，则新建，不清除
文件内容
>>> file = open('D:\\xinqiji-yuanxi.txt','a+')    # 若文件不存在，则新建，不清除
文件内容
```

以 w 方式打开文件，只能写不能读，而以 w+方式打开文件，读和写均可，它们都会将文件内容清零。另外，如果文件不存在，则新建文件。

以 r+方式打开文件，可读可写。若文件不存在，则报错。

以 a 和 a+的方式打开文件，是以追加的方式打开，都不会清除原来文件的内容，前者不可读，后者可读写。

7.4.2 读写文件

文件最重要的功能就是存储数据，打开文件的目的就是要获得其数据或者将数据写入文件中，简称为读写文件。Python 提供了对文件进行读写的方法，读取文件的方法主要有read()，readline()和 readlines()，写入文件的方法有 write()和 writelines()。

1. 读取文件

Python 提供的 read()方法用于从文件中读取指定的字符数，语法形式如下：

```
file.read([size])
```

其中，file 是由 open 函数打开的文件对象；参数 size 是从文件中读取的字符数，包括换行符 "\n"。该参数如果未给定或为负值，则读取整个文件。

假如要读取放在 D 盘的一个文本文件 xinqiji-yuanxi.txt，可以使用 read()方法来实现，代码如下：

```
>>> read_file = open('d:/xinqiji-yuanxi.txt','r',encoding='UTF-8')
>>> out_file = read_file.read()
>>> type(out_file)
<class 'str'>
>>> print(out_file)
《青玉案·元夕》
宋代.辛弃疾

东风夜放花千树，更吹落，星如雨。宝马雕车香满路。
凤箫声动，玉壶光转，一夜鱼龙舞。
蛾儿雪柳黄金缕，笑语盈盈暗香去。
众里寻他千百度，蓦然回首，那人却在，灯火阑珊处。
```

```
>>> #读取数据后,关闭文件对象
>>> read_file.close()
```

上面代码中 open()函数有三个参数,一个是文件目录和文件名,这个是必不可少的;r表示文件的读取模式是只读;encoding 是文件编码,使用 UTF-8。由于没有设置读取的大小,所以 read()方法一次性读取文件的全部内容,最后使用 print(out_file)输出文件内容。

如果要读取的文件很大,一旦出现文件大小大于可用内存时,就会发生内存溢出的错误。为了避免读取大文件发生内存溢出的错误,可以分割大文件为数个小于系统内存的小文件,按数据大小逐块读取。下面是 read(size)方法中用参数 size 指定文件大小的示例:

```
>>> read_file = open('d:/xinqiji-yuanxi.txt','r',encoding='UTF-8')
>>> out_file = read_file.read(20)
>>> print(out_file)
《青玉案·元夕》
宋代.辛弃疾
>>> #读取数据后,关闭文件对象
>>> read_file.close()
```

读写文件完成后,要使用 close()方法关闭打开的文件。

Python 提供的 readline()方法也可以读取文件,但该方法每次读取文件中的一行,包含最后的换行符 "\n",返回一个字符串对象,其语法形式如下:

```
file.readline([size])
```

其中,file 为打开的文件对象;size 为可选参数,用于指定读取每一行时,一次最多读取的字符数。

使用 readline()方法读取 xinqiji-yuanxi.txt 文件的示例代码如下:

```
read_file = open('d:/xinqiji-yuanxi.txt','r',encoding='UTF-8')
>>> out_file = read_file.readline()
>>> type(out_file)
<class 'str'>
>>> print(out_file)
《青玉案·元夕》
>>> read_file.close()
```

上面的代码中 readline()方法返回的类型是字符串,每次只读取一行,即诗词的第一行:《青玉案·元夕》。

Python 提供的另一个 readlines()方法也可用于读取文件,它将用于读取整个文件,然后将结果放入一个列表中,可以由 for...in... 结构进行遍历。列表的每一行变成列表的每一个元素,其语法形式如下:

```
file.readlines()
```

该方法没有参数,返回值是一个列表,包含所有的行。

```
>>> read_file = open('d:/xinqiji-yuanxi.txt','r',encoding='UTF-8')
>>> out_file = read_file.readlines()
>>> type(out_file)
<class 'list'>
```

```
>>> print(out_file)
['\ufeff《青玉案·元夕》\n', '  宋代.辛弃疾\n', '\n', '东风夜放花千树，更吹落，星如
雨。宝马雕车香满路。\n', '凤箫声动，玉壶光转，一夜鱼龙舞。\n', '蛾儿雪柳黄金缕，笑语盈
盈暗香去。\n', '众里寻他千百度，蓦然回首，那人却在，灯火阑珊处。']
>>>for l in out_file:
    print(l,end="")

《青玉案·元夕》
宋代.辛弃疾

东风夜放花千树，更吹落，星如雨。宝马雕车香满路。
凤箫声动，玉壶光转，一夜鱼龙舞。
蛾儿雪柳黄金缕，笑语盈盈暗香去。
众里寻他千百度，蓦然回首，那人却在，灯火阑珊处。
>>> read_file.close()
```

以上代码演示了 readlines()方法读取文本文件的过程，使用 type(out_file)函数显示方法返回的类型是一个列表，每一行作为列表的一个元素。其中，\ufeff 用于标识该文件是一个编码为 UTF-8 的文件，使用"for l in out_file"结构遍历输出内容。

2. 写入文件

Python 提供了 write()和 writelines()方法向文件写入数据，写入数据有覆盖和追加两种情况，这可以通过打开文件的模式进行设置。当写入为覆盖时，文件的打开模式为"w"；当写入为追加时，文件的打开模式为"a"。

下面是 write()方法的演示代码：

```
>>> file = open('d:/xinqiji-yuanxi.txt', 'w',encoding='utf-8')
>>> file.write("作者简介" + "\n")
5
>>> file.write("辛弃疾(1140－1207)，南宋词人。")
20
>>> file.close()
```

上面的代码中，打开文件的模式是 w，表示写入数据，这将完全覆盖原有文件，重新写入新的数据。在上面代码中打开文件函数 open()中，文件路径 d:/xinqiji-yuanxi.txt 使用了斜杠"/"，Python 也是支持的。

下面使用 read()方法验证上面的代码是否写入并覆盖了源文件，代码如下：

```
>>> file = open('d:/xinqiji-yuanxi.txt', 'r',encoding='utf-8')
>>> print(file.read())
作者简介
辛弃疾(1140－1207)，南宋词人。
>>> file.close()
```

很显然，已经覆盖了原来的文件内容，写入了新的内容。

使用 a 这种追加的方式继续向 xinqiji-yuanxi.txt 文件写入内容，代码如下：

```
>>> file = open('d:/xinqiji-yuanxi.txt', 'a',encoding='utf-8')
>>> file.write("东风夜放花千树，更吹落，星如雨。宝马雕车香满路。")
```

```
24
>>> file.write("凤箫声动，玉壶光转，一夜鱼龙舞。")
16
>>> file.close()
```

继续使用 read()方法验证是否在 xinqiji-yuanxi.txt 文件中追加了上面的内容，代码如下：

```
>>> file = open('d:/xinqiji-yuanxi.txt', 'r',encoding='utf-8')
>>> print(file.read())
作者简介
辛弃疾(1140−1207)，南宋词人。东风夜放花千树，更吹落，星如雨。宝马雕车香满路。凤箫声
动，玉壶光转，一夜鱼龙舞。
```

上面的输出结果显示，追加写入成功。

7.4.3　关闭文件

在前面读写文件之后，使用 close()将文件关闭。因为文件在读写过程中，打开了文件对象，通过 close()关闭文件，能够释放系统资源，允许文件被其他程序读写，特别是读写文件有时使用了缓冲区，如果程序因某种原因崩溃，数据可能根本不会写入文件中，而通过 close()关闭文件，在关闭之前会将缓冲区的数据写入文件，保证了数据的安全。因此，为了提高程序的可靠性，在读写文件完毕之后，一定要使用 close()关闭文件。

为了确保文件得以关闭，可使用一条 try/finally 语句，并在 finally 子句中调用 close()，示例代码如下：

```
>>> try:
    file = open('xinqiji-yuanxi.txt')
    print(file.read())
except FileNotFoundError as ex:
    print('无法打开指定的文件: ',str(ex))
finally:
    if "file" in locals(): #在整个作用域变量集合中搜索 file 是否存在
        file.close()


无法打开指定的文件: [Errno 2] No such file or directory: 'xinqiji-
yuanxi.txt'
```

由于关闭文件的语句 close()放在 finally 子句中，因而不管是否出现异常，都会执行这条语句，这样保证了文件对象读写结束之后，都能进行关闭文件的处理。

7.4.4　采用 with 语句处理文件

在文件的读写过程，会涉及文件是否存在、读写完成后是否关闭文件等问题，这个过程中，都有可能出现异常，借助 try-except-finally 语句块能很好地处理异常。但是当这样的语句块多了之后，代码看起来很臃肿。Python 提供的 with 语句能很好地解决这类情况，而且代码更简洁清晰，可读性更好。

with 语句本身确保了资源的获取和释放，语法形式如下：

```
with open("somefile.txt") as file:
    do_something(file)
```

采用 with 语句打开和读写文件，其示例代码如下：

```
>>> with open('d:/xinqiji-yuanxi.txt','r',encoding='UTF-8') as file:
        out_file = file.read()
        print(out_file)
```

《青玉案·元夕》
宋代.辛弃疾

东风夜放花千树，更吹落，星如雨。宝马雕车香满路。
凤箫声动，玉壶光转，一夜鱼龙舞。
蛾儿雪柳黄金缕，笑语盈盈暗香去。
众里寻他千百度，蓦然回首，那人却在，灯火阑珊处。

7.4.5　读取 CSV 文件

CSV 文件是一种简化的电子表格，每行代表电子表格中的一行，用逗号分隔行中的单元格，CSV 英文直译就是逗号分隔值(Common-Separated Values，CSV)，以纯文本形式存储表格数据。

假如在 D 盘存放了一个有关设备采购明细表的 CSV 文件：D:\equipment_list.csv，该文件可以使用 WPS 和 Excel 电子表格软件打开，因为 CSV 是文本文件，所以也可以用记事本打开。图 7.2 是设备采购明细表 CSV 文件的截图。

图 7.2　设备采购明细表的 CSV 文件

在图 7.2 中可见，设备明细表文件 equipment_list.csv 共有 4 行，每行保存电子表格中的一行数据，数据之间用逗号进行分隔。

Python 标准库提供了 csv 模块用于读写 CSV 文件。

1. 读取 CSV 文件

在读写 CSV 文件之前，需要使用 open()函数打开 CSV 文件。以打开设备明细表文件 equipment_list.csv 为例，其代码如下：

```
>>> import os
>>> with open('D:/equipment_list.csv') as f:
```

打开 CSV 文件后，就可使用 csv 模块提供的 reader()函数读取文件中的数据。reader()的语法形式如下：

```
reader(csvfile, dialect='excel', **fmtparams)
```

其中各参数的含义如下。

➢ csvfile：必须是支持迭代的对象，可以是文件对象或者列表对象。

➢ dialect：可选参数，指定 CSV 文件分隔符的格式，默认为 excel 的风格，也就是用逗号分隔。该参数也支持自定义，可以通过调用 register_dialect()方法来实现。

➢ **fmtparam：可选变长的关键字参数，是一系列参数列表，主要用于设置特定的格式，以覆盖 dialect 中的格式。

使用 reader()函数读取设备明细表文件 equipment_list.csv 的示例代码如下：

```
>>> import os
>>> import csv
>>> with open('D:/equipment_list.csv') as f:
    reader = csv.reader(f)
    for row in reader:
        print(row)


['序号', '名称', '规格', '数量(台)', '单价(元)', '金额(元)']
['1', '文件服务器', 'SR550 2U 机架式 3.5 英寸盘位服务器主机 1 颗铜牌 3104 6 核 1.7G
CPU 单电源 16G 内存+4 块 4TB 7.2K 硬盘', '1', '18799', '18799']
['2', '数据库服务器', 'SR650 服务器主机 2U 机架式 8SFF 1 颗银牌 4110 8 核 2.1G CPU 配
单电源 16G 内存+2 块 600G 10K SAS 硬盘', '1', '24499', '24499']
['3', 'A3 幅面打印机', 'iR2204N/AD 无线打印机复合机黑白 A3A4 激光打印一体机复印机扫描
2204N+工作台', '1', '5599', '5599']
['4', '图形工作站', 'P318 I7-7700 四核 3.6G 32G 内存 | 512G+2T | P2000', '1',
'13250', '13250']
```

2. 创建 CSV 文件并写入数据

和前面创建文本文件一样，也可以使用 open()函数创建 CSV 文件。创建 CSV 文件之后，使用 csv 模块中的 writer()函数创建一个 CSV 写入器，最后使用 writerow()方法向 CSV 文件增加一行数据，其示例代码如下：

```
>>> import os
>>> import csv
>>> with open('D:/test.csv','w') as f:
    writer = csv.writer(f)
    writer.writerow(['201801001','赵小风',20,'人工智能'])


>>> with open('D:/test.csv') as f:
    reader = csv.reader(f)
    for row in reader:
        print(row)
```

```
['201801001', '赵小风', '20', '人工智能']
```

7.4.6 使用 Pandas 读写 CSV 文件

Pandas 是为了解决数据分析任务而创建的，它包含大量的库、函数和一些标准的数据模型，是目前进行数据分析最强大的工具。它属于第三方库。

Pandas 库的核心操作对象是序列(Series)和数据帧(DataFrame)。

Series 类似于其他语言的一维数组，相当于一维表格，它与 Python 基本的数据类型 List 列表很相近，区别是 List 列表中的元素可以是不同的数据类型，而 Series 中则只允许存储相同的数据类型，这样可以更有效地使用内存，提高运算效率。

DataFrame 相当于其他语言中的二维数组，类似于二维的表格，可以将 DataFrame 理解为 Series 的容器，与在列表中嵌套列表相近。

Pandas 提供了对 CSV 文件的读写，而且功能强大。

1. 使用 pip 工具安装 Pandas 库

pip 是 Python 的包安装工具，它提供了对 Python 第三方库或包的查找、下载、安装和卸载的功能。pip 工具已经包含在 Python 安装的默认选项中，不需要另外安装。pip 官网为 https://pypi.org/project/pip/。

pip 工具常用命令如下。

```
pip --version                        # 显示版本和路径
pip --help                           # 获取帮助
pip install -U pip                   # 升级 pip
pip install package_name             # 安装最新版本第三方库或包，package_name 为包名
pip install package_name==1.0.4      # 安装指定版本第三方库或包，1.0.4 为版本号
pip install --upgrade package_name   # 升级第三方库或包
pip uninstall package_name           # 卸载第三方库或包
```

在 Windows 操作系统的命令行程序 cmd.exe 中，输入以上相应的 pip 命令，即可完成相关功能操作。

对于 Python 第三方库，一般使用 pip 工具安装。由于 Pandas 属于第三方库，所以在使用 Pandas 库之前，需要安装它。可以在 cmd.exe 程序中使用命令 pip install pandas 安装 Pandas 库。

Pandas 安装成功之后，需要导入该模块，导入语句为 import pandas as pd。

2. Pandas 的基本操作

下面主要以 DataFrame 来介绍 Pandas 最简单最基础的操作。

使用 pd.DataFrame 创建二维数据，实际上就是二维表格数据结构。pd.DataFrame 的语法形式如下：

```
pd.DataFrame(data,columns = [ ],index = [ ])
```

其中各参数的含义如下。

> ➢ 参数 data：数据，可以来自各种形式的数据，如数组、序列、列表、字典和另一个 DataFrame。
> ➢ 参数 columns：列标签。
> ➢ 参数 index：行标签。

利用 pd.DataFrame 构造方法创建 DataFrame 二维表格的形式有很多，最常见的方式是传入由等长列表等组成的字典。下面使用这种形式创建一个二维的学生成绩表格，代码如下：

```
>>> import pandas as pd
>>> data = {'学号': ['201801001', '201801002', '201801003', '201801004',
'201801005', '201801006'],
        '姓名': ['韩小薇', '贺小鹏', '康俊峰', '李小敏', '廖沈军', '林雪原'],
        'Java 成绩': [90,86,85,83,81,79]}
>>> df= pd.DataFrame(data)
>>> df
      学号        姓名      Java 成绩
0  201801001   韩小薇        90
1  201801002   贺小鹏        86
2  201801003   康俊峰        85
3  201801004   李小敏        83
4  201801005   廖沈军        81
5  201801006   林雪原        79
```

上面的代码输出显示使用 pd.DataFrame(data)创建了一个二维成绩表格。

如果创建时指定了 columns 和 index 索引，则按照索引顺序排列，并且当传入的列没有数据时，就会在结果中产生缺失值 NaN，代码如下：

```
>>> df = pd.DataFrame(data,columns=['学号','姓名','Java 成绩','排名'],
index=['1', '2', '3', '4', '5', '6'])
>>> print(df)
      学号        姓名    Java 成绩    排名
1  201801001   韩小薇      90      NaN
2  201801002   贺小鹏      86      NaN
3  201801003   康俊峰      85      NaN
4  201801004   李小敏      83      NaN
5  201801005   廖沈军      81      NaN
6  201801006   林雪原      79      NaN
```

在上面指定了列标签，新增了一个"排名"列，由于没有值，所以都显示为 NaN；另外，还指定了行标签，索引从 1 开始，而不是从 0 开始自动产生索引。

创建了 DataFrame 后，就可以对其进行基本的操作了。

使用 describe()方法可以快速查看数据的描述性统计摘要，包括总结数据集分布的集中趋势、分散和形状的统计，不包括 NaN 值，示例代码如下：

```
>>> df= pd.DataFrame(data)
>>> df.describe()
        Java 成绩
count   6.000000              # 一列的元素个数
mean    84.000000            # 一列数据的平均值
std     3.898718             # 一列数据的均方差
```

```
min     79.000000        # 一列数据中的最小值
25%     81.500000        # 一列数据中，前 25% 的数据的平均值
50%     84.000000        # 一列数据中，前 50% 的数据的平均值
75%     85.750000        # 一列数据中，前 75% 的数据的平均值
max     90.000000        # 一列数中的最大值
```

各行统计信息已在上面进行了注释说明，describe() 方法是对每一列数据进行统计分析，默认只对数据类型为数字 number 的列进行统计分析。

使用 DataFrame 的 head 和 tail 方法可以访问前 n 行和后 n 行数据，默认返回 5 行数据，示例代码如下：

```
>>> df= pd.DataFrame(data)
>>> df.head(2)
        学号      姓名    Java 成绩
0  201801001   韩小薇       90
1  201801002   贺小鹏       86
>>> df.tail(1)
        学号      姓名    Java 成绩
5  201801006   林雪原       79
```

可以直接使用列标签插入 DataFrame 列，比如，插入一列学生的 Python 成绩，代码如下：

```
>>> df['Python 成绩'] = [80,99,76,87,68,90]
>>> df
        学号      姓名   Java 成绩  Python 成绩
0  201801001   韩小薇       90        80
1  201801002   贺小鹏       86        99
2  201801003   康俊峰       85        76
3  201801004   李小敏       83        87
4  201801005   廖沈军       81        68
5  201801006   林雪原       79        90
```

可以使用 apply(function,axis) 方法对一行或一列进行操作，其中，function 是函数，可以是 lambda 表达式，axis 若等于 1 则遍历行，若 axis 等于 0 则遍历列。由此可以求得每位同学两门课程的平均成绩，代码如下：

```
>>> df['两门课的平均成绩'] = df.apply(lambda x:(x['Java 成绩'] +  x['Python 成
绩'])/2, axis=1)
>>> df
        学号      姓名   Java 成绩  Python 成绩  两门课的平均成绩
0  201801001   韩小薇       90        80         85.0
1  201801002   贺小鹏       86        99         92.5
2  201801003   康俊峰       85        76         80.5
3  201801004   李小敏       83        87         85.0
4  201801005   廖沈军       81        68         74.5
5  201801006   林雪原       79        90         84.5
```

Pandas 提供了求总分、平均分、最大值和最小值的函数，代码如下：

```
>>> df['Python 成绩'].sum()    # 成绩的总分
500
```

```
>>> df['Python 成绩'].mean()  # 成绩的平均分
83.33333333333333
>>> df['Python 成绩'].min()    # 成绩的最小值
68
>>> df['Python 成绩'].max()    # 成绩的最大值
99
```

3. Pandas 操作 CSV 文件

Pandas 提供了操作 CSV 文件的函数，如 to_csv()、read_csv()、read_table()和 read_excel()等。下面介绍 to_csv()和 read_csv()这两个方法的使用。

方法 to_csv()是将 dataframe 数据写入 CSV 文件，比如：

```
>>> df= pd.DataFrame(data)
>>> df
        学号      姓名    Java 成绩
0  201801001   韩小薇      90
1  201801002   贺小鹏      86
2  201801003   康俊峰      85
3  201801004   李小敏      83
4  201801005   廖沈军      81
5  201801006   林雪原      79
>>> df.to_csv('D:/java-score.csv',encoding='UTF-8',index=False) # 将 Java 成
绩保存到 D 盘
```

上面的代码使用 to_csv()方法将 dataframe 中的 Java 成绩数据写入 java-score.csv 文件中。在使用 to_csv()方法时，为了防止出现乱码，设置了编码为 UTF-8；另外，将参数 index 索引设置为 False，表示在存储 csv 文件时选择不存储 index 索引信息。

继续使用上面的数据，将列名"Java 成绩"改为"Python 成绩"，并在 D 盘再创建一个保存 Python 成绩的 python-score.csv 文件，代码如下：

```
>>> df.rename(columns={'Java 成绩':'Python 成绩'})
        学号      姓名    Python 成绩
0  201801001   韩小薇      90
1  201801002   贺小鹏      86
2  201801003   康俊峰      85
3  201801004   李小敏      83
4  201801005   廖沈军      81
5  201801006   林雪原      79
>>> df.to_csv('D:/python-score.csv',encoding='UTF-8',index=False)    # 将
Python 成绩保存到 D 盘
```

上面代码使用 rename()修改了列名，columns 代表要对列名进行修改。在 columns 的后面是一个字典形式，键代表原列名，值代表新列名。

可以使用 read_csv()方法读取上面 CSV 文件中的数据。该方法是导入 CSV 文件所用的一个非常重要的函数，其语法格式如下：

```
pd.read_csv(filepath_or_buffer, sep=', ', delimiter=None, header='infer',
names=None, index_col=None, nrows=None, encoding=None)
```

方法中各参数的含义如下。

➢ filepath_or_buffer：读取的对象，是一个字符串，该字符串可以是 URL，包括 http、ftp 和本地文件。

➢ sep：默认是 ','，CSV 文件的分隔符。

➢ delimiter：sep 的替代参数，默认为 None。

➢ header：列名，int 或 int 列表，默认是 infer，即默认第一行为列名。

➢ names：指定列的名称。当读取的 CSV 文件没有列名也就是没有表头时，可以通过 names 参数指定。

➢ index_col：指定作为数据帧行标签的列。默认值为 None，即行标签默认从 0 开始自动产生索引。如打开 java-score.csv 文件时，指定 index_col="学号"，则"学号"所对应的列就作为行标签，替代默认的行标签。

➢ nrows：用来读取的文件的行数，一般在读取大文件时使用。

➢ encoding：设置编码。

下面使用 read_csv()方法读取 D:/java_score.csv 中的数据，代码如下：

```
>>> import pandas as pd
>>> path = "D:/java-score.csv"
>>> with open(path, encoding='UTF-8') as file:
    data = pd.read_csv(file)
    print(data)


       学号    姓名   Java 成绩
0  201801001  韩小薇     90
1  201801002  贺小鹏     86
2  201801003  康俊峰     85
3  201801004  李小敏     83
4  201801005  廖沈军     81
5  201801006  林雪原     79
```

合并表格是 DataFrame 常见的操作，其中，merge()函数按主键索引合并表。

程序清单 7.7 是合并两张表的代码。

程序清单 7.7　pandas_merge.py

```
1.  """ 合并两个表并保存到一个新的 CSV 文件中 """
2.  import pandas as pd  # 导入 pandas 模块
3.
4.
5.  def table_merge():
6.      """ 合并两个表并保存到一个新的 CSV 文件中 """
7.      path = "D:/java-score.csv"
8.      path1 = "D:/python-score.csv"
9.
10.     with open(path, encoding='UTF-8') as file:  # 打开读取文件
11.         data = pd.read_csv(file)
12.
13.     with open(path1, encoding='UTF-8') as file1:
```

```
14.        data1 = pd.read_csv(file1)
15.
16.    # 创建两个二维表格
17.    df_table = pd.DataFrame(data)
18.    df_table1 = pd.DataFrame(data1)
19.
20.    # 连接的过程是两个二维表格取交集
21.    print("合并上面两个成绩表: ")
22.    df_inner = pd.merge(df_table, df_table1, how='inner')
23.    print(df_inner)
24.
25.    # 保存合并的表到一个新的表 student_scores.csv
26.    df_inner.to_csv('D:/student_scores.csv')
27.
28.
29. if __name__ == '__main__':
30.    table_merge()
```

程序清单 7.7 说明如下。

第 17、18 行：根据 read_csv()读入的 CSV 文件的数据，创建两个二维成绩表格。

第 22 行：使用 merge()方法，将两个二维成绩表格进行合并，参数 how 是指两个表合并连接的方式，默认为内连接 inner，还有外连接 outer、左连接 left 和右连接 right 等方式。inner 方式按相同字段合并，取交集。

上面使用了 Pandas 提供的一些函数或方法，有些函数或方法的参数比较多，没有一一列出，Pandas 官网的 API 提供了很详细的说明，官网地址为：https://pandas.pydata.org/pandas-docs/stable/reference/。

Pandas 在数据分析领域功能非常强大，以上仅仅介绍了 Pandas 最基本的操作，后续章节也会继续介绍 Pandas 的使用，若想了解更多的知识，请访问 Pandas 的官网：

https://pandas.pydata.org/。

7.5 二进制文件读写

二进制文件的读写与文本文件的读写一样，也可以采用 open()、read()、write()方法来实现，但由于是二进制文件，所以打开文件时，需要指定文件打开模式为 b、wb 或 rb 等二进制模式；另外，二进制文件的范围比较广泛，包括图像文件、音频文件和二进制文档，很多专门的第三方库可用于打开和读写这些二进制文件。

本节首先介绍二进制文件读写的通用方法，然后了解利用第三方库如何读写图像文件。

7.5.1 读写二进制文件

假如有一个二进制文件，名为 test.bin，首先向该文件写入数据。在写入数据之前，要使用 open()函数打开文件，打开模式选择二进制写入"wb"，然后使用 writer()方法写入数据，代码如下：

```
>>> # 以写入的方式打开文件
>>> with open("test.bin", "wb") as binary_file:
        # 向文件写入字符串
        num_char_written = binary_file.write("写字符串\n".encode('utf8'))
        print("写了 %d 字节." % num_char_written)
        # 向文件写入字节
        num_bytes_written = binary_file.write(b'\xDE\xAD\xBE\xEF')
        print("写了 %d 字节." % num_bytes_written)


写了 13 字节.
写了 4 字节.
```

在当前目录下，可以发现新增了 test.bin 文件，共向该文件写入 17 个字节的数据，其中 13 个字节是字符串"写字符串\n"字节数。在 Python 中，utf-8 编码的汉字占 3 个字节，"\n"占一个字节。

对上面的二进制文件 test.bin 进行读取操作，首先打开文件，其模式选择读取"rb"，然后使用 read()方法进行读取，代码如下：

```
>>> with open("test.bin", "rb") as binary_file:
        # 读取整个文件
        data = binary_file.read()
        print("二进制文件 binary_file 的数据是：")
        print(data)


二进制文件 binary_file 的数据是：
b'\xe5\x86\x99\xe5\xad\x97\xe7\xac\xa6\xe4\xb8\xb2\n\xde\xad\xbe\xef'
```

7.5.2　Excel 文件的打开

用 Python 操作 Excel 文件，可以利用第三方库。目前，操作 Excel 文件的第三方库比较多，主要有 xlwings、openpyxl、pandas、win32com、xlsxwriter、DataNitro、xlutils。由于每个库设计的目的不同，都有自身特点，选择哪一个库需要根据用户的需求决定。下面将介绍用 openpyxl 库操作 Excel 文件。

1. 安装 openpyxl

openpyxl 是一个读写 Excel 2010 文档的 Python 库，免费开源，其官网地址为 https://openpyxl.readthedocs.io/en/stable/，上面提供了非常丰富的教程、文档资料和实例。

安装 openpyxl 比较简单，可以直接使用 pip install openpyxl 进行安装。

2. openpyxl 使用流程

使用 openpyxl 前先要掌握以下三个对象。

➤ Workbook：工作簿，一个包含多个 Sheet 的 Excel 文件。
➤ Worksheet：工作表，一个 Workbook 有多个 Worksheet，如 Sheet1、Sheet2 等。
➤ Cell：单元格，存储具体的数据对象。

这三个对象分别对应 Excel 的电子表格文件、工作表和单元格。

使用 openpyxl 的流程主要有以下几个步骤。

➢ 导入 openpyxl 模块。

➢ 调用 openpyxl.load_workbook()或 openpyxl.Workbook()函数，取得 Workbook 对象。

➢ 调用 get_active_sheet()或 get_sheet_by_name()工作簿方法，取得 Worksheet 对象。

➢ 使用索引或工作表的 cell()方法，带上 row 和 column 关键字参数，取得 Cell 对象，读取或编辑 Cell 对象的 value 属性。

3. 创建 excel 文件，进行写操作

创建一个学生 Python 考试成绩 excel 文件 python_score.xlsx，并向文件写入学生考试 Python 的成绩，表格的表头包含学号、姓名、平时成绩、考试成绩和总评成绩，总评成绩由平时成绩 30%和考试成绩 70%组成。

Openpyxl 库中的 Workbook 是对 Excel 工作簿的抽象，一个 Workbook 对象代表一个 Excel 文档，因此，在操作 Excel 之前，应该先创建一个 Workbook 对象。要创建一个新的 Excel 文档，直接调用 Workbook 类，语法是 wb = Workbook()。

一个文档至少要有一张工作表 sheet，可以通过 openpyxl.workbook.Workbook.active 得到第一张工作表，其语法是 ws = wb.active。

还可以给工作表取名字：

```
ws.title = " Python 成绩表"
```

有了工作表，访问单元格可以采用下标的形式，其语法形式是：ws['A1'] = "学号"，就是给单元格 A1 赋值；另外，ws 工作表还提供了 append()方法逐行写入数据，添加一行到当前工作表的最底部(即从第一行开始逐行追加)。

程序清单 7.8 演示了创建成绩表 python_score.xlsx 文件的过程。

程序清单 7.8　file_excel_write.py

```
1.  """ 读取 Excel 文件 """
2.  from openpyxl import Workbook
3.
4.  # 创建一个新的 Excel 文档
5.  wb = Workbook()
6.  # 获取第一个 sheet
7.  ws = wb.active
8.  ws.title = "Python 成绩表"
9.  # 在第 1 行创建成绩表的标题，如学号、姓名和成绩
10. ws['A1'] = "学号"
11. ws['B1'] = "姓名"
12. ws['C1'] = "平时成绩"
13. ws['D1'] = "考试成绩"
14. ws['E1'] = "总评成绩"
15.
16. # 在下一行，写入多个单元格
17. ws.append(['2016404030114', '张三丰1', 90, 85, 0.3 * 90 + 0.7 * 85])
18. ws.append(['2016404030115', '张三丰2', 85, 80, 0.3 * 85 + 0.7 * 80])
```

```
19.
20.  # 创建一个 sheet
21.  ws1 = wb.create_sheet("sheet1")
22.  # 设定一个 sheet 的名字
23.  ws1.title = "Python 成绩分析表"
24.
25.  # 将 A1 单元格赋值为 123.11
26.  ws1["A1"] = 123.11
27.  # 将 B2 单元格赋值为你好
28.  ws1["B2"] = "你好"
29.  # 将第 4 行第 2 列的单元赋值为 10
30.  temp = ws1.cell(row=4, column=2, value=10)
31.
32.  # 保存文件，注意文件覆盖
33.  wb.save("python_score.xlsx")
34.  # 关闭流
35.  wb.close()
```

4．打开 excel 文件，进行读操作

上面已经把学生的考试成绩写入 python_score.xlsx 文件中，现在读取该文件的数据。

使用 load_workbook 加载 python_score.xlsx 文件，语法形式如下：

```
wb = load_workbook('python_score.xlsx')
```

调用 load_workbook 方法后，就得到了一个 Workbook 对象。激活工作表后，就可以对列、行和单元格进行读写操作。

程序清单 7.9 演示了读取 python_score.xlsx 文件数据的过程。

程序清单 7.9　file_excel_read.py

```
1.   from openpyxl import Workbook
2.   from openpyxl import load_workbook
3.
4.   # 打开 python_score.xlsx 文件
5.   wb = load_workbook('python_score.xlsx')
6.
7.   ws1 = wb.active
8.   # 操作单列
9.   for cell in ws1["A"]:
10.      print(cell.value)
11.
12.
13.  # 从 A 列到 C 列,获取每一个值
14.  print(ws1["A:C"])
15.  for column in ws1["A:C"]:
16.      for cell in column:
17.          print(cell.value)
18.
19.  # 从第 1 行到第 3 行，获取每一个值
20.  row_range = ws1[1:3]
```

```
21. print(row_range)
22. for row in row_range:
23.     for cell in row:
24.         print(cell.value)
25.
26. print("*" * 50)
27.
28. # 从第 1 行到第 3 行，从第 1 列到第 3 列
29.
    for row in ws1.iter_rows(min_row=1, min_col=1, max_col=3, max_row=3):

30.     for cell in row:
31.         print(cell.value)
32.
33. # 获取所有行
34. print(ws1.rows)
35. for row in ws1.rows:
36.     print(row)
37.
38. print("*" * 50)
39.
40. # 获取所有列
41. print(ws1.columns)
42. for col in ws1.columns:
43.     print(col)
44. wb.close()
```

7.5.3 操作图像文件

在 Python 中，有很多第三方图形库可以操作图像文件，如 Opencv、PIL(pillow)和 Matplotlib 等，每个库都有自身的特点，用户可根据自身的业务需求进行选择。下面将以 PIL 和 Matplotlib 这两个库为例来介绍它们对图像文件的操作。

1. 安装

PIL(Python Imaging Library)是面向 Python 的图像库，它为 Python 解释器提供图像编辑功能，已经是 Python 语言事实上的图像处理标准。PIL 早期仅支持 Python 2.7，后来一群志愿者在 PIL 的基础上开发了兼容的版本 Pillow，支持最新版本 Python 3.x，并加入了许多新特性。

Matplotlib 是一个 Python 2D 绘图库，它能对 Python 中的数据进行可视化的展示，并以多种图形形式，如直方图、条形图、饼图和散点图输出显示。

两个库都是第三方库，因而可以直接使用 pip 命令安装。

安装 PIL 的命令是：pip install pillow。

安装 Matplotlib 的命令是：pip install matplotlib。

2. 打开和显示图形文件

使用 PIL 提供的 open()方法可以打开图像文件，该方法的返回值是一个图像对象。对

于此图像对象，可以使用 resize()、rotate()、crop()、thumbnail()和 paste()等方法进行调整尺寸、旋转、裁剪、生成缩略图和复制粘贴等操作。打开显示图像文件的示例代码如下：

```
>>> import os
>>> from PIL import Image
>>> img = Image.open(os.path.join('D:\\傅雷家书封面.jpg'))
>>> img.show()
```

上面的代码通过 open()方法创建了一个图像对象，赋值给 img，使用 img 引用该图像对象，通过 show()方法显示该图片。这种显示图片的方式是调用操作系统自带的图片浏览器来实现的，也就是说运行该程序，会弹出一个"打开方式"窗口，让用户选择打开图形文件的软件，如画图、照片查看器等。

除了可以使用 PIL 提供的 show()方法显示图片之外，Matplotlib 也提供了显示图片的方式。

使用 Matplotlib 绘制和显示图片的一般流程如下。

(1) 导入 Matplotlib 中的模块 pyplot，并取别名为 plt，代码如下：

```
import matplotlib.pyplot as plt
```

(2) 创建画图对象 figure，类似于美术学院的学生绘画所用的画板，示例代码如下：

```
plt.figure("打开显示图片")
```

上面代码的含义是打开一个画板对象，绘制和显示图片都在这个画板上完成。可以使用 Sublpot()函数将画板分为几个子画板。

(3) 显示图片。使用 plt.imshow()显示图片。

(4) 设置标题。调用 plt.title()函数设置标题。

(5) 设置坐标轴。调用 plt.axis()函数设置坐标轴，其返回值是 X 坐标和 Y 坐标的最小值和最大值，也就是坐标轴的取值范围。函数 plt.axis()的语法形式如下：

```
plt.axis(*args, **kwargs)
```

其中，函数的第一个参数就是*args，表示可变长的位置参数，最后一个参数就是 **kwargs，表示可变长的关键字参数。这些值如果是 bool 类型，则表示是关闭还是打开坐标轴。如果是字符串，其取值如表 7.3 所示。

表 7.3　plt.axis ()函数的取值

值	含　义
on 或 off	打开或关闭轴线和标签
equal	通过改变轴的值设置相等的缩放
scaled	通过改变绘图框的尺寸来设置相等的缩放
tight	设置足够大的限制以显示所有数据
auto	自动缩放(用数据填充图框)
Image	图像"缩放"的轴限制等于数据限制
square	矩形类似于等比例缩放，初始值： xmax-xmin == ymax-ymin

(6) 显示图形窗口。调用 plt.show()函数显示图形窗口。

程序清单 7.10 演示了使用 Matplotlib 显示图片的过程。

程序清单 7.10　file_image.py

```
1.  """ 打开和显示图片 """
2.  import os
3.  from PIL import Image
4.  import matplotlib.pyplot as plt  #导入 Matplotlib 中的模块 pyplot，并取别名
为 plt
5.
6.  img = Image.open(os.path.join('D:\\傅雷家书封面.jpg'))
7.
8.  plt.figure("打开显示图片")      # 打开画板
9.  plt.imshow(img)             # 显示图片
10. plt.axis('on')             # 打开坐标轴
11. plt.title("傅雷家书封面", fontproperties="SimHei")  #图像标题,字体：黑体
12. plt.show()                 # 显示窗口
```

程序清单 7.10 说明如下。

第 4 行引入了 Matplotlib 库的 pyplot 模块，该模块提供绘制图形的很多属性和方法。

第 9 行调用 pyplot 模块中的 imshow(img)方法，参数 img 为图像对象。

第 11 行调用 pyplot 模块中的 title()方法，设置了标题以及标题的字体。

第 12 行调用 pyplot 模块中的 show()方法。

运行该程序，打开如图 7.3 所示的窗口。

图 7.3　图形的打开和显示

上面使用了 Matplotlib 提供的一些函数或方法，这些函数或方法有的参数比较多，没有一一列出，Matplotlib 官网的 API 提供了很详细的说明，官网地址为：
https://matplotlib.org/3.3.0/api/index.html。

7.6 应 用 举 例

本节介绍三个应用的实现。第一个应用是日志文件的输出，将日志以文件的形式输出到磁盘中。第二个应用是文件中单词出现次数的统计。第三个应用是考试成绩分析。

7.6.1 日志输出

在第 4 章 4.5.2 小节中简要介绍了日志模块，本节将利用学习的文件知识将日志输出到文件中。假如有一个项目为 tolighthouse，其存放路径是 D:\tolighthouse，现在将程序运行的日志文件输出到目录下，并以年和月作为该目录的子目录，以年月日作为日志文件的名称，即输

扫码观看视频讲解

出存放的路径为"项目\年\月\日期和时间命名的日志文件.log"，如 D:\tolighthouse\2020\8\20200831.log。

程序清单 7.11 为将日志输入到文件中的代码。在代码中引入了 3 个模块：日志模块 logging、文件路径模块 os.path 和时间模块 time，定义了一个 Logger 日志类。该类定义了创建目录的方法 create_dir()、输出日志到文件的方法 input_log()以及 3 个写入日志信息的方法 info()、warning()和 error()。

程序清单 7.11 logger.py

```
1.  """ 输出日志信息到磁盘文件中 """
2.  import logging
3.  import os.path
4.  import time
5.
6.
7.  class Logger():
8.      """ 定义一个日志类 """
9.      def __init__(self,project_path):
10.         # 获取当前时间
11.         self.current_time = time.strftime('%Y%m%d%H%M',time.localtime
(time.time()))
12.
13.         # 获取当前目录
14.         self.current_path = os.path.dirname(os.path.abspath(project_path))
15.
16.         # 指定分隔符对字符串进行切片
17.         self.path1 = self.current_path.split(project_path)
18.         self.path2 = [self.path1[0], project_path]
19.         self.dir_time = ''
20.
21.         # 调用创建目录的方法
22.         self.new_name = self.create_dir()
23.
24.         # 调用日志模块
25.         self.log = logging.getLogger()
```

```
26.
27.        # 调用输入日志的方法
28.        self.input_log()
29.
30.    def create_dir(self):
31.        """ 创建目录的方法 """
32.        path3 = ''
33.
34.        # 在该路径下新建下级目录
35.        new_name = path3.join(self.path2) + '/logs/'
36.
37.        # 返回当前时间的年月日作为目录名称
38.        self.dir_time = time.strftime('%Y%m%d', time.localtime
(time.time()))
39.
40.        # 判断该目录是否存在
41.        is_exist = os.path.exists(new_name + self.dir_time)
42.        if not is_exist:
43.            os.makedirs(new_name + self.dir_time)
44.            print(new_name + self.dir_time + "目录创建成功")
45.        else:
46.            # 如果目录存在则不创建，并提示目录已存在
47.            print(new_name + "目录 %s 已存在" % self.dir_time)
48.        return new_name
49.
50.    def input_log(self):
51.        """ 输出日志 """
52.        try:
53.            self.log.setLevel(logging.DEBUG)
54.
55.            # 定义日志文件的路径以及名称
56.            log_name   =   self.new_name   +   self.dir_time   +   '/'   +
self.current_time + '.log'
57.
58.            # 创建一个 handler，用于写入日志文件
59.            fh = logging.FileHandler(log_name)
60.            fh.setLevel(logging.INFO)
61.
62.            # 再创建一个 handler，用于输出到控制台
63.            ch = logging.StreamHandler()
64.            ch.setLevel(logging.INFO)
65.
66.            # 定义 handler 的输出格式
67.            formatter  =  logging.Formatter('[%(asctime)s]  -  %(name)s  -
%(levelname)s - %(message)s')
68.            fh.setFormatter(formatter)
69.            ch.setFormatter(formatter)
70.
71.            # 给 logger 添加 handler
72.            self.log.addHandler(fh)
73.            self.log.addHandler(ch)
```

```
74.        except Exception as e:
75.            print("输出日志失败！ %s" % e)
76.
77.    def info(cls, msg):
78.        """ 日志信息 """
79.        cls.log.info(msg)
80.        return
81.
82.    def warning(cls, msg):
83.        """ 警告 """
84.        cls.log.warning(msg)
85.        return
86.
87.    def error(cls, msg):
88.        """ 错误 """
89.        cls.log.error(msg)
90.        return
91.
92.
93. if __name__ == '__main__':
94.    path = '\\tolighthouse'  # 定义项目目录
95.    logger = Logger(path)    # 实例化 Logger 日志对象
96.    logger.info('信息')
97.    logger.warning('警告')
98.    logger.error('错误')
```

运行程序清单 7.11，结果如下：

```
D:\\tolighthouse/logs/20200826 目录创建成功
[2020-08-26 21:38:35,106] - root - INFO - 信息
[2020-08-26 21:38:35,106] - root - WARNING - 警告
[2020-08-26 21:38:35,106] - root - ERROR - 错误
```

上面输出的信息说明，已经将日志信息写入 D 盘下所创建的目录中。

7.6.2　统计文件中单词出现的次数

统计文件中单词出现的次数，其算法与第 6 章 6.6.3 小节类似，原来是统计字符串中单词出现的次数，现在是统计文本文件中单词出现的次数，具体可描述如下：

➢ 打开并读取文本文件，获取文件的单词数。定义一个函数 read_word()，使用 open()函数打开一个指定的文本文件 dream.txt，通过文件对象 file 调用 readlines() 方法读取此文本文件。为了把一个个单词从文件中分离出来，需要分析文本文件中单词之间分隔的特征，英文文本中单词之间一般是空格、逗号和句号，可以使用字符串中的 split()方法进行分隔。将从文本文件中分隔出的单词保存到列表中。

➢ 统计单词出现的次数。

➢ 对统计的单词按出现的次数进行排序。

➢ 输出在文件中出现次数在前十的单词。

程序清单 7.12 是根据以上算法完成统计文件中单词的出现次数的代码。

程序清单 7.12　word_count.py

```python
1.   """ 统计文本文件中出现次数最多的单词 """
2.
3.
4.  def read_word():
5.       """ 打开读写文本文件的函数 """
6.       with open('dream.txt', 'r', encoding='utf-8') as f:
7.           word = []   # 空列表用来存储文本中的单词
8.
9.           # readlins 为分行读取文本，且返回的是一个列表
10.          for word_str in f.readlines():
11.              # 去除原文中的逗号
12.              word_str = word_str.replace(',', '')
13.              # 去除字符串两边的空白字符
14.              word_str = word_str.strip()
15.              # 使用空格分割字符串，返回一个列表
16.              word_list = word_str.split(' ')
17.              # 将分割后的列表内容，添加到 word 空列表中
18.              word.extend(word_list)
19.       return word
20.
21.
22.  def word_count(lists):
23.       """ 定义统计文本中单词的出现次数的函数 """
24.       word_dict = {}   # 定义一个空字典 用于去除重复的单词
25.
26.       # 创建一个新字典，以列表元素为键 key，去除重复的单词
27.       word_dict = word_dict.fromkeys(lists)
28.       word_name = list(word_dict.keys())
29.
30.       # 统计单词出现的次数，并将它存入一个字典中
31.       for i in word_name:
32.           word_dict[i] = lists.count(i)
33.       return word_dict
34.
35.
36.  def word_sort(word_dict):
37.       """ 定义单词排序的函数 """
38.       word_dict1 = sorted(word_dict.items(), key=lambda d: d[1], reverse=True)
39.       word_dict1 = dict(word_dict1)
40.       return word_dict1
41.
42.
43.  def display(wokey_1):
44.       """ 定义输出排名前 10 单词的函数 """
45.       i = 0
46.       print("{0:<10}{1:>5}".format("单词", "次数"))
47.       for x, y in wokey_1.items():
48.           if i < 10:
49.               print("{0:<10}{1:>5}".format(x, y))
```

```
50.             i += 1
51.             continue
52.         else:
53.             break
54.
55.
56. if __name__ == '__main__':
57.     word_list = read_word()
58.     word_list1 = word_count(word_list)
59.     display(word_sort(word_list1))
```

程序清单 7.12 的运行结果如下：

单词	次数
to	29
that	19
you	19
of	13
are	13
a	12
and	12
I	11
people	10
have	9

7.6.3　考试成绩分析

考试成绩分析一般包括平均分、及格率和成绩分布等数据分析。本小节将利用 Pandas 和 Matplotlib 两个库进行考试成绩的分析。考试成绩分析的流程和算法都较为简单。首先导入考试成绩，然后计算平均成绩、标准偏差，并按五级计分制统计成绩分布人数和百分比，最后用 Matplotlib 可视化显示及格率。

考试成绩文件是 scores.csv 和 scores.xlsx，为了简化，数据项由 Student ID(学号)和 Score(分数)两项构成，文件放在 D:\booksrcbychapters\chapter07\score_data 目录中。

1. 导入考试成绩

考试成绩是分析的基础数据，Pandas 提供的 read_csv()方法可以读取 CSV 格式的成绩文件。由于除了读入考试成绩的 CSV 文件之外，还涉及输出 CSV 文件保存到磁盘上，这里定义一个 files 字典数据类型，使用键值对保存输入和输出文件的路径名，具体如下：

```
files = {
  'scores': 'score_data/scores.csv',  # 成绩数据文件
  'statistical': 'score_data/scores_statistical.csv',  # 统计信息，输出数据
  'scores_rank': 'score_data/scores_rank.csv',  # 排名和偏差值，输出数据
}
```

定义文件导入考试成绩的函数 read_file(files)，该函数使用 pandas 中的 read_csv()方法读取 scores.csv 考试成绩文件，完成数据输入的任务，代码如下：

```
df = pd.read_csv(files['scores'])
```

调用该方法返回的数据是一个 DataFrame，实际上就是一个二维数据表格。为了获得成绩，还需要从上面的 df 中分离出成绩，代码是：

```
scores = df['Score']
```

df 采用下标也就是键值引用成绩，这里的 scores 是一个 pandas.core.series.Series，series 是一个一维数组，是所有成绩的集合。

2. 数据处理

读入成绩之后，就可以进行数据的处理。

对成绩进行排名和计算偏差值。使用 DataFrame 的 rank()和 map()分别计算排名和偏差值。

获得成绩的统计信息，如总数、平均成绩、最小值和最大值，定义一个 statistical_info() 函数专门处理这些统计信息。

成绩及格率的计算和五分制的转换，使用函数 pass_rate_pie(scores)来完成。

3. 输出结果

成绩分析的输出结果是文件和饼图。

排名和偏差值输出到 score_data/scores_rank.csv 文件中，这个在 read_file()函数中实现，在 DataFrame 中增加排名和偏差值两列，然后使用 to_csv()函数保存，代码如下：

```
# 添加"排序"和"偏差值"数据列
df['排名'] = scores.rank(method='min', ascending=False).astype(int)
df['偏差值'] = scores.map(lambda x: round((x - scores.mean()) /
scores.std(ddof=0) * 10 + 50)).astype(int)
# 将新增的列保存到一个新的 csv 文件中
df.to_csv(files['scores_rank'], index=False)
```

统计信息是用 statistical_info()函数实现的，具体代码如下：

```
with open(files['statistical'], 'w') as f:
    writer = csv.writer(f)
    writer.writerow(statistical.keys())
    writer.writerow(statistical.values())
```

上面的代码将统计信息写入 score_data/scores_statistical.csv 文件中。

用饼图显示及格率的分布情况是在 pass_rate_pie(scores)函数中实现的。

整个成绩分析的源代码如程序清单 7.13 所示。

程序清单 7.13　scores_analysis.py

```
1.  """ 使用 Pandas 和 Matplotlib 进行考试成绩分析 """
2.  import csv
3.  import pandas as pd
4.  import matplotlib.pyplot as plt
5.
6.
7.  def main():
8.      """ 使用字典保存各种文件路径等信息 """
```

```
9.      files = {
10.         'scores': 'score_data/scores.csv',  # 成绩数据文件
11.         'statistical': 'score_data/scores_statistical.csv',  # 统计信息
12.         'scores_rank': 'score_data/scores_rank.csv',          # 排名和偏差值
13.     }
14.
15.     # 调用 read_csv()函数，读入成绩文件中，并返回一个成绩列
16.     scores = read_file(files)
17.
18.     # 调用饼图 pass_rate_pie()函数显示及格率分布
19.     pass_rate_pie(scores)
20.
21.     # 摘要统计信息
22.     statistical_info(scores,files)
23.
24.
25. def read_file(files):
26.     """ 使用 Pandas 读入成绩数据文件 CSV """
27.
28.     df = pd.read_csv(files['scores'])
29.     scores = df['Score']  # type of scores is pandas.core.series.Series
30.
31.     # 添加"排序"和"偏差值"数据列
32.     df['排名'] = scores.rank(method='min', ascending=False).astype(int)
33.     df['偏差值'] = scores.map(lambda x: round((x - scores.mean()) /
scores.std(ddof=0) * 10 + 50)).astype(int)
34.
35.     # 将新增的列保存到一个新的 csv 文件中
36.     df.to_csv(files['scores_rank'], index=False)
37.     return scores
38.
39.
40. def statistical_info(scores,files):
41.     """ 统计信息 """
42.     statistical = {
43.         '总数': scores.count(),
44.         '平均分': round(scores.mean(), 1),  # 平均值(平均点)
45.         '标准偏差': round(scores.std(ddof=0), 1),  # 标准偏差
46.         '最小值': scores.min(),  # 最小值(最低点)
47.         '最大值': scores.max(),  # 最大值(最高点)
48.     }
49.
50.     with open(files['statistical'], 'w') as f:
51.         writer = csv.writer(f)
52.         writer.writerow(statistical.keys())
53.         writer.writerow(statistical.values())
54.
55.
56. def pass_rate_pie(scores):
57.     """ 及格率以饼图可视化显示 """
58.
```

```
59.        # 定义不及格、及格、中等、良好和优秀等 5 个变量
60.        b = j = z = l = y = 0
61.        for s in scores:
62.            if 0 <= s < 60:
63.                b += 1
64.            elif 60 <= s < 70:
65.                j += 1
66.            elif 70 <= s < 80:
67.                z += 1
68.            elif 80 <= s < 90:
69.                l += 1
70.            elif 90 <= s <= 100:
71.                y += 1
72.
73.        values = [b, j, z, l, y]
74.        spaces = [0.01, 0.01, 0.01, 0.08, 0.01]
75.        labels = ['不及格', '及格', '中等', '良好', '优秀']
76.        colors = ['#EED2EE', 'orangered', 'g', 'violet', 'gold']
77.
78.        # 解决汉字乱码问题
79.        plt.rcParams['font.sans-serif'] = ['SimHei']  # 指定汉字字体为黑体
80.        plt.figure('总评成绩分布', facecolor='lightgray')
81.        plt.title('总评成绩分布', fontsize=20)
82.        plt.pie(values, spaces, labels, colors, autopct='%1.2f%%', shadow=True,
startangle=90)
83.        plt.axis('equal')  # 让两个轴等比例缩放
84.        plt.show()
85.
86.
87. if __name__ == '__main__':
88.     main()
```

运行程序清单 7.13，会在当前目录下保存文件，并打开如图 7.4 所示的窗口，该窗口是学生考试总评成绩分布。

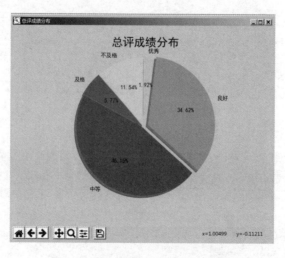

图 7.4　学生考试总评成绩分布饼图

本 章 小 结

异常是指程序在运行过程中发生的错误，一旦产生异常，就会导致程序停止或崩溃，Python 提供了对异常的处理。

> Python 采用面向对象的思想来处理异常，所有的异常都是由异常基类派生的，因而异常类型就组成了层次结构，越靠近底端异常越详细，另外，用户还可以自定义异常，继承自 Exception。

> 语句 raise 可以实现在任何时候都抛出异常。

> 在 try 子句中，所有语句都执行，直到遇到异常。

> 语句块 except 用于捕获和处理 try 子句中遇到的异常。

> 语句块 else 允许编写在 try 子句中没有遇到异常时应该运行的部分。

> 无论是否发生异常，finally 块中的语句都必须执行。

文件是存储数据的单位，Python 提供了对文件的各种操作。

> 访问文件目录：可以使用 os、os.path 和 pathlib 等模块中的函数、属性和方法来访问文件目录、路径(绝对路径和相对路径)以及文件的各种属性。

> 文件读写：可以使用 open()函数打开文本文件和二进制文件，创建一个文件对象，然后使用文件对象的 read()方法和 write()方法对文件进行读写。文件读写完成后，需使用 close()方法关闭文件对象。另外一种更简洁打开文件进行读写的方式是采用 with 关键字。Python 提供了 read()、readline()和 readlines()三种文件读取方法。也可以用 for 循环遍历文件的行。

> Pandas 是目前进行数据分析最强大的工具。Pandas 库的核心操作对象是序列(Series)和数据帧(DataFrame)。

> Matplotlib 是一个 Python 2D 绘图库，它能对 Python 中的数据进行可视化的展示，并以多种图形形式，如直方图、条形图、饼图和散点图，输出显示。

测 试 题

一、单项选择题

1. 在读写文件之前，需要打开或创建该文件，下面用于创建文件对象的正确选项是（　　）。

    A. open   B. create   C. File   D. Folde

2. 给定一个文本文件 user_info.txt，下面选项中能正确打开读取该文件的语句是（　　）。

    A. open('user_info.txt', 'r')   B. open('user_info.txt', 'wb')

    C. open('user_info.txt', 'w')   D. open('user_info.txt', 'rb')

3. 给定一个文件 user.png，下面选项中该文件能正确读取缓冲二进制文件的语句是（　　）。

A. open('jack_russell.png')　　　　B. open('jack_russell.png', 'wb')

C. open('jack_russell.png', 'rb')　　D. open('jack_russell.png', 'r')

4. 下面选项中不是读取文件方法的是(　　)。

   A. read　　　　B. readline　　　　C. readall　　　　D. readlines

5. 下面选项中关于 pip 描述正确的是(　　)。

   A. 内置函数　　B. 内置模块　　C. 包安装工具　　D. 内置方法

6. 下面选项中不能创建文件目录的函数或方法的是(　　)。

   A. os.mkdir　　B. os.makedirs　　C. os.rmdir　　D. pathlib.Path.mkdir

7. 下面选项中能够获取文件绝对路径的函数是(　　)。

   A. os.path.abspath B. os.path.isabs　　C. os.path.dirname D. os.path.basename

8. 下面选项中能将两个或多个路径或字符串拼接组成一个新路径的函数是(　　)。

   A. os.path.split　　B. os.path.join　　C. os.getcwd　　D. shutil.move

9. 下面选项中除数为 0 导致的异常的是(　　)。

   A. ValueError　　B. IndexError　　C. FileExistsError　D. ZeroDivisionError

10. 关于 try-except 块的描述，下面选项中正确的是(　　)。

   A. try-except 可以捕获所有类型的语法错误

   B. 编写程序时应尽可能多地使用 try-except，以提供更好的用户体验

   C. try-except 必须包含 else 语句块

   D. try-except 用于捕获和处理异常

二、判断题

1. 异常是指程序在运行期间发生的语法错误。　　　　　　　　　　(　　)

2. Python 对异常的处理采用了面向对象的思想，一旦异常发生，就会创建一个异常对象。　　　　　　　　　　　　　　　　　　　　　　　　　　　(　　)

3. 一个 try 语句只能对应一个 except 子句。　　　　　　　　　　(　　)

4. 无论程序是否捕捉到异常，一定会执行 finally 语句。　　　　　(　　)

5. Python 打开文件的函数 open()还可以新建文件。　　　　　　　(　　)

三、填空题

1. Python 标准库的 csv 模块提供了_____函数用于读取 CSV 文件中的数据。

2. 使用 pip 安装第三方库的命令是_____。

3. 在 Python 中，向文件写入数据的方法有_____和_____。

4. Pandas 库的核心操作对象是_____和_____。

5. 使用上下文管理关键字_____可以自动管理文件对象，不论何种原因结束该关键字中的语句块，都能保证文件被正确关闭。

6. 文件在读写操作后必须_____，以避免数据保存不完整。

四、编程题

1. 《示儿》是宋代诗人陆游创作的一首爱国诗篇，请将该诗词写入一个文本文件中，并将该诗打印输出。

2. 编写程序，显示当前目录，计算当前目录下每个文件的大小，并统计当前目录下每种文件类型的数量。

3. 编写程序，随机产生 100 个浮点数，并将其写入一个文本文件，浮点数之间由空格分隔。完成文件写入之后，接着读取该文件的数据，计算平均数，并按降序(从大到小)排列输出显示。

4. 输入 Python 源文件的路径和文件名，统计该源文件的行数。

5. 统计文件中英文单词的出现次数，并输出出现次数前十的单词。

6. 编写程序，将一个班的 Python 考试成绩写入 Excel 电子表格，计算平均成绩，统计优秀、良好、中等和不及格分布情况，并按降序输出成绩。

第 8 章　图形用户界面 GUI 编程

前面的程序运行后都是以命令行在控制台模式下展示的，这种模式交互性单一，用户体验感不强，有时用户还需要记住一些命令才能完成操作。

图形用户界面(Graphical User Interface，GUI)的出现改变了命令行模式的不足，它为用户提供了友好的操作界面，通过操作界面上的菜单、按钮、标签等控件(组件)，采用事件驱动的机制，向计算机发出指令，完成用户操作的任务。Windows 操作系统、WPS 和 Word 字处理软件，以及 IDLE 和 PyCharm 编辑器，都是经典的图形用户界面。

本章将简要介绍图形用户界面的概念、开发的一般流程和 Python 主流的 GUI 图形库，重点讲解 wxPython 常用的控件、布局管理和事件处理的知识，最后利用 wxPython 开发一个简易的用于学生考试成绩分析的 GUI 程序。

8.1　图形用户界面概述

本节将介绍 GUI 的组成、开发 GUI 程序的一般流程和 Python 主流的图形库。

8.1.1　GUI 的组成及其开发流程

图形用户界面 GUI 是指用户与程序之间进行交互的界面，一般由窗口、菜单、文本框、下拉列表和按钮等组件或控件组成，为用户提供输入输出的操作界面。图 8.1 是一个考试成绩分析 GUI 程序的主窗口界面。

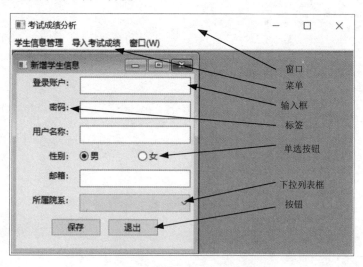

图 8.1　GUI 程序组成示意图

在图 8.1 中，对组成 GUI 程序的各个控件进行了标注，其中窗口有两个，一个是窗口标题为"考试成绩分析"的最外面的大矩形，另一个是窗口标题为"新增学生信息"的小矩形；标签包括登录账户、密码、用户名称、性别、邮箱和所属院系。

开发 GUI 程序的流程一般包括用户界面(User Interface，UI)设计和事件处理。

严格意义上的 UI 设计是指对软件的人机交互、操作逻辑、界面美观的整体设计。对于 GUI 程序，主要包括窗口、容器、控件的使用，以及如何对它们进行布局管理。本书为描述方便，若无特殊说明，所说的控件皆指窗口、容器和控件的统称。

完成 GUI 程序的界面设计后，需要编写事件处理程序。GUI 程序中的事件，可以是外部用户的动作和内部程序的动作，如用户单击按钮、程序内部的定时器。一旦产生事件，GUI 程序就需要响应处理，这就是事件处理。GUI 程序对事件处理一般都采用事件驱动的机制，它不是按事先预定的顺序执行的，而是通过事件驱动整个程序执行。

8.1.2　Python 图形库

Python 拥有很多的图形库，在 Python wiki 维基网站 GUI 编程页面可以找到这些库的介绍和说明，其网址为 https://wiki.python.org/moin/GuiProgramming。目前主流的图形库有 Tkinter、wxPython 和 PyQt5 等。

Tkinter 是 Python 内置的标准图形库，不需要安装。如果在模块文件中使用该图形库，则需要导入 Tkinter，导入语句为 import tkinter。Tkinter 支持跨平台，可以运行在大多数的操作系统上。

wxPython 是 Python 的第三方图形库，需要安装。它是将 wxWidgets 图形库封装后引入到 Python 中的。wxWidgets 是一个开源跨平台的 C++框架，可以和许多语言绑定后形成相应语言的图形库。wxPython 就是 Python 语言的 wxWidgets 图形库，其官网地址为 https://www.wxpython.org/，上面提供了丰富的资源和 demo 实例。

PyQt5 也是 Python 的第三方图形库，需要安装。它是 Qt 与 Python 高度融合的工具包。Qt 是使用 C++语言编写的跨平台 GUI 库。PyQt5 对 Qt 做了完整的封装，几乎可以用 PyQt 做 Qt 能做的任何事情。PyQt5 的官网地址为 https://www.riverbankcomputing.com/。

8.2　wxPython 开发 GUI 程序快速入门

本节将以开发一个计算圆形面积的 GUI 程序为例，按照 GUI 程序开发的流程，讲解 wxPython 创建应用程序、界面设计和事件处理等知识。

8.2.1　计算圆形面积界面的设计

计算圆形面积的界面需要向用户提供如下功能：

扫码观看视频讲解

➢ 用户输入半径的提示，用户输入半径值的地方。
➢ 显示圆形面积的提示，圆形面积值的显示地方。
➢ 计算圆形面积。

根据以上功能，计算圆形面积的界面设计如下。

➢ 使用两个标签用于提示用户输入半径值和显示圆形面积。
➢ 使用两个输入框，一个输入框让用户输入半径，另一个显示计算的圆形面积。

> 使用两个按钮,一个单击触发计算圆的面积,一个清空输入框的内容。

对于界面设计,可以绘制草图展示设计思路,或使用原型设计工具软件 Axure 和 wxPython 设计 UI 界面。图 8.2 是计算圆形面积的 UI 界面。

图 8.2 计算圆形面积的界面

下面将围绕图 8.2 讲解 wxPython 知识,完成计算圆形面积的界面设计和事件处理。

扫码观看视频讲解

8.2.2 安装和导入 wxPython 模块

打开 PyCharm 社区版后,选择新建项目,图 8.3 所示为新建项目的窗口。

图 8.3 新建项目窗口

在图 8.3 标签 Location 右侧的文本输入框中,输入"D:\booksrcbychapters\chapter08",指定项目名称所在的路径和项目名称,"booksrcbychapters"是文件夹,"chapter08"是项目名称。接着创建项目的虚拟环境或选择已有的虚拟环境。这里选择新建虚拟环境,虚拟路径可默认也可重新命名,此处选择默认,单击 Create 按钮即可完成项目和虚拟目录的创建。

由于 wxPython 属于第三方库,需要安装。安装的方式有多种,这里选择在 PyCharm 刚才新建项目的 Terminal 终端上安装。在终端中输入 pip install wxpython 命令,开始安装 wxPython 模块。图 8.4 显示了在 PyCharm 中安装 wxPython 的过程。

```
Terminal:  Local  +
(venv) D:\booksrcbychapters\chapter08>pip install wxpython
Collecting wxpython
  Using cached wxPython-4.1.1-cp38-cp38-win_amd64.whl (18.1 MB)
Collecting six
  Using cached six-1.15.0-py2.py3-none-any.whl (10 kB)
Collecting numpy
  Using cached numpy-1.20.2-cp38-cp38-win_amd64.whl (13.7 MB)
Collecting pillow
  Using cached Pillow-8.2.0-cp38-cp38-win_amd64.whl (2.2 MB)
Installing collected packages: six, pillow, numpy, wxpython
Successfully installed numpy-1.20.2 pillow-8.2.0 six-1.15.0 wxpython-4.1.1

(venv) D:\booksrcbychapters\chapter08>

 ≡ TODO   ● Problems   ▣ Terminal   ⊕ Python Console
```

图 8.4　wxPython 图形库的安装

图 8.4 中的信息显示 wxPython 安装成功。接下来在开发 GUI 程序时就可以导入 wxPython 图形库，导入语句为 import wx，其包名为 wx。

8.2.3　创建计算圆形面积的应用程序和主窗口

扫码观看视频讲解

wxPython 开发程序最基础的工作就是创建应用程序(App)对象和窗口(Frame)对象。每个 wxPython 程序必须有一个应用程序对象和至少一个根窗口对象。wx.App 类代表应用程序，可以通过 wx.App 实例化创建一个应用程序，也可以通过继承 wx.App 类创建一个应用程序的子类，然后使用 OnInit() 方法中对该子类进行实例化，应用程序启动时，OnInit() 方法将被 wx.App 父类调用。OnInit()方法是 wxPython 图形库的一部分，负责整个系统的初始化工作。

wxPython 程序采用了事件驱动，因此应用程序对象必须对所有发生的事件进行管理。wx.App 类提供了 MainLoop()方法用于执行整个程序的事件循环，启动应用程序对象对整个程序的管理。

创建应用程序之后，还必须创建一个窗口，作为整个应用程序的顶级窗口(Top-level window object)。该窗口一般由 wx.Frame 类来创建，它是整个应用程序的主框架，或者称为主窗口，用于放置各种容器和控件，以及完成用户与应用程序的交互。

应用程序的主窗口由 wx.Frame 创建，是 wx.Frame 的子类，可以直接对 wx.Frame()类进行实例化创建，也可以先定义一个它的子类，再由子类实例化创建这个应用程序的主窗口。

wx.Frame 类提供了同名的构造方法和__init__初始化方法，语法如下：

```
Frame()  # 同名不带参数的构造方法
#同名带参数的构造方法
Frame(parent, id=ID_ANY, title="", pos=DefaultPosition,
     size=DefaultSize, style=DEFAULT_FRAME_STYLE, name=FrameNameStr)


__init__ (self)  #初始化方法
# 带参数的初始化方法
__init__ (self, parent, id=ID_ANY, title="", pos=DefaultPosition,
size=DefaultSize,
style=DEFAULT_FRAME_STYLE, name=FrameNameStr)
```

上面方法中的参数介绍如表 8.1 所示。

表 8.1　wx.Frame 类中构造方法和＿＿init＿＿初始化方法参数的含义

序号	参数名称	参数含义
1	parent	父窗口或控件，如果当前窗口是 top-level window，则 parent=None；如果不是顶层窗口，则它的值为所属 frame 的名称
2	id	窗口的标识符，默认值为-1。若为全局常量 wx.ID_ANY 或-1，则系统自动给窗口分配一个序号
3	title	窗口的标题，在标题栏上显示的内容
4	pos	窗口的位置。默认值为 DefaultPosition，由系统或 wxWidgets 根据平台选择
5	size	窗口的大小。DefaultSize 值表示一个默认大小，由系统或 wxWidgets 根据平台选择
6	style	窗口的样式。窗口有多种风格，可以用"|"来组合想要的风格

表 8.1 中的参数，是 wxPython 控件(包含窗口)都具有的。这里重点对 pos、size 和 style 这 3 个参数进行说明。

➢ 参数 pos：表示控件的位置坐标，其值是一个 wx.point 对象，具体是一个以元组对象(x,y)表示的坐标。在 GUI 程序中，其坐标系的原点(0,0)是指显示器的左上角，x 为从左向右，y 为从上到下。这样 pos 参数指定新窗口或控件左上角在屏幕中的位置。如设置为(-1,-1)，则将由系统决定窗口的位置。

➢ 参数 size：表示控件的大小，其值是一个 wx.size 对象，具体是一个以元组对象(width,height)表示的控件大小。默认为(-1,-1)时，将由系统决定初始大小。

➢ 参数 style：表示控件的样式。

官网 https://docs.wxpython.org/wx.Frame.html#wx-frame 提供了关于 wx.Frame 类中参数更详细的解释。

程序清单 8.1 是创建计算圆形面积的应用程序和主窗口的代码。

程序清单 8.1　calculate_area_gui01.py

```
1.  """ 计算圆形面积 """
2.  import wx    #导入 wxPython 模块，包名为：wx
3.
4.
5.  class CalculateAreaFrame(wx.Frame):
6.      """ 定义一个计算圆形面积的主窗口，继承 wx.Frame """
7.      def __init__(self,parent,title):
8.          super().__init__(None, title=title, size=(400, 225))
9.          self.Center()   # 窗口居中
10.
11.
12. if __name__ == "__main__":
13.     app = wx.App() # 实例化一个应用程序
14.     #实例化一个主窗口
15.     calculateAreaFrame = CalculateAreaFrame(None, '计算圆的面积')
16.     calculateAreaFrame.Show()    # 显示窗口
17.     app.MainLoop()   # 执行整个程序的事件循环
```

程序清单 8.1 说明如下。

计算圆形面积的应用程序是通过 wx.App 实例化(第 13 行)创建的。其应用程序的主窗口由定义的子类 CalculateAreaFrame(第 5~9 行)实现,它继承于 wx.Frame 类。该子类定义了初始化方法__init__(),参数为 parent 和 title,并使用 super()方法调用父类的初始化方法__init__()完成初始化工作。

第 15 行是对子类窗口进行实例化,创建计算圆形面积的主窗口,并调用构造方法 CalculateAreaFrame()对主窗口进行初始化,由于该窗口为顶级窗口,因而 parent 为 None。实例化后调用 Show()方法显示主窗口,最后调用应用程序的事件循环方法 app.MainLoop()等待用户的操作。

除了上面直接通过 wx.App()实例化创建应用程序之外,还可以通过继承 wx.App 定义子类创建应用程序。利用这种方式时,需要使用 OnInit()方法来完成初始化工作。程序清单 8.2 是使用这种方式创建应用程序的代码。

程序清单 8.2   calculate_area_gui02.py

```
1.  """ 计算圆形面积 """
2.  import wx    #导入 wxPython 模块,包名为 wx
3.
4.
5.  class CalculateAreaFrame(wx.Frame):
6.      """ 定义一个计算圆形面积的主窗口,继承 wx.Frame """
7.      def __init__(self):
8.          super().__init__(None, title='计算圆的面积', size=(400, 225))
9.          self.Center()    # 窗口居中
10.
11.
12. class CalculateAreaApp(wx.App):
13.     """ 定义一个计算圆形面积的应用程序,继承 wx.App """
14.     def OnInit(self):
15.         # 调用构造方法实例化一个主窗口
16.         self.calculateAreaFrame = CalculateAreaFrame()
17.         self.calculateAreaFrame.Show() # 显示窗口
18.         return True
19.
20.
21. if __name__ == "__main__":
22.     # 调用构造方法实例化一个 app 对象,也就是应用程序对象
23.     app = CalculateAreaApp()
24.     app.MainLoop() # 事件循环
```

程序清单 8.2 说明如下。

第 12~18 行:定义了一个计算圆形面积的应用程序 CalculateAreaApp,继承 wx.App 类,使用 OnInit()方法完成初始化工作(第 14 行)。

第 23 行调用构造方法实例化一个 app 对象,也就是应用程序对象。其他地方与程序清单 8.1 类似。

运行程序清单 8.1 或 8.2,都显示如图 8.5 所示的界面。

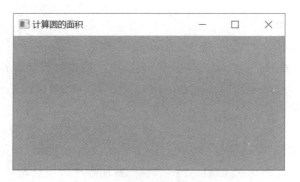

图 8.5　计算圆形面积的主窗口

图 8.5 是创建计算圆形面积的主窗口，因为应用程序是在内部运行的，所以是看不见的。

8.2.4　在主窗口放置面板、标签、输入框和按钮

在 wxPython 界面设计中，应用程序和主窗口创建完成之后，通常接下来是放置面板。一个窗口可以放置若干个面板，面板是放置控件的容器。各种控件放置在面板这个容器中，一般不是直接放置在主窗口中。

扫码观看视频讲解

面板由 wx.Panel 类通过实例化或创建子类面板来实现，其同名构造方法和 __init__() 初始化方法的语法如下：

```
Panel(parent, id=ID_ANY, pos=DefaultPosition, size=DefaultSize,
style=TAB_TRAVERSAL,
name=PanelNameStr)


__init__ (self, parent, id=ID_ANY, pos=DefaultPosition, size=DefaultSize,
style=TAB_TRAVERSAL, name=PanelNameStr)
```

使用同名构造方法实例化创建面板类的代码如下：

```
panel = wx.Panel(self, -1)
```

其参数 self 指向父窗口，panel 就是创建的面板。

也可以通过继承 wx.Panel 创建子类面板，代码如下：

```
class NavPanel(wx.Panel):
    def __init__(self, parent):
        super().__init__(parent)
```

NavPanel 是定义的子类面板，继承于 wx.Panel。

创建面板后，就可以将标签、输入框和按钮放置在面板上。

GUI 程序中的标签主要用于显示文本，起到提示的作用。在 wxPython 中，使用 wx.StaticText 类创建静态文本，起到标签的作用，该类的构造方法如下：

```
wx.StaticText(parent, id, label,
pos=wx.DefaultPosition,size=wx.DefaultSize, style=0, name="staticText")
```

方法中参数 label 和 name 分别是显示在静态控件中的文本和对象的名字，后者用于满足查找的需要。其他参数与表 8.1 含义相同，不再赘述。

使用上面的 wx.StaticText()创建一个提示用户输入半径的标签，代码如下：

```
label_radius = wx.StaticText(panel, -1, "输入圆的半径:", pos=(50, 50))
```

上面参数中的面板 panel，是 wx.StaticText 控件的父控件，通常其大小与不含标题的 Frame 窗口相同。位置采用 pos=(50, 50)元组来定位，pos 是一个 wx.Point(x,y)点对象，采用 x 和 y 坐标实现控件的绝对定位，坐标原点是父控件的左上角，坐标轴 x 的方向自原点向右，坐标轴 y 的方向自原点向下，第一个 50 表示坐标轴 x 方向的距离，第二个 50 表示坐标轴 y 方向的距离。pos 这种利用坐标定位控件位置的布局方式，常称为绝对坐标布局。下面的控件也采用绝对坐标布局，因此，就需要知道坐标原点，以及控件离坐标原点的 x 和 y 方向的坐标。

在 wxPython 中，输入框可以使用 wx.TextCtrl 类来实现，它允许单行或多行文本输入。也可以作为密码框控件，该类的构造方法如下：

```
wx.TextCtrl(parent, id, value = "", pos=wx.DefaultPosition,
size=wx.DefaultSize, style=0, validator=wx.DefaultValidator
name=wx.TextCtrlNameStr)
```

方法中参数 value 为显示的内容，validator 为赋予 textctrl 的内容校验器，name 是对象的名字，用于查找的需要。

用户输入半径值，就可以使用该文本输入框，示例如下：

```
text_radius = wx.TextCtrl(panel, -1, size=(190, 30), pos=(160, 50))
```

当用户输入了半径，需要通过这个半径来计算面积时，如何去计算呢？在 GUI 程序中，采用事件驱动，它一般是单击按钮和单击鼠标等来触发事件，这里计算圆形面积可以通过单击按钮来实现。

在 wxPython 中，按钮是通过 wx.Button 类来实现的，该类的构造方法如下：

```
wx.Button(parent, id, value = "", pos=wx.DefaultPosition,
size=wx.DefaultSize, style=0, validator=wx.DefaultValidator
name=wx.TextCtrlNameStr)
```

根据以上对各个控件的讲解，在主窗口上放置两个标签、两个输入框和两个按钮。程序清单 8.3 是使用上面的标签、输入框和按钮设计的计算圆形面积界面的代码。

程序清单 8.3　calculate_area_gui01.py

```
1.   # 省略与程序清单 8.1 相同的代码
2.   class CalculateAreaFrame(wx.Frame):
3.       """ 定义一个计算圆形面积的主窗口，继承 wx.Frame """
4.       def __init__(self,parent,title):
5.           # 省略与程序清单 8.1 相同的代码
6.           panel = wx.Panel(self, -1)  # 实例化一个面板
7.
8.           # 添加静态标签
9.           label_radius = wx.StaticText(panel, -1, "输入圆的半径:", pos=(50, 35))
10.          label_area = wx.StaticText(panel, -1, "显示圆的面积:", pos=(50, 90))
```

```
11.        # 添加文本输入框
12.        self.text_radius = wx.TextCtrl(panel, -1, size=(190, 30),
pos=(160, 35))
13.        self.text_area = wx.TextCtrl(panel, -1, size=(190, 30),
pos=(160, 85))
14.        # 添加按钮
15.        self.button_cal = wx.Button(panel, -1, "计算", size=(100, 30),
pos=(100, 135))
16.        self.button_reset = wx.Button(panel, -1, "重置", size=(100, 30),
pos=(220, 135))
17. # 省略与程序清单 8.1 相同的代码
```

程序清单 8.3 中的静态标签、输入框和按钮都采用 pos 坐标确定控件的位置。运行该程序文件 calculate_area_gui01.py，运行结果与图 8.2 相同，只是不能显示圆形面积的计算结果。

8.2.5　计算圆形面积 GUI 程序的事件处理

在 wxPython 中，事件处理是解决用户业务的核心工作。wxPython 和其他图形库一样，采用了事件驱动模型来进行事件处理。简单地说，事件驱动就是整个程序的运行是由事件发起执行的。以图 8.2 来

扫码观看视频讲解

说，用户单击按钮，会产生一个单击事件，即 wx.EVT_BUTTON，产生事件的是按钮，触发的是按钮事件，事件处理绑定到了按钮，称为事件类型。

在 wxPython 中，通过 Bind()方法绑定事件，进行事件处理，其原型如下：

```
Bind(self, event, handler, source=None, id=wx.ID_ANY, id2=wx.ID_ANY)
```

该方法的参数含义如下。

➢ event：事件，指定要绑定的事件类型，通常以 EVT_开头。例如，wx.EVT_BUTTON 表示单击按钮事件，wx.EVT_CHOICE 表示下拉框选中事件。

➢ handler：事件处理，绑定事件处理方法，实际上就是指绑定事件处理程序，由系统提供或用户编写的与业务有关的回调方法。

➢ source：事件源，事件来源对象，用以表示事件的来源。例如，当一个窗体里面有多个按钮时，就可以通过该参数来区分不同的事件来源于哪个按钮。

➢ id：通过 id 来区分事件来源。默认值是一个全局常量 wx.ID_ANY 或数字-1。

➢ id2：如果希望将事件处理方法绑定到很多 id 上，可以使用此参数。

在图 8.2 中，单击"计算"按钮实现事件绑定的代码如下：

```
self.Bind(wx.EVT_BUTTON, self.on_button_calc, self.button_calc)
```

wx.EVT_BUTTON 是事件类型，self.on_button_calc 是一个事件处理的回调方法，self.button_calc 是事件源，表示事件是由该按钮触发的，触发的事件是单击按钮 wx.EVT_BUTTON。

回调方法 self.on_button_calc 与业务有关，需要用户自己编写。

程序清单 8.4 演示了计算圆形面积的事件处理过程。

程序清单 8.4　calculate_area_gui01.py

```
1.   # 省略与程序清单 8.1 相同的代码
2.   class CalculateAreaFrame(wx.Frame):
3.       """ 定义一个计算圆形面积的主窗口，继承 wx.Frame """
4.       def __init__(self,parent,title):
5.           # 省略与程序清单 8.1 相同的代码
6.           # 给按钮绑定事件
7.           self.Bind(wx.EVT_BUTTON, self.on_button_calc, self.button_calc)
8.           self.Bind(wx.EVT_BUTTON, self.on_button_reset, self.button_reset)
9.
10.      def on_button_calc(self, event):
11.          """ 处理事件程序：计算圆的面积 """
12.          try:
13.              # 获得输入框的半径值
14.              input_radius = float(self.text_radius.GetValue())
15.              # 计算圆的面积
16.              area = input_radius * input_radius * math.pi
17.              # 将面积的值显示在输入框中
18.              self.text_area.SetValue(str(area))
19.          except:
20.              wx.MessageBox('输入错误，请输入数字！', '提示', wx.OK | wx.ICON_
INFORMATION)
21.
22.      def on_button_reset(self, event):
23.          """ 事件处理程序：清空输入框的内容 """
24.          self.text_radius.SetValue('')
25.          self.text_area.SetValue('')
26.  # 省略与程序清单 8.1 相同的代码
```

程序清单 8.4 说明如下。

第 7、8 行：计算和重置两个按钮的事件绑定 bind。这两个按钮绑定的事件都是 wx.EVT_BUTTON。第一个事件 wx.EVT_BUTTON 是计算圆的面积，通过事件绑定方法 Bind()调用 self.on_button_cal 方法完成计算圆的面积；另一个事件 wx.EVT_BUTTON 是重置，调用 self.on_button_reset 方法清空两个输入框的内容。

第 10~20 行：定义 on_button_cal 方法，用于计算圆的面积，并显示到文本框中。

第 22~25 行：定义 self.on_button_reset 方法，清空两个文本框输入的内容。

运行程序清单 8.4 calculate_area_gui01.py，出现图 8.2 所示的界面。

在图 8.2 中，输入圆的半径 10，单击"计算"按钮，将计算的结果显示第二个输入框中；单击"重置"按钮，会清除两个输入框中半径和面积的值。

8.2.6　理解用户界面的层次结构

在用户界面的设计中，需要理解用户界面所具有的层次结构。在 wxPython 中，这种层次结构的顶部是顶层窗口，也就是父控件。每个控件的构造方法中都有一个父控件的参数，指明了子控件所属的容器或父控件，每个控件在实例化时，都明确了父子控件的关系，这样就构成了非常清晰的层次结构。

在程序清单 8.3 中，CalculateAreaFrame(wx.Frame)继承 wx.Frame 创建了计算圆形面积程序的主窗口，也就是顶层窗口。在创建 Panel 面板时，其 wx.Panel 构造方法的 self 参数指向 Frame 对象 CalculateAreaFrame，也就是父控件，其实际意义就是面板矩形被放置在 Frame 对象的矩形内。在创建静态标签(label_radius、label_area)、输入框(self.text_radius、self.text_area)和按钮(self.button_calc、self.button_reset)时，其构造方法都是指向 panel 父对象，它们都定位在 Panel 所拥有的区域内。图 8.6 是这种层次结构的示意图。

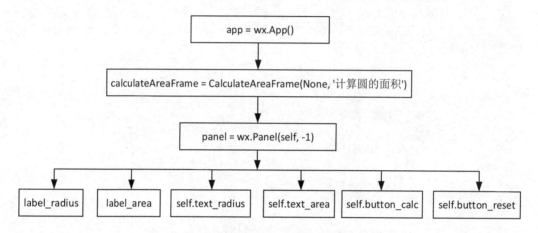

图 8.6　程序清单 8.3 中的 UI 层次结构

在图 8.6 中，不仅显示了用户控件的层次结构，还能看到控件的作用也是不完全相同的，calculateAreaFrame 是主框架或窗口，面板是一个容器，容器依附于窗口，标签、输入框和按钮放置在面板上。在窗口层次结构中，根据作用的不同，可将控件分为三类。

➢ 顶级窗口(框架和对话框)：当显示在屏幕上时，任何类型的容器都不能包含这些窗口，它们总是位于可视化层次结构的顶部。

➢ 通用容器(面板等)：用于将其他控件组合在一起并提供布局，可以包含其他通用容器或控件。

➢ 控件(按钮、复选框、组合框等)：不能包含任何其他控件，类似树枝上的叶子。

理解和掌握这种层次结构，对于界面的布局和设计是至关重要的。

图 8.7 显示了更加通用的层次结构。

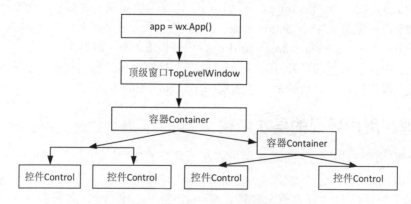

图 8.7　通用的层次结构示意

在图 8.7 中，结合后面介绍的布局管理，容器中包含容器，可以设计更复杂的用户界面。

8.3 常用控件的使用

wxPython 中的每个控件都是一个类，创建控件就是类的实例化。在实例化的过程中，通过构造方法设置控件属性，主要包括控件名称、控件的父控件、控件的定位和大小等。这些控件放在一起，还涉及如何摆放的问题，也就是界面设计中控件的布局管理。在 wxPython 中，可以采用绝对坐标来定位控件位置，也可以采用布局管理器来实现。

本节将重点介绍 wxPython 中常用控件的使用，主要包括静态文本(标签)、文本输入框、按钮、复选框、单选按钮和下拉列表框和标尺，并使用 BoxSizer 盒子布局管理器来实现控件之间的布局。有关布局管理进一步的知识将在 8.4 节介绍。

8.3.1 常用控件总览

wxPython 框架提供了丰富的控件，涉及窗口、面板、输入框、对话框和菜单等各个方面。表 8.2 列出了最常用的控件。

表 8.2　常用控件一览表

控件类型	控件类名称	控件含义
窗口	wx.Frame、 wx.Dialog	框架(窗口)、对话窗口
	wx.MDIParentFrame	多窗口
容器	wx.Panel、wx.Notebook	面板、笔记本控件
基本控件	wx.StaticText	静态标签
	wx.TextCtrl、wx.StaticLine、 wx.richtext.RichTextCtrl	单行输入框、多行输入框、富文本框
	wx.Button	按钮
	wx.Choice、wx.ComboBox	选择按钮
	wx.ListBox	列表框
	wx.CheckBox、wx.RadioBox、wx.RadioButton	复选框、单选框、单选按钮
	wx.TreeCtrl、wx.grid.Grid	树型控件、网格控件
菜单	wx.MenuBar、wx.Menu()	菜单工具条、菜单

表 8.2 中将窗口、容器和菜单都统称为控件，主要是为了描述方便。

每个控件都指明了所属的类，可以使用 ClassName 对象获得该控件的名称，比如，wx.StaticText 控件相应的类名就是 wxStaticText。

尽管控件各不相同，但创建的方法几乎都是一样的。首先利用每个控件的构造方法对类进行实例化；在实例化的过程中，设置控件属性，主要包括控件名称、控件的父控件、控件的定位和大小等；最后使用布局管理器管理控件，将控件添加到布局管理中。

8.3.2　基本控件的使用

基本控件主要指标签、输入框、单选与多选按钮、下拉列表框和按钮等。图 8.1 中的新增学生信息的子窗口由这些控件组合在一起完成。编写模块文件 add_user.py 实现这个子窗口。在该模块文件中，使用 MainFrame 类和 AddStudentInfo 类实现新增学生信息的主窗口。在 AddStudentInfo 类中，定义 add_student_ui()和 row_layout()两个方法新增学生信息需要的标签、输入框和按钮等控件，并使用 BoxSizer 布局管理器对这些控件进行布局管理。

为了叙述的方便，将模块文件 add_user.py 按功能分开介绍。

1.　创建学生信息主窗口

程序清单 8.5 是创建新增学生信息主窗口的代码。该程序清单定义了两个类。

➤ MainFrame 类：继承框架类 wx.Frame，其功能是创建一个新增学生信息的主窗口，通过实例化下面的 AddStudentInfo 类，在窗口中创建新增学生信息面板对象。

➤ AddStudentInfo 类：该类继承面板类 wx.Panel，是一个放置学生信息控件的容器，调用实例方法 add_student_ui()实现新增学生信息的界面。

程序清单 8.5　add_user.py 主窗口代码

```
1.    """ 新增学生信息 """
2.    import wx   # 导入 wxPython 模块，包名为 wx
3.
4.
5.    class MainFrame(wx.Frame):
6.        """ 新增学生信息主窗口类 """
7.        def __init__(self, parent, title):
8.            super().__init__(parent, title=title, size=(280, 290))
9.            AddStudentInfo(self)      # 实例化创建一个面板对象
10.
11.
12.   class AddStudentInfo(wx.Panel):
13.       """ 新增学生信息面板类 """
14.       def __init__(self, parent):
15.           super().__init__(parent)
16.           self.size = (80, -1)       # 设置控件大小
17.           self.add_student_ui()      # 调用新增学生信息界面的方法
18.
19.       # 省略 add_student_ui()和 row_layout()两个方法的代码
20.
21.
22.   if __name__ == '__main__':
23.       app = wx.App()
24.       win = MainFrame(None, "新增学生信息")
25.       win.Centre()
26.       win.Show()
27.       app.MainLoop()
```

程序清单 8.5 说明如下。

第 5~9 行：定义新增学生信息主窗口类 MainFrame。其中第 9 行是实例化创建一个面板对象。

第 12~19 行：定义面板类，作为放置控件的容器。之所以单独定义一个面板类，是因为面板作为容器，可以为不同的窗口所用，而且还是放置不同控件的容器，提高了代码的重用性。后面多窗口 MDI 就是直接调用这个面板类。

第 24、26 行：实例化 MainFrame 类，创建并显示一个新增学生信息的窗口 win。

运行程序清单 8.5 add_user.py，即可打开如图 8.1 所示的新增学生信息的窗口。

2. BoxSizer 管理器

在程序清单 8.3 中，使用绝对坐标 pos 定位控件的位置实现布局管理，非常直观也容易理解，但是需要计算每个控件的坐标，一旦放置的控件多了，其工作量比较大。在 wxPython 中，除了采用绝对坐标布局之外，更多的是使用布局管理器来实现控件的布局管理，其中 BoxSizer 是比较常用的布局管理器。

BoxSizer 布局管理器是指将控件沿水平或垂直方向依次排成一行或一列，可以在水平或垂直方向上再包含布局管理器 BoxSizer 以创建更复杂的布局。创建 BoxSizer 布局管理器的构造方法如下：

```
BoxSizer(orient=HORIZONTAL)  # 或
__init__(self, orient=HORIZONTAL)
```

方法中的参数主要是 orient，它的取值是 wx.VERTICAL(垂直方向)或者 wx.HORIZONTAL(水平方向)。下面创建一个水平方向的布局，代码如下：

```
panel = wx.Panel(self)  # 添加面板
login_name_sizer = wx.BoxSizer(wx.HORIZONTAL)  # 调用构造方法，实例化一个
BoxSizer 水平布局
# 添加用户登录的标签控件、输入框控件
login_name_label = wx.StaticText(panel, label="登录账户: ", size=self.size,
style=wx.ALIGN_RIGHT)
self.login_name_txt = wx.TextCtrl(panel)
```

上述代码创建了一个面板 panel、一个 BoxSizer 水平布局 login_name_sizer，还有两个控件 login_name_label 和 self.login_name_txt，其父控件都指向 panel 面板。

创建好布局管理器后，就可以使用其提供的 Add()方法将控件添加到布局管理器中。该方法的原型如下：

```
Add(window, proportion=0, flag=0, border=0, userData=None)
```

其中参数说明如下。

➢ 参数 window：指要添加到布局管理器中的控件。这个参数还可以是下一级的布局管理器，实现更复杂的布局嵌套，如 BoxSizer 管理器再嵌套 BoxSizer 管理器。

➢ 参数 proportion：控件在水平或垂直方向上所占空间相对于其他控件的比例。proportion=0，表示保持本身大小；proportion=1，表示在水平或垂直方向上占三分之一的空间；proportion=2，表示在水平或垂直方向上占三分之二的空间。

> 参数 flag：用于配置控件的行为，如对齐、边框和尺寸。常用的取值选项有：wx.ALL(打开上下左右边距)、wx.EXPAND(填充铺满)、wx.LEFT(打开左边距)、wx.ALIGN_RIGHT(右对齐)。如果有多个选项，可用管道操作符"|"连接，如 wx.ALIGN_RIGHT|wx.ALL。一般 flag 参数与 border 参数结合起来使用，border 设置边距的值，wx.ALL 和 wx.LEFT 是否让边距值起作用，即打开还是关闭边距。

下面使用 login_name_sizer 的 Add()方法将登录账户的标签和输入框控件添加到该布局中，示例代码如下：

```
login_name_sizer.Add(login_name_label, 0,wx.ALL, 5)
login_name_sizer.Add(self.login_name_txt, 1, wx.ALL, 5)
panel.SetSizer(login_name_sizer)
```

上面的代码将 login_name_label 和 self.login_name_txt 标签及输入框添加到了布局管理器 login_name_sizer 中，另外使用面板的 SetSizer 方法将面板的布局设置为 login_name_sizer，即水平方向排列控件。

3. 使用基本控件和 BoxSizer 实现新增学生信息的界面

下面使用基本控件和 BoxSizer 布局管理器实现新增学生信息的界面。

定义 add_student_ui()方法。在该方法中，首先创建 wx.BoxSizer 布局管理对象，然后将图 8.1 中新增学生信息界面中的 7 行内容，每行所具有的 2 个或 3 个不等的控件放置在面板上，最后通过布局管理器对这些控件进行布局排列。具体如下：

> 定义一个垂直方向的 BoxSizer，对从上到下的 7 行内容进行垂直布局，把这个称为主布局 main_sizer。
> 接下来在主布局 main_sizer 下嵌套一个水平方向的布局，对每一行 2 个或 3 个不等的控件进行水平排列，这样需要 7 个水平方向的布局管理，仔细研究后发现这 7 个水平布局 BoxSizer 代码，除了添加的控件名称不一样之外，几乎都是重复代码，因此重构这些代码定义一个行布局方法 row_layout()实现水平布局管理。
> 使用 Add()方法将行布局 row_layout 添加到主布局 main_sizer 中。
> 使用 self.SetSizer(main_sizer)方法设置窗口为主布局 main_sizer 的大小。

程序清单 8.6 是 add_student_ui()和 row_layout()两个实例方法的代码。

程序清单 8.6 add_user.py 中的实例方法

```
1.      def add_student_ui(self):
2.          """ 新增学生信息界面 """
3.          # 布局管理，设置主布局 main_sizer
4.          main_sizer = wx.BoxSizer(wx.VERTICAL)
5.
6.          # 添加控件，用于输入学生信息
7.          login_name_label = wx.StaticText(self, label=" 登 录 账 户： ",
size=self.size, style=wx.ALIGN_RIGHT)
8.          self.login_name_txt = wx.TextCtrl(self)
9.          # 将水平布局 row_layout 添加到主布局中，以下同
10.         main_sizer.Add(self.row_layout([login_name_label,
self.login_name_txt]), 0, wx.EXPAND)
11.
```

```
12.          password_label    =    wx.StaticText(self,    label=" 密 码 ： ",
size=self.size, style=wx.ALIGN_RIGHT)
13.          self.password_txt = wx.TextCtrl(self, style=wx.TE_PASSWORD)
14.          main_sizer.Add(self.row_layout([password_label,
self.password_txt]), 0, wx.EXPAND)
15.
16.          username_label   =    wx.StaticText(self,    label=" 用 户 名 称 ： ",
size=self.size, style=wx.ALIGN_RIGHT)
17.          self.username_txt = wx.TextCtrl(self)
18.          main_sizer.Add(self.row_layout([username_label,
self.username_txt]), 0, wx.EXPAND)
19.
20.          gender_label    =    wx.StaticText(self,    label=" 性 别 ： ",
size=self.size, style=wx.ALIGN_RIGHT)
21.          self.male_txt   =   wx.RadioButton(self,   wx.ID_ANY,   ' 男 ',
style=wx.RB_GROUP)
22.          self.female_txt = wx.RadioButton(self, wx.ID_ANY, '女')
23.          main_sizer.Add(self.row_layout([gender_label,    self.male_txt,
self.female_txt]), 0, wx.EXPAND)
24.
25.          email_label = wx.StaticText(self, label="邮箱: ", size=self.size,
style=wx.ALIGN_RIGHT)
26.          self.email_txt = wx.TextCtrl(self)
27.          main_sizer.Add(self.row_layout([email_label,    self.email_txt]),
0, wx.EXPAND)
28.
29.          dept_name_label   =   wx.StaticText(self,   label=" 所 属 院 系 ： ",
size=self.size, style=wx.ALIGN_RIGHT)
30.          dept_name_list = ['计算机工程学院', '电子信息工程学院']
31.          self.dept_name_txt   =   wx.Choice(self,   choices=dept_name_list,
style=wx.TE_LEFT)
32.          main_sizer.Add(self.row_layout([dept_name_label,
self.dept_name_txt]), 0, wx.EXPAND)
33.
34.          save_btn = wx.Button(self, label="保存")
35.          cancel_btn = wx.Button(self, label="退出")
36.         main_sizer.Add(self.row_layout([save_btn, cancel_btn]), 0, wx.CENTER)
37.
38.          self.SetSizer(main_sizer)         # 设置窗口为给主布局 main_sizer 的大小。
39.
40.     def row_layout(self, widgets):
41.         """ 对标签和输入框等进行布局管理 """
42.         row_sizer = wx.BoxSizer(wx.HORIZONTAL)
43.
44.         for i in widgets:
45.             if i.ClassName == "wxStaticText":
46.                 row_sizer.Add(i, 0, wx.ALL, 5)
47.             else:
48.                 row_sizer.Add(i, 1, wx.EXPAND | wx.ALL, 5)
49.         return row_sizer
```

程序清单 8.6 说明如下。

第 1 行：定义实现新增学生信息界面的方法 add_student_ui(self)，属于新增学生信息类 AddStudentInfo 的实例方法。

第 4 行：定义主布局 main_sizer，采用垂直方向的 BoxSizer 布局管理器，对图 8.1 所示"新增学生信息"窗口中从上到下的 7 行内容进行布局管理。

第 7~10 行：输入登录账户。其中，第 7 行使用静态文本类 wx.StaticText 创建登录账号标签 login_name_label；第 8 行使用输入框类 wx.TextCtrl 创建登录账户 login_name_txt 的输入框；第 10 行首先调用行布局方法 row_layout()，实现标签 login_name_label 和输入框 login_name_txt 的水平排列，然后使用 Add()方法将水平布局 row_layout 添加到主布局 main_sizer 中。

第 12~14、16~18、20~23、25~27、29~32、34~36 行：与第 7~10 行的设计思路一样，分别实现密码、用户名称、性别、邮箱、所属院系相应的标签和输入框，以及计算和重置按钮，并使用 Add()方法将水平布局 row_layout 添加到主布局 main_sizer 中。

第 13 行：使用 wx. TextCtrl 实例化一个密码输入框。将其参数样式 style 设置为 wx.TE_PASSWORD，这样在输入框中输入密码时，以星号(*)显示密码。

第 21、22 行：放置了两个单选按钮(wx.RadioButton)，通过构造方法 wx.RadioButton() 实例化单选按钮，主要用于创建一组可相互选择的按钮，其构造方法为：

```
wx.RadioButton (parent, id=ID_ANY, label="", pos=DefaultPosition,
size=DefaultSize, style=0, validator=DefaultValidator,
name=RadioButtonNameStr)
```

上面构造方法中最重要的一个参数就是样式 style，它只用于第一个单选按钮，其值是 wx.RB_GROUP。设置该参数后，后续的单选按钮就和前面的单选按钮处于一个组中，具有了互斥性。比如，在代码第 21 行，在第 1 个单选按钮的构造方法中将样式属性设置为 RB_GROUP(style=wx.RB_GROUP)，则第 2 个单选按钮就和第 1 个处于一个组，当选择性别为"男"后，就不能选择"女"。

第 30、31 行：放置了 1 个下拉列表框(wx.Choice)，用于显示所属院系所包含的选项。下拉列表框为用户提供要选择的选项，其构造方法如下：

```
wx.Choice(parent, id=ID_ANY, pos=DefaultPosition, size=DefaultSize,
choices=[], style=0, validator=DefaultValidator, name=ChoiceNameStr)
```

该方法中最重要的参数是 choices，这是一个列表，保存下拉列表中的选项，这些数据来自于保存选项的列表。比如，在程序清单 8.6 中第 30 行定义了 1 个列表 dept_name_list 用于保存所属院系的选项，然后将列表作为参数传给构造方法 wx.Choice 中的 choices，下拉列表框中就能显示这些选项。

第 40~ 49 行：定义行布局 def row_layout(self, widgets)方法，实现水平布局。其中参数 widgets 是传入的控件列表；第 42 行利用 BoxSizer 布局管理器创建一个水平布局 row_sizer；第 44 行对列表进行遍历；第 45~48 行根据传入的控件列表，将控件添加到 row_sizer 布局中；第 49 行返回一个布局对象。

8.3.3 多窗口、菜单等的使用

在 wxPython 的应用程序中，使用 wx.Frame 类只能创建一个窗口，不能同时打开和处理多个窗口，这样的应用程序称为单文档界面(Single Document Interface，SDI)应用程序，Windows 操作系统中的记事本就是一个典型的 SDI 应用程序。

在 GUI 程序中，还存在另一种应用程序，它可以打开多个窗口，不同的窗口可以同时显示文档，且一般多窗口之间存在父子关系，这样的应用程序常称为多文档界面(Multiple-Document Interface，MDI)应用程序，如 WPS、Word 等办公软件。

wxPython 提供了 wx.MDIParentFrame 和 wx.MDIChildFrame 等类来实现 MDI 应用程序。wx.MDIParentFrame 和 wx.MDIChildFrame 类都是 Frame 的直接子类，通过其构造方法实例化多窗口对象，创建多窗口应用程序。其原型如下：

```
wx.MDIParentFrame(parent, id=ID_ANY, title="",pos=DefaultPosition,
size=DefaultSize, style=DEFAULT_FRAME_STYLE|VSCROLL|HSCROLL, name=FrameNameStr)
```

图 8.1 所示的考试成绩分析窗口就是一个多窗口的应用程序，新增学生信息是其子窗口。该多窗口由类 MDIFrame 实现，它继承于 wx.MDIParentFrame 类，其代码如下：

```
class MDIFrame(wx.MDIParentFrame):
    """ 定义一个多窗口类 """
    def __init__(self):
        super().__init__(None, -1, "考试成绩分析", size=(800, 600))
```

菜单是用户与应用程序交互最常用的工具。在软件设计开发中，经常将窗口和菜单组合在一起作为应用程序的主界面。

在 wxPython 中，可以使用 wx.Menu()类和 wx.MenuBar()类创建菜单。

下面使用多窗口和菜单一起完成考试成绩分析主窗口的设计。

1. 创建菜单栏

菜单栏是指顶层窗口标题栏下面的一个水平栏目，用于显示一系列菜单，是菜单的容器。wxPython 提供了 wx.MenuBar 类通过构造方法来创建菜单栏，其语法形式如下：

```
menubar = wx.MenuBar()
```

上面的代码创建了一个菜单工具栏 menubar。

2. 创建父菜单

创建菜单是通过 wx.Menu()类的构造方法来实现的。使用该类创建学生信息管理的主菜单的代码如下：

```
# 创建主(父)菜单
student_info_menu = wx.Menu()   # 对应学生信息管理主菜单
```

利用 wx.Menu()创建了一个父菜单 student_info_menu。

3. 将父菜单添加到菜单栏上

上面创建的学生信息管理的父菜单还需要添加到菜单栏上。wxPython 提供了 Append() 方法可以实现将菜单添加到菜单栏上并显示出来，该方法的原型如下：

```
menubar.Append(menu, title)
```

该方法的参数含义如下。

➤ menu：要添加菜单的名称，来自于 wx.Menu 创建的菜单。

➤ title：菜单的标题，不能为空。

将上面创建的学生信息管理菜单项加入菜单栏中，代码如下：

```
# 将上面创建的父菜单添加到菜单栏上
menubar.Append(student_info_menu, "学生信息管理")
```

执行上面语句后，学生信息管理菜单就显示在菜单栏上。

4. 在父菜单下创建子菜单

在父菜单下创建子菜单，也是使用 Append()方法，该方法的原型为：

```
menu.Append (id, item="", helpString="", kind= wx.ITEM_NORMAL)
```

该方法的参数含义如下。

➤ id：菜单命令标识符，与前面控件中的 id 参数含义一样。

➤ item：要显示在菜单项上的字符串，也就是菜单名称。

➤ helpString：帮助字符串，用于设置简单的帮助文档信息。

➤ kind：子菜单的样式，取值：ITEM_SEPARATOR、ITEM_NORMAL、ITEM_CHECK 或 ITEM_RADIO。

在学生信息管理父菜单下添加新增学生信息子菜单的代码如下：

```
add_student_submenu = student_info_menu.Append(1000, "&新增学生信息")
```

执行上面语句后，子菜单新增学生信息显示在父菜单学生信息管理下面。

5. 将菜单栏附加给 MDI 窗口

菜单栏可以理解为菜单的容器，是一个整体，而这个整体依赖于窗口。因此，必须将菜单栏添加到窗口，才能在窗口显示菜单，可以通过 SetMenuBar()方法来实现，代码如下：

```
# 将菜单栏附加给框架窗口
self.SetMenuBar(menubar)
```

执行上面语句后，在多窗口的顶部显示父菜单，父菜单的下面显示子窗口。其中 self 指当前窗口。

6. 绑定菜单事件

当用鼠标单击菜单时，会产生菜单事件 wx.EVT_MENU。绑定菜单事件 wx.EVT_MENU 与前面绑定按钮事件一样，采用 Bind()方法。

程序清单 8.7 演示了创建多窗口和菜单的过程。

程序清单 8.7 control_mdi_menu.py

```
1.  """ 考试成绩分析主窗口 """
2.  import wx
```

```
3.    from add_user import AddStudentInfo   # 导入新增学生信息类
4.
5.
6.    class MDIFrame(wx.MDIParentFrame):
7.        """ 定义一个多窗口类 """
8.        def __init__(self):
9.            super().__init__(None, -1, "考试成绩分析", size=(800, 600))
10.           self.add_menu()   # 调用添加菜单的方法
11.
12.       def add_menu(self):
13.           """ 定义添加菜单的方法 """
14.           menubar = wx.MenuBar()   # 创建菜单栏
15.
16.           # 创建主(父)菜单
17.           student_info_menu = wx.Menu()   # 对应学生信息管理主菜单
18.           score_menu = wx.Menu()   # 对应导入考试成绩主菜单
19.
20.           # 将上面创建的父菜单添加到菜单栏上
21.           menubar.Append(student_info_menu, "学生信息管理")
22.           menubar.Append(score_menu, "导入考试成绩")
23.
24.           # 在父菜单 student_info_menu 上创建子菜单
25.           add_student_submenu = student_info_menu.Append(1000, "&新增学生信息")
26.           student_info_menu.AppendSeparator()
27.           exit_submenu = student_info_menu.Append(wx.ID_EXIT, "&退出",
      "退出并关闭应用程序")
28.
29.           # 在父菜单 score_menu 上创建子菜单导入 csv 成绩
30.           add_csv_submenu = score_menu.Append(2000, "&导入 csv 成绩")
31.
32.           # 将菜单栏附加给框架窗口
33.           self.SetMenuBar(menubar)
34.
35.           # 绑定菜单事件
36.           self.Bind(wx.EVT_MENU, self.add_user_info, add_student_submenu)
37.           self.Bind(wx.EVT_MENU, self.on_exit, exit_submenu)
38.
39.       def add_user_info(self, evt):
40.           win = MDIAddStudentInfo(self)   # 实例化创建一个子多窗口类
41.           win.Show(True)
42.
43.       def on_exit(self, event):
44.           self.Close(True)
45.
46.
47.   class MDIAddStudentInfo(wx.MDIChildFrame):
48.       """ 定义一个子多窗口类 """
49.       def __init__(self, parent):
50.           wx.MDIChildFrame.__init__(self, parent, title='新增学生信息',
      size=(280, 290))
51.           self.size = (80, -1)        # 设置控件大小
```

```
52.        AddStudentInfo(self)            # 实例化创建一个面板对象
53.
54.
55. if __name__ == '__main__':
56.     app = wx.App()
57.     frame = MDIFrame()
58.     frame.Center()
59.     frame.Show()
60.     app.MainLoop()
```

程序清单 8.7 说明如下。

第 3 行：从前面 add_user 模块文件中导入新增学生信息类 AddStudentInfo。

第 6~44 行：定义考试成绩分析主窗口类，继承多窗口 wx.MDIParentFrame 类。在该主窗口类中定义创建菜单的方法 add_menu()、两个事件处理方法 add_user() 和 on_exit()。第 36 和 37 行为绑定菜单事件，分别对应 add_user() 和 on_exit() 两个方法。add_user() 实例化一个子多窗口类 MDIAddStudentInfo。on_exit() 为关闭考试成绩分析 GUI 程序。

第 47~52 行：定义一个 MDIAddStudentInfo，继承于子多窗口类 wx.MDIChildFrame。该类利用第 3 行导入的 AddStudentInfo 类，实例化创建一个面板对象，创建了新增学生信息的窗口对象。这里就是前面所讲的因为面板是容器，所以可以为不同窗口所重用。

运行程序清单 8.7，打开如图 8.1 所示的考试成绩分析主窗口，选择主菜单"学生信息管理"，然后单击"新增学生信息"子菜单，即可打开"新增学生信息"子窗口。

8.3.4　分割窗口、树型和网格控件

在软件开发中，经常使用树型结构和表格展示数据。它们与窗口结合，将窗口分为左右两个子窗口，左边一般以树型等控件显示数据，右边放置表格等控件。单击左边树型节点进行过滤选择，将所选数据显示在右边窗口的表格中。

wxPython 图形库提供了 wx.SplitterWindow 类、wx.TreeCtrl 类和 wx.grid.Grid 类，实现窗口分割、树型结构和类似 Excel 的电子表格。图 8.8 是使用这 3 个类在分割窗口中用树和表格控件展示数据的界面。

编写 splitter_tree_grid.py 和 splitter_tree_grid_test.py 两个文件，实现图 8.8 所示的界面。文件 splitter_tree_grid.py 定义了一个分隔窗口类 SplitterFrame，继承于 wx.Frame 类，使用 wx.SplitterWindow 类将分隔窗口分为左窗口和右窗口，调用 left_win() 和 add_tree_nodes() 方法在左窗口显示树型结构，调用 right_win() 方法在右窗口以表格显示数据。文件 splitter_tree_grid_test.py 将模块文件 splitter_tree_grid 导入后，成为分隔窗口、树型和表格控件实例的测试运行程序。

	学号	姓名	性别	民族	班级
1	20190201001	赵小东	男	汉	19级计算机科学与技术1班
2	20190201002	王小路	男	汉	19级计算机科学与技术1班
3	20190201010	沈俊贤	男	汉	19级计算机科学与技术1班

图 8.8　分隔窗口、树型和表格控件示意图

1. 创建分隔窗口

分割窗口 wx.SplitterWindow 类用于将一个窗口按左右或上下分为两个窗口，两个窗口之间的分割线称为窗框 (sash)，沿着窗框拖动可以改变窗口的大小。通过 wx.SplitterWindow 类提供的构造方法即可实例化一个分割窗口对象，其原型如下：

```
wx.SplitterWindow(parent, id=ID_ANY, pos=DefaultPosition, size=DefaultSize,
style=SP_3D, name="splitterWindow")
```

其中，参数的含义与表 8.1 中同名参数的含义相同，只不过 style 参数的取值不一样，wx.SP_3D style 的含义是绘制 3D 效果边框和窗框。

构造方法 wx.SplitterWindow() 实例化后不能真正创建一个分割窗口，需要使用 SplitVertically() 或 SplitHorizontally() 方法来指定是左右分割，还是上下分割，其语法如下：

```
SplitVertically(window1, window2, sashPosition=0)
SplitHorizontally(window1, window2, sashPosition=0)
```

SplitVertically 指定水平左右分割窗口，而 SplitHorizontally 指定上下分割窗口，其参数的含义如下。

- ➢ window1：左或上窗格；
- ➢ window2：右或下窗格；
- ➢ sashPosition：指定分割窗口的初始位置。如果该值为正，则指定左窗格或上面窗格的大小。如果是负数，则用绝对值表示右窗格或下面窗格的大小。如果没指定，则默认值为 0，并且分割窗口占总窗口宽度的一半。

程序清单 8.8 是实现分割窗口的代码。

程序清单 8.8　splitter_tree_grid.py

```
1.  """ 分割窗口、树和网格控件示例 """
2.  import wx
3.  import wx.grid      # 导入 wxPython 网格控件
4.
5.  # 网格控件中表格的标题
6.  column_names = ['学号', '姓名', '性别', '民族', '班级']
7.
8.  #网格控件中表格的数据
9.  data = [['20190201001', '赵小东', '男', '汉', '19 级计算机科学与技术 1 班'],
10.         ['20190201002', '王小路', '男', '汉', '19 级计算机科学与技术 1 班'],
11.         ['20190201010', '沈俊贤', '男', '汉', '19 级计算机科学与技术 1 班']]
12.
13. # 树中的数据，嵌套列表
14. tree = [
15.     ['计算机科学与技术专业',[
16.         '19 级计算机科学与技术 1 班',
17.         '18 级计算机科学与技术 1 班']],'智能科学与技术专业'
18.     ]
19.
20.
21. class SplitterFrame(wx.Frame):
```

```
22.        """ 分隔窗口类 """
23.        def __init__(self, parent, title):
24.            super().__init__(parent, title=title, size=(800, 600))
25.
26.            # 创建分割窗口
27.            splitter = wx.SplitterWindow(self, style = wx.SP_BORDER)
28.
29.            # 创建左边窗口和右边窗口的面板
30.            self.left_panel = wx.Panel(splitter)
31.            self.right_panel = wx.Panel(splitter)
32.
33.            # 设置分割窗口左右分割,并设置左边窗口的宽度为220,将窗口水平分割
34.            splitter.SplitVertically(self.left_panel,self.right_panel, 220)
35.            splitter.SetMinimumPaneSize(1)   # 子窗口的最小大小
36.
37.            self.left_win()    # 调用左边窗口方法
38.            self.right_win()   # 调用右边窗口方法
```

程序清单 8.8 中的第 21~38 行定义了分割窗口类,使用 wx.SplitterWindow 类将分隔窗口分为左窗口和右窗口,调用 left_win()方法在左窗口显示树型结构,调用 right_win()方法在右窗口以表格显示数据。

2. 左边窗口放置树型结构

树型结构 wx.TreeCtrl 类用于展示存在上下级或父子这样的层级关系,比如,组织机构和菜单导航等。其构造方法如下:

```
wx.TreeControl(parent, id=-1, pos=wx.DefaultPosition,
        size=wx.DefaultSize, style=wx.TR_HAS_BUTTONS,
        validator=wx.DefaultValidator, name="treeCtrl")
```

其中的参数意义与 wx.Frame 类相同。该构造方法创建了没有元素的空树,需要使用 AddRoot()和 AppendItem()方法添加根节点和子节点。

添加根节点的语法格式如下:

```
AddRoot(text, image=-1, selImage=-1, data=None)
```

参数含义如下。

➤ text:以文本显示的根节点。
➤ image:该节点未被选中时的图片索引,wx.TreeCtrl 中使用的图片被放到 wx.ImageList 图像列表中。
➤ selImage:该节点被选中时的图片索引。
➤ data:给节点传递的数据。

添加子节点可以使用 AppendItem()方法实现,其原型如下:

```
AppendItem(parent, text, image=-1, selImage=-1, data=None)
```

其中参数 parent 是父节点,其他参数同 AddRoot()方法。

在 SplitterFrame 中,定义了 left_win()和 add_tree_nodes()两个方法,实现将数据以树型结构展示在左窗口中。程序清单 8.9 是这两个方法的实现代码。

程序清单 8.9 splitter_tree_grid.py

```
1.      -def left_win(self):
2.          # 创建左边窗口的布局
3.          left_sizer = wx.BoxSizer(wx.VERTICAL)
4.
5.          # 在左边窗口放置树控件
6.          self.tree = wx.TreeCtrl(self.left_panel)
7.          root = self.tree.AddRoot('计算机工程学院')        # 添加根节点
8.
9.          # 调用添加树节点数据的方法 add_tree_nodes()
10.         self.add_tree_nodes(root, tree)
11.         self.tree.Expand(root)                          # 展开节点选项 item
12.
13.         # 将树加入布局管理
14.         left_sizer.Add(self.tree, 1, wx.EXPAND | wx.ALL)
15.         self.left_panel.SetSizerAndFit(left_sizer)
16.
17.     def add_tree_nodes(self, parentItem, items):
18.         """ 定义添加树节点数据的方法 """
19.         for item in items:
20.             if type(item) == str:
21.                 self.tree.AppendItem(parentItem, item)  # 选中节点 item
22.             else:
23.                 new_item = self.tree.AppendItem(parentItem, item[0])
24.                 self.add_tree_nodes(new_item, item[1])
```

程序清单 8.9 说明如下。

第 6、7 行：使用 wx.TreeCtrl() 树型控件在左边窗口创建一个树对象 self.tree(第 6 行)，并设置树型结构的根节点(第 7 行)。

第 10 行：调用生成子节点的方法 add_tree_nodes(root, tree)，其参数 root 是根节点，tree 是根节点下的子节点，其数据来自程序清单 8.8 中第 14 行的 tree 嵌套列表。

3. 表格控件

wxPython 框架提供的网格控件能够创建类似 Excel 的电子表格，用于显示甚至编辑表格数据，是 wxPython 中最复杂也是最灵活的控件。网格控件通过类 wx.grid.Grid 来创建一个实例，由于网格类 wx.grid.Grid 存在于自己的模块中，不会被自动导入核心的名字空间，所以在使用该类时，需要导入该模块，导入的语法如下：

```
import wx.grid
```

导入该模块后，就可以使用 wx.grid.Grid 的构造方法来创建一个网格对象，其语法如下：

```
wx.grid.Grid(parent, id, pos=wx.DefaultPosition,
size=wx.DefaultSize, style=wx.WANTS_CHARS,
      name=wxPanelNameStr)
```

其中的所有的参数与 wx.Window 的构造方法相同，并且有相同的意义。

wx.WANTS_CHARS 样式是网格的默认样式。

上面的语句就创建了一个表格,只不过该表格是一个空表格,没有表格的标题,也没有数据,因此,这和前面学习过的控件不同,调用该构造方法不足以创建一个可用的网格。

要完全创建一个网格对象,还需要在调用上面的构造方法之后使用方法 CreateGrid()来初始化网格的行和列,其语法如下:

```
CreateGrid(numRows, numCols, selmode=wx.grid.Grid.SelectCells)
```

该方法的参数说明如下。

- ➢ numRows:指定网格的行数。
- ➢ numCols:指定网格的列数。
- ➢ selmode:指定网格中单元格的选择模式,默认值是 wx.grid.Grid.SelectCells,其含义是一次只选择一个单元格。除了这个默认值之外,常用的还有 wx.grid.Grid.SelectRows 或 wx.grid.Grid.SelectColumns,前者是一次选择整个行,后者一次选择整个列。

使用 CreateGrid()初始化网格之后,就创建了一个类似的 Excel 电子表格,但表格中还没有标题和数据。可以使用方法 SetColLabelValue(col, value)和 SetCellValue(row, col, s)来设置表格的列标题和单元格的数据,这两个方法中的参数 row、col 是要设置的单元格的坐标,row 为行,col 为列,value 为行或列的值,s 是由行和列标注的单元格的值,类型为字符串文本。如果想获取特定坐标处的值,可以使用函数 GetCellValue(row, col),该函数返回字符串。

通过以上步骤就可以完成一个网格对象的创建。

程序清单 8.10 演示了一个网格控件的创建。

程序清单 8.10 splitter_tree_grid.py

```
1.    def right_win(self):
2.        # 创建左边窗口的布局
3.        right_sizer = wx.BoxSizer(wx.VERTICAL)
4.
5.        # 在右边窗口放置网格控件
6.        grid = wx.grid.Grid(self.right_panel, -1)      # 创建网络对象
7.        grid.CreateGrid(len(data), len(data[0]))       # 创建网格中的行和列
8.
9.        # 将以上 data 中的数据放入表格中
10.       for r in range(len(data)):
11.           for c in range(len(data[r])):
12.               grid.SetColLabelValue(c, column_names[c])
13.               grid.SetCellValue(r, c, data[r][c])
14.       grid.AutoSize()                # 设置行和列自定调整
15.
16.       # 使用布局来管理网格控件
17.       right_sizer.Add(grid, 1, wx.EXPAND)
18.       self.right_panel.SetSizerAndFit(right_sizer)
```

4. 运行程序

程序清单 8.11 演示了分割窗口、树型和网格控件的使用。

程序清单 8.11　splitter_tree_grid_test.py

```
1.  """ 分割窗口、树和网格控件示例运行程序 """
2.  import wx
3.  from splitter_tree_grid import SplitterFrame  # 导入分割类
4.
5.  if __name__ == '__main__':
6.      app = wx.App()
7.      splitter_win = SplitterFrame(None, '分割窗口、树和网格控件示例')
8.      splitter_win.Center()
9.      splitter_win.Show()
10.     app.MainLoop()
```

运行该程序，运行界面如图 8.8 所示。

8.4　布　局　管　理

前面使用了绝对定位和 wx.BoxSizer 进行布局管理，本节将继续探讨布局管理，主要介绍布局管理 Sizer 类和网格布局 GridSizer，并使用 GridSizer 完成计算器界面的实现。

8.4.1　使用 sizer 类布局概述

所有容器控件都可以有一个与其关联的 wx.Sizer 类，该类 wx.Sizer 是一个用于窗口布局管理的抽象基类，不能实例化，只能使用其派生的子类进行实例化，这些子类主要有 wx.BoxSizer、wx.GridSizer、wx.FlexGridSizer 和 wx.GridBagSizer，其继承关系如图 8.9 所示。

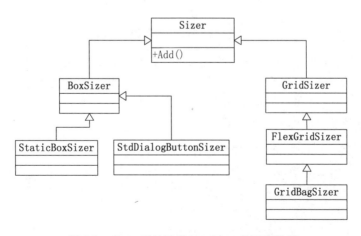

图 8.9　Sizer 及其子类 BoxSizer 的继承关系

图 8.9 中，Sizer 的直接子类是 BoxSizer 和 GridSizer，顾名思义 BoxSizer 是盒子布局，GridSizer 是网格布局。其中，BoxSizer 是最基本的，它提供了一种简单而强大的方法

来实现控件的布局,它可以在单个矩形列或行中布置控件,还可以彼此嵌套以创建更复杂的布局。

BoxSizer 布局已在 8.3.2 节进行了讲解,下面将重点介绍网格布局 GridSizer。

8.4.2　使用 GridSizer 进行控件的布局

GridSizer 继承于 Sizer 类,是以网格形式对子窗口或控件进行布局的,容器被分成大小相等的矩形,矩形中放置一个子窗口或控件。wx.GridSizer 构造方法如下:

```
wx.GridSizer(rows,cols,vgap,hgap)
```

其参数含义如下。

- rows:定义 GridSizer 网格的行数。
- cols:定义 GridSizer 网格的列数。
- vgap:定义垂直方向上的行间距。
- hgap:定义水平方向上的列间距。

图 8.10 是使用网格布局 GridSizer 实现的一个计算器的界面。

图 8.10　GridSizer 布局的计算器

图 8.10 中,可以看出窗口在垂直方向分为了两部分:上面是显示结果输入框,下面是一个由按钮构成的 6 行 5 列的网格。布局时,先使用垂直方向的盒子布局,然后对网格再用 GridSizer 布局,最后将输入框和网格布局全部添加到垂直方向的盒子布局中。程序清单 8.12 是整个简单计算器界面的实现过程。

程序清单 8.12　calculator.py 界面设计代码

```
1.   """ 简易计算器 """
2.   import wx
3.   from math import *
4.
5.
6.   class Calculator(wx.Frame):
7.       """ 简易计算器类 """
8.       def __init__(self):
```

```
9.        super().__init__(None, -1, '计算器', size=(260, 320))
10.        self.calculator_ui()
11.
12.    def calculator_ui(self):
13.        """ 计算器 UI 界面 """
14.        panel = wx.Panel(self)
15.        # 界面主布局采用 boxSizer 垂直布局
16.        main_sizer = wx.BoxSizer(wx.VERTICAL)
17.        # 创建一个多行文本输入框，用于显示计算结果
18.        self.calc_result = wx.TextCtrl(panel, -1, '', style=wx.TE_MULTILINE |
wx.TE_READONLY)
19.        # 设置一个 6 行 5 列的网格布局，放置操作按钮
20.        grid_sizer = wx.GridSizer(6, 5, 6, 6)
21.
22.        # 操作按钮的 UI 设计
23.        self.equation = ""  # 等号表达式，以供下面实例方法使用
24.        # 将诸多操作符的名称放入字符串，并以空格分隔
25.        self.operator_string = "log2 sqrt ln pi 删除 sin cos tan e / 7 8
9 % * 4 5 6 ^ - 1 2 3 ) + 清空 0 . ( =".split()
26.        number = len(self.operator_string)  # 获得字符串长度
27.        for i in range(number): # 遍历字符串
28.            operator_name = "%s" % self.operator_string[i] # 操作符名称
29.            operation_btn = wx.Button(panel, i, operator_name, size=(40,
30)) # 创建操作符按钮
30.            self.handling_events(operation_btn, operator_name) # 事件处理
31.            grid_sizer.Add(operation_btn, 0, 0)
32.
33.        main_sizer.Add(self.calc_result, 1, wx.EXPAND) # 将多行文本添加到
            #主布局中
34.        main_sizer.Add(grid_sizer, 5, wx.EXPAND)      # 将网格布局添加到主布局中
35.        panel.SetSizerAndFit(main_sizer)     # 自适应窗口，确保所有按钮显示在窗口
36.
37.
38. if __name__ == '__main__':
39.    app = wx.App()
40.    frame = Calculator()
41.    frame.Center()
42.    frame.Show()
43.    app.MainLoop()
```

程序清单 8.12 说明如下。

第 20～31 行：通过遍历字符串 self.operator_string，形成相应操作符的按钮，并将其绑定到事件处理，最后操作符按钮按照网格布局进行排列。

运行程序清单 8.12，其运行结果如图 8.10 所示。

8.4.3　使用 GridBagSizer 进行控件的布局

GridBagSizer 布局是 GridSizer 布局的间接子类，是 FlexGridSizer 的直接子类，但它比

其父类更加灵活，功能也更加强大，控件可以跨越行或列，同一行中的静态文本和多行文本控件可以具有不同的宽度和高度。wx.GridBagSizer 类的构造方法如下：

```
wx.GridBagSizer(vgap,hgap)
```

该构造方法中的参数含义如下。

➢ 参数 vgap：控件垂直方向的间距，也就是行间距。

➢ 参数 hgap：控件水平方向的间距，也就是列间距。

GridBagSizer 类最重要的方法是 Add()，它接受位置作为强制性参数。跨度、对齐方式、边界标志和边框尺寸参数是可选的。如果没有指定值，则使用默认值。该方法的原型如下：

```
Add(self, *args, **kw)
```

其参数为可变长的位置参数和关键字参数，该方法提供了重载的实现。该方法最常用的语法形式如下：

```
Wx.GridBagSizer().Add(control, pos, span, flags, border)
```

参数的含义如下。

➢ control：控件。

➢ pos：位置参数，必需参数。

➢ span：跨行和跨列。

➢ flag：标志。

➢ border：边框。

该方法通过设定单元格的 pos 和 span 来确定控件位置。单元格索引值从 0 行 0 列开始。

假如有一个文本框 TexCtrl，要让其跨两列，也就是占两列，实现代码如下：

```
tc = wx.TextCtrl(panel)
sizer.Add(tc, pos = (0, 1), span = (1, 2), flag = wx.EXPAND|wx.ALL, border
= 5)
```

上面代码第 1 行创建了一个文本框对象 tc，使用 Add()方法将其添加到布局中，位置 pos 是第 0 行第 1 列单元格，跨度 span 的值 2 指定了跨两列。

程序清单 8.13 演示了 GridBagSizer 布局的使用过程。

程序清单 8.13　gridbag_demo.py

```
1.   """ GridBagSizer 布局实例 """
2.   import wx
3.
4.
5.   class MyFrame(wx.Frame):
6.      def __init__(self, parent, id, title):
7.          super().__init__(parent, id, title)
8.
9.          panel = wx.Panel(self)          # 添加面板
10.
11.         text = wx.StaticText(panel, label="姓名:")
```

```
12.        tc = wx.TextCtrl(panel)
13.
14.        text2 = wx.StaticText(panel, label="专业")
15.        tc2 = wx.TextCtrl(panel)
16.
17.        text3 = wx.StaticText(panel, label="班级")
18.        tc3 = wx.TextCtrl(panel)
19.
20.        text4 = wx.StaticText(panel, label="tec")
21.        tc4 = wx.TextCtrl(panel, style=wx.TE_MULTILINE)
22.
23.        btn_ok = wx.Button(panel, label="确定")
24.        btn_close = wx.Button(panel, label="关闭")
25.
26.        # 创建 GridBagSizer 布局对象 sizer
27.        sizer = wx.GridBagSizer(6, 6)
28.
29.        # 使用 GridBagSizer.add()进行布局，设置网格位置(行、列)、跨行等
30.        sizer.Add(text, (0, 0), flag=wx.ALL, border=5)
31.        sizer.Add(tc, (0, 1),(0,3) ,flag=wx.EXPAND | wx.ALL, border=5)
32.
33.        sizer.Add(text2, (1, 0), flag=wx.ALL, border=5)
34.        sizer.Add(tc2, (1, 1), flag=wx.ALL, border=5)
35.
36.        sizer.Add(text3,  (1,  2),  flag=wx.ALIGN_CENTER  |  wx.ALL,
border=5)
37.        sizer.Add(tc3, (1, 3), flag=wx.EXPAND | wx.ALL, border=5)
38.
39.        sizer.Add(text4, (2, 0), flag=wx.ALL, border=5)
40.        sizer.Add(tc4, (2, 1), span=(1, 3), flag=wx.EXPAND | wx.ALL,
border=5)
41.
42.        sizer.Add(btn_ok, (3, 1),(0,1), flag=wx.ALL, border=5)
43.        sizer.Add(btn_close, (3, 3),(2,3), flag=wx.ALL, border=5)
44.
45.        # 使最后的行和列可增长
46.        sizer.AddGrowableRow(2)
47.        sizer.AddGrowableCol(2)
48.
49.        panel.SetSizerAndFit(sizer)   # 自适应窗口
50.        self.Centre()
51.
52.
53. if __name__ == '__main__':
54.    app = wx.App()
55.    frame = MyFrame(None, -1, 'BridBagSizer 布局实例')
56.    frame.Show(True)
57.    app.MainLoop()
```

程序清单 8.13 说明如下。

使用 GridBagSizer 布局，对界面进行虚拟化的网格设置，行和列都从 0 开始，并用一

个以行和列为参数的二元组，表示控件在网格中的位置。控件的位置确定后，再进行跨行和跨列的设置，类似使用电子表格如 Excel 进行复杂的表格设计一样，非常灵活。

运行程序清单 8.13，运行界面如图 8.11 所示。

图 8.11　GridBagSizer 布局实例运行界面

8.5　事　件　驱　动

前面已经学习了如何使用 Bind()方法实现事件绑定和事件的处理，本节将探讨事件处理的机制及常用的事件处理方法，并完成计算器的事件处理。

8.5.1　事件处理机制

在 GUI 编程中，所谓事件是指用户或程序内部所发生的动作，用于描述发生了什么事情。比如，用户单击按钮、移动鼠标或敲击键盘都会触发相应的事件，内部程序如设置定时器，也会触发事件。

为了更准确地定义事件(Event)，在 wxPython 中，将每个事件看成由事件类型、事件类和事件源组成。

> 事件类型：一个 EventType 类型的值，它唯一地标识了事件的类型。例如，单击按钮、从列表框中选择某一项和按下键盘上的某个键都会生成具有不同事件类型的事件。wxPython 为每个事件对象分配了一个整数 id。在 PyCharm 中的 Python Console 命令行中可以查看事件类型所具有的值。查看命令如下：

```
Python 3.7.3 (v3.7.3:ef4ec6ed12, Mar 25 2019, 22:22:05) [MSC v.1916 64 bit
(AMD64)] on win32
import wx
wx.EVT_BUTTON.evtType
[10012]
wx.EVT_BUTTON.typeId
10012
```

上面代码中，"10012"这个整数就是事件类型的标识符，它唯一标识按钮这个事件类型。

> 事件类：由 wx.Even 类派生，每个事件都关联一个对象。表 8.3 列出几种常用的事件类。

表 8.3　常用事件类

事　件	事　件　类	含　义
按钮事件	wx.EVT_BUTTON	单击按钮
菜单事件	wx.EVT_MENU	打开选中的菜单
鼠标事件	wx.EVT_LEFT_DOWN	按下鼠标
	wx.EVT_LEFT_UP	释放鼠标
	wx.EVT_MOTION	移动鼠标
键盘事件	wx.EVT_KEY_DOWN	当键盘键被按下时触发事件
	wx.EVT_KEY_UP	当键盘键被释放时触发事件

> 事件源：产生事件的对象(或控件)，如按钮、鼠标、键盘或文本框等就是事件源。wx.Event 存储该对象，用于确定事件的来源。

用户产生一个事件，程序即对事件做出响应并加以处理，其处理过程主要包括以下三步：

> 确定 wxPython 事件类，如 wx.EVT_BUTTON 、 wx.EVT_MENU 和 wx.EVT_KEY_UP 等。
> 创建 wxPython 事件处理函数，该函数在事件产生时会被调用。
> 使用 Bind()方法进行事件绑定，将事件源、事件类型和事件处理器函数关联起来。

在 wxPython 中，对事件处理的理解和使用都比较简单，但内部机制比较复杂，涉及事件传播，另外，还可以自定义事件。关于这方面的知识，请访问 wxPython 官网。

8.5.2　计算器事件处理的实现

程序清单 8.12 calculator.py 完成了计算器的界面设计。下面实现计算器所具有的计算功能，也就是事件处理程序的编写。

在程序清单 8.12 calculator.py 中的第 30 行，有如下一行代码：

```
self.handling_events(operation_btn, operator_name)  # 事件处理
```

该行代码是调用事件处理 handling_events()方法，两个参数是操作符按钮及其名称。该方法在程序清单 8.14 中进行了定义，相应的还有其他一些操作方法，一起构成了计算器事件处理程序。

程序清单 8.14　calculator.py 事件处理代码

```
1.   # …省略了与程序清单 8.12 calculator.py 相同的代码
2.   class Calculator(wx.Frame):
3.      # …省略了与程序清单 8.12 calculator.py 相同的代码
4.      def handling_events(self, button, operator_name):
5.          """ 删除、清空、求值，根据不同按钮的值调用不同的方法 """
6.          if operator_name == '删除':
7.              self.Bind(wx.EVT_BUTTON, self.remove, button)
8.          elif operator_name == '清空':
```

```
9.              self.Bind(wx.EVT_BUTTON, self.clear, button)
10.         elif operator_name == '=':
11.             self.Bind(wx.EVT_BUTTON, self.calculate, button)
12.         else:
13.             self.Bind(wx.EVT_BUTTON, self.get_operator, button)
14.
15.     def remove(self, event):
16.         """ 删除字符 """
17.         self.equation = self.equation[:-1]
18.         self.calc_result.SetValue(self.equation)
19.
20.     def clear(self, event):
21.         """ 清空输入框 """
22.         self.calc_result.Clear()
23.         self.equation = ""
24.
25.     def calculate(self, event):
26.         """ 根据操作进行计算,调用了 math 模块相应的函数 """
27.         string = self.equation
28.         if '^' in string:
29.             string = string.replace('^', '**')
30.         try:
31.             value = eval(string)  # 返回结果值
32.             self.equation += '\n' + str(value)  # 计算值
33.             string = self.equation
34.             self.equation = ""
35.             self.calc_result.SetValue(string)   # 显示在 text 中
36.
37.         except SyntaxError:
38.             dlg = wx.MessageDialog(self, '语法错误!', '提示',
39.                             wx.OK | wx.ICON_INFORMATION)
40.             dlg.ShowModal()
41.             dlg.Destroy()
42.
43.     def get_operator(self, event):
44.         """ 运算符和数字:每一个按钮就是一个事件,对应 text 加上不同的值 """
45.         event_button = event.GetEventObject()
46.         label = event_button.GetLabel()
47.         self.equation += label
48.         self.calc_result.SetValue(self.equation)
49. # …省略了与程序清单 8.12 calculator.py 相同的代码)
```

运行程序清单 8.14 calculator.py,打开如图 8.10 所示的计算器,在上面即可进行加减乘除等的运算。

8.6　应用举例:学生考试成绩分析

本节将使用 wxPython 图形库开发一个简易学生成绩分析的 GUI 程序。

8.6.1　需求功能及其实现的描述

表 8.4 显示了某一门课程的考试成绩，主要包括学号、姓名和成绩，假如该文件保存为 score.csv。

表 8.4　学生成绩电子表格

学　　号	姓　　名	考试成绩
20160302001	王玉婷	80
20160302002	王小雅	85
…	…	…

根据表 8.4 中的考试成绩，设计学生考试成绩 GUI 程序的功能如下：

➤　读取以 CSV 格式存储的学生考试成绩。
➤　计算并以 GUI 界面显示每门课的最高分、最低分和平均分。
➤　计算并以 GUI 界面显示优秀、良好、中等、及格和不及格的人数和所占百分比。

图 8.12 是根据以上需求和功能最终完成的考试成绩分析结果运行界面。

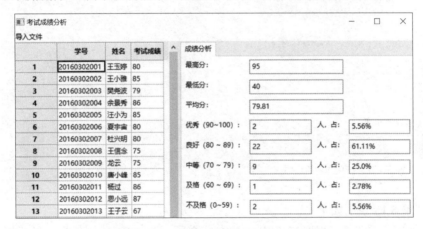

图 8.12　学生考试成绩分析结果运行界面

在图 8.12 中，主窗口的顶部显示菜单，用于导入考试成绩 CSV 文件，如 score.csv。菜单下面的窗口被分为左右两个窗格，左边以表格显示导入的学生考试成绩，右边是根据导入的考试成绩，显示成绩分析的结果，主要有最高分、最低分、平均分及成绩等级人数和百分比。

按照 GUI 程序开发的一般流程，将实现图 8.12 的 GUI 程序分为两个模块：一个模块 score_analysis_ui.py 用于界面设计，另一个模块 score_analysis.py 用于成绩数据分析，并显示成绩分析结果。

8.6.2　学生考试成绩分析界面设计与实现

学生考试成绩分析界面由模块 score_analysis_ui.py 来完成。该模块定义了一个主窗口类及其所属的 4 个实例方法。它们的名称及作用如下。

> ➢ 主窗口类 MainFrame，完成考试成绩分析主窗口的实现。
> ➢ 实例方法 create_menu()，用于创建导入 CSV 文件格式考试成绩的菜单。
> ➢ 实例方法 create_sizer()，用于考试成绩分析窗口中控件的布局管理。
> ➢ 实例方法 create_grid()，用于创建显示学生成绩的表格，即主窗口的左窗格。
> ➢ 实例方法 create_window()，用于显示成绩分析的结果，即主窗口的右窗格。

1. 主窗口类 MainFrame

程序清单 8.15 是主窗口类 MainFrame 的实现代码。

程序清单 8.15　score_analysis_ui.py 主窗口代码

```
1.  """ 考试成绩分析界面设计 """
2.  import wx
3.
4.
5.  class MainFrame(wx.Frame):
6.      def __init__(self, parent, title):
7.          super().__init__(parent, title=title, size=(800, 600))
8.          self.create_menu()
9.          self.create_sizer()
10.         self.create_window()
11.
12.     def create_menu(self):
13.         # 省略
14.
15.     def create_sizer(self):
16.         # 省略
17.
18.     def create_grid(self, data_list, colnames):
19.         # 省略
20.     def create_window(self):
21.         # 省略
```

程序清单 8.15 说明如下。

第 5 行定义了主窗口的 MainFrame 类，继承于 wx.Frame 父类。在其初始化方法 __init__()中调用 create_menu()、create_sizer()和 create_window()这 3 个实例方法(第 8~10 行)。关于这 3 个实例方法将在下面介绍。

2. 创建菜单 create_menu()方法

程序清单 8.16 是创建菜单的方法 create_menu()的实现代码。

程序清单 8.16　score_analysis_ui.py 菜单代码

```
1.      def create_menu(self):
2.          # 创建菜单
3.          self.menubar = wx.MenuBar()
4.          self.file_menu = wx.Menu()
5.          self.menubar.Append(self.file_menu, "导入文件")
6.          self.import_menu = wx.MenuItem(self.file_menu, wx.ID_ANY, "导入
csv 成绩", wx.EmptyString, wx.ITEM_NORMAL)
```

```
7.          self.file_menu.Append(self.import_menu)
8.          self.SetMenuBar(self.menubar)
9.          # 绑定菜单事件处理
10.         self.Bind(wx.EVT_MENU, self.import_csv, id=self.import_menu.GetId())
```

程序清单 8.16 说明如下。

第 3~8 行：使用 create_menu()方法在上面的主窗口创建父菜单"导入文件"及其子菜单"导入 csv 成绩"。

第 10 行：绑定菜单事件处理，调用 import_csv 回调方法处理考试成绩导入。import_csv()方法在 score_analysis.py 模块中定义。

3. 布局管理 create_sizer()方法

程序清单 8.17 创建布局管理的代码，主窗口被分隔成左右两个窗格。

程序清单 8.17　score_analysis_ui.py 布局管理代码

```
1.     def create_sizer(self):
2.          # 创建分割窗口
3.          self.splitter = wx.SplitterWindow(self, style=wx.SP_BORDER)
4.
5.          # 创建左边窗格的面板和布局管理
6.          self.panel_left = wx.Panel(self.splitter)
7.          self.sizer_left = wx.BoxSizer(wx.VERTICAL)
8.          self.panel_left.SetSizerAndFit(self.sizer_left)
9.
10.         # 创建右边窗格面板和布局管理
11.         self.panel_right = wx.Panel(self.splitter)
12.         self.sizer_right = wx.BoxSizer(wx.VERTICAL)
13.
14.         # 创建 tab 标签和面板
15.         self.notebook = wx.Notebook(self.panel_right, -1)
16.         self.panel_tab = wx.Panel(self.notebook)
17.         self.notebook.AddPage(self.panel_tab, "成绩分析")
18.
19.         # 将 TAB 标签添加到右边的布局管理中
20.         self.sizer_right.Add(self.notebook, 1, wx.EXPAND)
21.         self.panel_right.SetSizer(self.sizer_right)
22.
23.         # 设置分割窗口左右分割，并设置左边窗格的宽度为 300，将窗口水平分割
24.         self.splitter.SplitVertically(self.panel_left, self.panel_right, 350)
25.         self.splitter.SetMinimumPaneSize(1)   # 子窗格的最小尺寸
```

程序清单 8.17 说明如下。

使用 wxPython 提供的 wx.SplitterWindow()类将主窗口分为左右两个窗格(第 3、24 行)。左右窗格各自放置了一个面板，采用 BoxSizer(wx.VERTICAL)布局。右边使用控件 wx.Notebook(第 15 行)，起到书签的作用，即右边窗格能显示数据分析的标题。

4. 创建左边表格 create_grid()方法

程序清单 8.18 是创建左边表格方法 create_grid()的代码。

程序清单 8.18　score_analysis_ui.py 左边表格代码

```
1.     def create_grid(self, data_list, colnames):
2.         """ 创建表格 """
3.         # 使用 wx.grid.Grid 的构造方法来创建一个表格对象 self.grid
4.         self.grid = wx.grid.Grid(self.panel_left, 0)
5.
6.         # 创建表格的行和列
7.         self.grid.CreateGrid(len(data_list), len(colnames))
8.
9.         # 填写表格标题
10.        for i in range(len(colnames)):
11.            self.grid.SetColLabelValue(i, colnames[i])
12.
13.        # 将 data_list 中的数据充填到表格中
14.        for row in range(len(data_list)):
15.            for col in range(len(colnames)):
16.                try:
17.                    self.grid.SetCellValue(row, col, data_list[row][col])
18.                except:
19.                    pass
20.
21.        self.grid.AutoSizeColumns(True)   # 自动调整所有列的大小以适应其内容
```

程序清单 8.18 中的方法 create_grid()参数值来自导入的 csv 成绩文件。

5. 创建右边窗格 create_window()方法

程序清单 8.19 是创建主窗口右边窗格的代码。采用 GridBagSizer 布局管理器对控件进行布局管理。

程序清单 8.19　score_analysis_ui.py 右边窗格代码

```
1.     def create_window(self):
2.         """ 右边窗格 """
3.         sizer = wx.GridBagSizer(0, 0)   # 采用 GridBagSizer 网格布局
4.
5.         # 创建显示成绩分析的标签和输入框，并放置在面板 self.panel_tab 中
6.         label_highest_score = wx.StaticText(self.panel_tab, label="最高分: ")
7.         sizer.Add(label_highest_score, pos=(0,0), flag=wx.ALL, border=5)
8.         self.input_txt_highest_score = wx.TextCtrl(self.panel_tab)
9.         sizer.Add(self.input_txt_highest_score, pos=(0,1), span=(1,2),
flag=wx.EXPAND | wx.ALL, border=5)
10.
11.        label_minimum_score = wx.StaticText(self.panel_tab, wx.ID_ANY,
'最低分: ')
12.        sizer.Add(label_minimum_score, pos=(1,0), flag=wx.ALL, border=5)
13.        self.input_txt__minimum_score  =  wx.TextCtrl(self.panel_tab,
wx.ID_ANY, '')
14.        sizer.Add(self.input_txt__minimum_score, pos=(1,1), span=(1,2),
flag=wx.EXPAND | wx.ALL, border=5)
15.
```

```
16.        self.label_average = wx.StaticText(self.panel_tab, wx.ID_ANY, '
平均分: ')
17.        self.input_txt_average = wx.TextCtrl(self.panel_tab, wx.ID_ANY, '')
18.        sizer.Add(self.label_average, pos=(2,0), flag=wx.ALL, border=5)
19.        sizer.Add(self.input_txt_average, pos=(2,1), span=(1,2), flag=wx.EXPAND
| wx.ALL, border=5)
20.
21.        # 成绩统计: 优秀、良好、中等、及格和不及格
22.        label_excellent = wx.StaticText(self.panel_tab, wx.ID_ANY, '优秀
(90~100): ')
23.        self.input_txt_excellent = wx.TextCtrl(self.panel_tab, wx.ID_ANY, '')
24.        label_excellent_pct = wx.StaticText(self.panel_tab, wx.ID_ANY,
'人, 占: ')
25.        self.input_txt_excellent_pct    =    wx.TextCtrl(self.panel_tab,
wx.ID_ANY, '')
26.
27.        sizer.Add(label_excellent, pos=(3,0), flag=wx.ALL, border=5)
28.        sizer.Add(self.input_txt_excellent, pos=(3,1), flag=wx.EXPAND |
wx.ALL, border=5)
29.        sizer.Add(label_excellent_pct, pos=(3,2), flag=wx.ALL, border=5)
30.        sizer.Add(self.input_txt_excellent_pct, pos=(3,3), flag=wx.EXPAND |
wx.ALL, border=5)
31.
32.        label_good = wx.StaticText(self.panel_tab, wx.ID_ANY, '良好(80 ~ 89): ')
33.        self.input_txt_good = wx.TextCtrl(self.panel_tab, wx.ID_ANY, '')
34.        label_good_pct = wx.StaticText(self.panel_tab, wx.ID_ANY, '人, 占: ')
35.        self.input_txt_good_pct = wx.TextCtrl(self.panel_tab, wx.ID_ANY, '')
36.
37.        sizer.Add(label_good, pos=(4,0), flag=wx.ALL, border=5)
38.        sizer.Add(self.input_txt_good,  pos=(4,1),   flag=wx.EXPAND   |
wx.ALL, border=5)
39.        sizer.Add(label_good_pct, pos=(4,2), flag=wx.ALL, border=5)
40.        sizer.Add(self.input_txt_good_pct, pos=(4,3),  flag=wx.EXPAND  |
wx.ALL, border=5)
41.
42.        label_medium = wx.StaticText(self.panel_tab, wx.ID_ANY, '中等(70 ~
79): ')
43.        self.input_txt_medium = wx.TextCtrl(self.panel_tab, wx.ID_ANY, '')
44.        label_medium_pct = wx.StaticText(self.panel_tab, wx.ID_ANY, '
人, 占: ')
45.        self.input_txt_medium_pct = wx.TextCtrl(self.panel_tab, wx.ID_ANY, '')
46.
47.        sizer.Add(label_medium, pos=(5,0), flag=wx.ALL, border=5)
48.        sizer.Add(self.input_txt_medium,  pos=(5,1),    flag=wx.EXPAND  |
wx.ALL, border=5)
49.        sizer.Add(label_medium_pct, pos=(5,2), flag=wx.ALL, border=5)
50.        sizer.Add(self.input_txt_medium_pct, pos=(5,3),   flag=wx.EXPAND
| wx.ALL, border=5)
51.
52.        label_pass = wx.StaticText(self.panel_tab, wx.ID_ANY, '及格(60 ~ 69): ')
53.        self.input_txt_pass = wx.TextCtrl(self.panel_tab, wx.ID_ANY, '')
```

```
54.          label_pass_pct = wx.StaticText(self.panel_tab, wx.ID_ANY, '人，占：')
55.          self.input_txt_pass_pct = wx.TextCtrl(self.panel_tab, wx.ID_ANY, '')
56.
57.          sizer.Add(label_pass, pos=(6,0), flag=wx.ALL, border=5)
58.          sizer.Add(self.input_txt_pass,  pos=(6,1),   flag=wx.EXPAND |
wx.ALL, border=5)
59.          sizer.Add(label_pass_pct, pos=(6,2), flag=wx.ALL, border=5)
60.          sizer.Add(self.input_txt_pass_pct, pos=(6,3),  flag=wx.EXPAND |
wx.ALL, border=5)
61.
62.          label_fail = wx.StaticText(self.panel_tab, wx.ID_ANY, '不及格(0~59)：')
63.        self.input_txt_fail = wx.TextCtrl(self.panel_tab, wx.ID_ANY, '')
64.          label_fail_pct = wx.StaticText(self.panel_tab, wx.ID_ANY, '人，占：')
65.          self.input_txt_fail_pct = wx.TextCtrl(self.panel_tab, wx.ID_ANY, '')
66.
67.          sizer.Add(label_fail, pos=(7,0), flag=wx.ALL, border=5)
68.          sizer.Add(self.input_txt_fail,  pos=(7,1),   flag=wx.EXPAND |
wx.ALL, border=5)
69.          sizer.Add(label_fail_pct, pos=(7, 2), flag=wx.ALL, border=5)
70.          sizer.Add(self.input_txt_fail_pct, pos=(7,3),  flag=wx.EXPAND |
wx.ALL, border=5)
71.
72.          # 将 TAB 标签面板设置为具有给定的 top_sizer 布局大小
73.          self.panel_tab.SetSizer(sizer)
```

程序清单 8.19 说明如下。

第 1 行：定义 create_window()方法。

第 3 行：创建一个 GridBagSizer 网格布局 sizer。

8.6.3 学生成绩导入和分析结果显示

学生成绩导入和分析结果显示程序由模块 score_analysis.py 来完成。该模块定义了一个成绩分析类 ScoreAnalysisFrame，显示学生考试成绩界面，并将考试成绩和分析结果显示在界面上。在这个成绩分析类 ScoreAnalysisFrame 中定义了如下方法。

➢ 导入 CSV 并显示在网格中的方法 import_csv()。

➢ 成绩分析及结果显示的方法 score_analysis()。

1. 考试成绩分析主窗口

考试成绩分析主窗口由成绩分析类 ScoreAnalysisFrame 继承 MainFrame 类创建，后者来自导入程序清单 8.19 score_analysis_ui 模块文件的 MainFrame 类，实际上成绩分析类 ScoreAnalysisFrame 是 MainFrame 类的子类，用于显示学生考试成绩分析的界面。

程序清单 8.20 是考试成绩分析主窗口的实现代码。

程序清单 8.20 score_analysis.py 主窗口代码

```
1.  """ 考试成绩分析 """
2.  import wx            # 导入 wxPython 图形库
3.  import wx.grid        # 导入 wxPython 网格控件
```

```
4.    import os, csv         # 导入 os 和 csv 模块
5.    from score_analysis_ui_grid import MainFrame  # 导入考试成绩分析界面模块
6.
7.
8.    class ScoreAnalysisFrame(MainFrame):
9.        def __init__(self, parent, title):
10.           super().__init__(parent, title=title)
11.           self.dirname = os.getcwd()
12.
13.       # 省略 import_csv()和 score_analysis()两个方法的代码
14.
15.   if __name__ == '__main__':
16.       app = wx.App()
17.       sa_frame = ScoreAnalysisFrame(None, '考试成绩分析')
18.       sa_frame.Centre()
19.       sa_frame.Show()
20.       app.MainLoop()
```

程序清单 8.20 说明如下。

第 5 行：导入程序清单 8.19 score_analysis_ui 模块文件的 MainFrame 类。

第 8~13 行：定义成绩分析类 ScoreAnalysisFrame，继承 MainFrame 类。为了叙述的方便，将成绩分析 score_analysis.py 模块进行了拆分，省略了 import_csv()和 score_analysis()的代码。

第 17 行：对成绩分析类 ScoreAnalysisFrame 进行实例化，创建了显示考试成绩分析界面的对象 sa_frame，并使用 Show()方法显示(第 19 行)。

运行程序清单 8.20，即可打开如图 8.12 所示的学生考试成绩分析的运行界面。

2. 导入 CSV 成绩文件

导入 CSV 成绩文件由 import_csv()完成，该方法是成绩分析类 ScoreAnalysisFrame 的一个实例方法。

程序清单 8.21 是导入 CSV 成绩文件 import_csv()方法的代码实现。

程序清单 8.21 score_analysis.py 主窗口和导入代码

```
1.     def import_csv(self, event):
2.         """ 导入 CSV 考试成绩文件并显示在网格中 """
3.         # 使用 wxPython 文件对话框控件
4.         dlg = wx.FileDialog(self, "选择文件", wildcard="CSV files
(*.csv)|*.csv|All files(*.*)|*.*",
5.                             style=wx.FD_OPEN | wx.FD_FILE_MUST_EXIST)
6.         if dlg.ShowModal() == wx.ID_OK:
7.             self.dirname = dlg.GetDirectory() + "\\"
8.
9.         self.filename = os.path.join(self.dirname, dlg.GetFilename())
10.        self.file = open(self.filename, 'r')
11.
12.        # 检查文件格式
13.        dialect = csv.Sniffer().sniff(self.file.read(1024))
14.        self.file.seek(0)
```

```
15.
16.            csv_file = csv.reader(self.file, dialect)
17.            file_data = []    # 设置空列表，以便将 csv 文件内容放入该列表
18.            file_data.extend(csv_file)
19.            self.file.seek(0)
20.
21.            # 判断 csv 是否有标题
22.            sample = self.file.read(2048)
23.            self.file.seek(0)
24.            if csv.Sniffer().has_header(sample):  # 有标题
25.                colnames = next(csv_file)  # 获得标题
26.                data_list = []
27.                data_list.extend(file_data[1:len(file_data)])  # 添加数据
28.            else:
29.                row1 = csv_file.next()  # 无标题
30.                colnames = []
31.                for i in range(len(row1)):
32.                    colnames.append('col_%d' % i)  # 将标题记为 col_1、col_2 等
33.                self.file.seek(0)
34.                data_list = file_data  # 添加数据到 datalist
35.        self.file.close()
36.
37.        # 调用成绩分析的方法
38.        self.score_analysis(data_list,colnames)
39.
40.        # 动态创建网格，显示 csv 中的数据
41.        self.create_grid(data_list, colnames)
42.        grid_sizer = wx.BoxSizer(wx.VERTICAL)
43.        grid_sizer.Add(self.grid, 1, wx.EXPAND)
44.        self.panel_left.SetSizer(grid_sizer)
45.        self.panel_left.Layout()
```

程序清单 8.21 说明如下。

第 4 行：使用 wxPython 文件对话框控件创建一个选择文件的窗口，其中参数值"选择文件"是打开的文件窗口的标题名称，参数 wildcard 是选择文件后缀名匹配的通配符，参数 style 是打开文件的方式且文件已经存在。打开文件对话框，选择 CSV 考试成绩文件。

第 9、10 行：获得从文件对话框选择的文件，并使用 open()函数打开该文件。

第 13~35 行：对打开的 self.file 文件对象进行读写。读写使用了 CSV 内置模块。将文件中的数据写入列表 data_list，将标题写入 colnames 列表。

第 38 行：调用成绩分析的方法 score_analysis，并传入两个参数 data_list, colnames。

第 41~45 行：动态创建网格，显示 csv 文件中的成绩数据。其中，第 41 行调用父类的 create_grid()方法创建网格，显示数据，该方法的参数来自上面的 data_list 和 colnames。

3. 成绩计算与结果显示

成绩分析及结果显示由 score_analysis()方法完成，该方法是成绩分析类 ScoreAnalysisFrame 的一个实例方法。

程序清单 8.22 是数据分析结果。

程序清单 8.22　score_analysis.py 成绩计算与结果显示代码

```
1.    def score_analysis(self,data_list,colnames):
2.        num = len(data_list)
3.        total = 0
4.        score_list = []
5.        # 将 data_list 中考试成绩这一列转化为数字列表
6.        for row in range(len(data_list)):
7.            score_list.append(int(data_list[row][2]))
8.
9.        # 计算最高分、最低分等
10.       max_score = max(score_list)
11.       mix_score = min(score_list)
12.       total = sum(score_list)
13.       avg = total / num
14.
15.       # 统计成绩优秀、良好、中等、及格和不及格人数
16.       count1 = count2 = count3 = count4 = count5 = 0
17.       for i in range(len(score_list)):
18.           if 90 <= score_list[i] <= 100:
19.               count1 += 1
20.           if 80 <= score_list[i] <= 89:
21.               count2 += 1
22.           if 70 <= score_list[i] <= 79:
23.               count3 += 1
24.           if 60 <= score_list[i] <= 69:
25.               count4 += 1
26.           if score_list[i] <= 59:
27.               count5 += 1
28.
29.       # 将以上计算的最高分、最低分等成绩分析的结果显示在相应的输入框中
30.       self.input_txt_highest_score.SetValue(str(max_score))
31.       self.input_txt__minimum_score.SetValue(str(mix_score))
32.       self.input_txt_average.SetValue(str(round(avg, 2)))
33.
34.       # 将以上计算的优秀、良好等成绩分析的结果显示在相应的输入框中
35.       self.input_txt_excellent.SetValue(str(count1))
36.       self.input_txt_good.SetValue(str(count2))
37.       self.input_txt_medium.SetValue(str(count3))
38.       self.input_txt_pass.SetValue(str(count4))
39.       self.input_txt_fail.SetValue(str(count5))
40.
41.       # 计算优秀、良好等的百分比
42.       if count1 == 0:
43.           ex_pct = str(0)
44.       else:
45.           ex_pct = str(round((count1 / num) * 100, 2)) + "%"
46.
47.       if count2 == 0:
```

```
48.              good_pct = str(0)
49.          else:
50.              good_pct = str(round((count2 / num) * 100, 2)) + "%"
51.
52.          if count3 == 0:
53.              medium_pct = str(0)
54.          else:
55.              medium_pct = str(round((count3 / num) * 100, 2)) + "%"
56.
57.          if count4 == 0:
58.              pass_pct = str(0)
59.          else:
60.              pass_pct = str(round((count4 / num) * 100, 2)) + "%"
61.
62.          if count5 == 0:
63.              fail_pct = str(0)
64.          else:
65.              fail_pct = str(round((count5 / num) * 100, 2)) + "%"
66.
67.          # 将以上计算的优秀、良好等成绩分析的百分比显示相应的输入框中
68.          self.input_txt_excellent_pct.SetValue(ex_pct)
69.          self.input_txt_good_pct.SetValue(good_pct)
70.          self.input_txt_medium_pct.SetValue(medium_pct)
71.          self.input_txt_pass_pct.SetValue(pass_pct)
72.          self.input_txt_fail_pct.SetValue(fail_pct)
```

运行程序文件 score_analysis.py，即可打开如图 8.12 所示的运行界面。选择主菜单"导入文件"，然后选择"导入 csv 成绩"，打开文件选择对话框，选择打开成绩文件 score.csv，即可看到如图 8.12 中的数据，左边显示考试成绩，右边显示成绩的分析结果。

至此，一个简易的学生考试成绩分析 GUI 程序讲解完成，其中用到了本书所介绍的知识，如函数、类和对象、文件和 wxPython 图形库等，有些函数和方法还需要读者查阅相关的 API。能阅读 API 文档是一个程序员最基本的能力，因为一本书不可能穷尽所有的知识点。另外，这个 GUI 程序仅仅实现了考试成绩分析的功能，代码还不是很完善，还需要重构扩展，这个任务留给读者完成。

程序写完了，需要分享和发布，让更多的人去使用。基于 Python 的安装和打包程序能将 Python 程序生成可直接运行的程序，并分发到 Windows、UNIX/Linux 或 Mac OS X 平台上运行。这样的工具主要有 PyInstalle、py2exe 和 cx_Freeze 等。关于这方面的知识留给读者研究，也请读者关注作者的博客。

本 章 小 结

图形用户界面 GUI 是由窗口、菜单、文本框、下拉列表和按钮等组件或控件组成的。开发 GUI 程序的一般流程主要有两个方面：用户界面设计和事件处理。

wxPython 开发程序最基础的工作就是创建应用程序(App)对象和窗口(Frame)对象。每个 wxPython 程序必须有一个应用程序对象和至少一个根窗口对象。

wx.App 类代表了应用程序，可以通过 wx.App 实例化创建一个应用程序，也可以通过继承 wx.App 类创建一个应用程序的子类。

应用程序的主窗口由 wx.Frame 创建，是 wx.Frame 的子类，可以直接对 wx.Frame()类进行实例化创建，也可以先定义一个它的子类，再由子类实例化创建这个应用程序的主窗口。

wxPython 中的每个控件都是一个类，创建控件就是类的实例化。在实例化的过程中，通过构造方法设置控件属性，主要包括控件名称、控件的父控件、控件的定位和大小等。

所有容器控件都可以有一个与其关联的 Sizer 类，该 Sizer 可用于控制 Sizer 所属控件的直接子控件的布局。wx.Sizer 是一个用于窗口布局管理的抽象基类，不能实例化，只能使用其派生的子类进行实例化，这些子类主要有 wx.BoxSizer、wx.GridSizer、wx.FlexGridSizer 和 wx.GridBagSizer。

在 wxPython 中，可以通过 Bind 方法绑定事件，进行事件处理。

开发 GUI 程序，可以用草图的形式画出设计思路，也可以使用原型设计工具软件 Axure、wxFormBuilder 和 wxPython 等进行界面的设计。

测 试 题

一、单项选择题

1. 下面的 Python 图形库中，内置于 Python 中的是(   )。
   A. wxPython   B. Tkinter   C. PyQt   D. PySciter

2. 创建一个应用程序 app 的语句是(   )。
   A. app = new App()   B. app = wx.App()
   C. app = app()   D. app = App()

3. 创建一个窗口 frame 的语句是(   )。
   A. window = new Window()   B. window = Window()
   C. window = Frame()   D. frame = wx.Frame(None)

4. 下面能让用户输入密码并以星号(*)显示的语句是(   )。
   A. password = wx.TextCtrl(panel)
   B. password = wx.StaticText(panel, label="密码: ", size=(80,-1), style=wx.ALIGN_RIGHT)
   C. password = wx.TextCtrl(panel, style=wx.TE_PASSWORD)
   D. password = wx.TextCtrl(panel, style=wx.TE_MULTILINE)

5. 在窗口中创建菜单栏的语句是(   )。
   A. menubar = Menu(window)   B. menubar = MenuBar(window)
   C. menubar = Menu()   D. menubar = wx.MenuBar()

6. 在菜单栏中添加菜单的语句是(   )。
   A. menu1 = Menu(menubar)   B. menu1 = wx.Menu()
   C. menu1 = Menu(winodw)   D. menubar.Append(file, "文件")

7. 下面选项中 GridBagSizer 布局管理器用于设置控件跨行和跨列的属性是(   )。

A. row   B. column   C. rowspan   D. span

8. BoxSizer 布局的特点是(   )。

    A. 只能在垂直方向布局

    B. 只能在水平方向布局

    C. 不能嵌套布局

    D. 可以在垂直和水平方向布局，还能嵌套布局

9. 事件绑定的方法是(   )。

    A. open()   B. seek()   C. Bind()   D. App()

10. wxPython 为每个事件对象分配一个(   )的值。

    A. 字符串对象   B. Event Type 类型的值

    C. 方法   D. Event 类

二、编程题

1. 根据图 8.2 使用 BoxSizer 布局编写一个计算圆形面积的 GUI 程序。

2. 编写一个用户登录的 GUI 程序。假如正确的用户账户和密码分别是 admin 和 123456，如果用户输入的账户和密码正确，则弹出登录成功的对话框；如果不正确，就弹出登录不成功的信息。

3. 编写一个计算 BMI 值的 GUI 程序。

4. 根据图 8.13 编写一个使用 md5 进行加密的 GUI 程序。

图 8.13　文件打开窗口界面

5. 仿照 Windows 操作系统的记事本，编写一个能实现窗口置顶的简易记事本。

6. 在 8.3.3 小节中完成了图 8.1 所示考试成绩分析的界面设计(包含菜单)，在此基础上，完成如下任务:

    ➤ 在"新增学生信息"子窗口上，填写学生信息后，单击"保存"按钮，将学生信息保存到列表中，如保存成功，则弹出消息对话框显示: "保存成功!"。

    ➤ 将图 8.12 所示的"学生考试成绩分析结果运行界面"，作为图 8.1 的 MDI 多窗口的子窗口进行管理，具体操作是: 在图 8.1 中选择单击主菜单"导入考试成绩"，单击子菜单"导入 csv 成绩"，打开图 8.12 所示的"学生考试成绩分析结果运行界面"。

提示: 程序清单 8.7(control_mdi_menu.py)只完成了子菜单"导入 csv 成绩"的实现，还没有进行事件绑定。